Teubner Studienbücher Angewandte Physik

S. Büttgenbach
Mikromechanik

Teubner Studienbücher
Angewandte Physik

Herausgegeben von
Prof. Dr. rer. nat. Andreas Schlachetzki, Braunschweig
Prof. Dr. rer. nat. Max Schulz, Erlangen

Die Reihe „Angewandte Physik" befaßt sich mit Themen aus dem Grenzgebiet zwischen der Physik und den Ingenieurwissenschaften. Inhalt sind die allgemeinen Grundprinzipien der Anwendung von Naturgesetzen zur Lösung von Problemen, die sich dem Physiker und Ingenieur in der praktischen Arbeit stellen. Es wird ein breites Spektrum von Gebieten dargestellt, die durch die Nutzung physikalischer Vorstellungen und Methoden charakterisiert sind. Die Buchreihe richtet sich an Physiker und Ingenieure, wobei die einzelnen Bände der Reihe ebenso neben und zu Vorlesungen als auch zur Weiterbildung verwendet werden können.

Mikromechanik

Einführung in Technologie und Anwendungen

Von Dr. rer. nat. Stephanus Büttgenbach
Hahn-Schickard-Institut für Mikro- und Informationstechnik
Villingen-Schwenningen

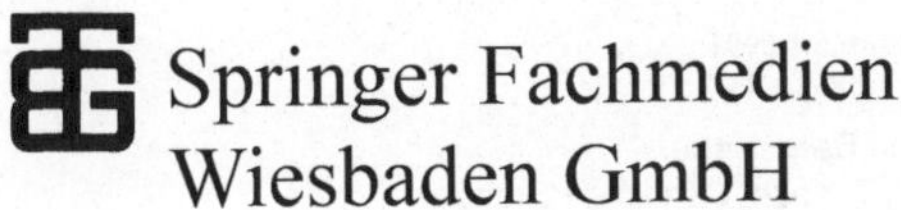

Springer Fachmedien
Wiesbaden GmbH

Dr. rer. nat. Stephanus Büttgenbach

Geboren 1945 in Rheydt. 1964 bis 1973 Studium der Physik an der
Universität Bonn. 1970 Diplom. 1973 Promotion. 1974 bis 1983
wiss. Assistent am Institut für Angewandte Physik der Universität
Bonn, 1980 Habilitation und von 1983 bis 1985 Professor für Physik
an der Universität Bonn. Von 1977 bis 1985 gleichzeitig Scientific
Associate am europäischen Forschungszentrum CERN in Genf. Ab
1985 Aufbau des Arbeitsgebietes Mikrotechnik in der Hahn-Schik-
kard-Gesellschaft für angewandte Forschung e.V., ab 1988 Wissen-
schaftlicher Leiter im Hahn-Schickard-Institut für Mikro- und Informationstechnik in Villingen-Schwenningen.

CIP-Titelaufnahme der Deutschen Bibliothek

Büttgenbach, Stephanus:
Mikromechanik : Einführung in Technologie und
Anwendungen / von Stephanus Büttgenbach. – Stuttgart :
Teubner, 1991
  (Teubner Studienbücher : Angewandte Physik)

ISBN 978-3-519-03071-3   ISBN 978-3-322-92135-2 (eBook)
DOI 10.1007/978-3-322-92135-2

Herstellung: Druckhaus Beltz, Hemsbach/Bergstraße
Umschlaggestaltung: P.P.K, S-Konzepte, T. Koch, Ostfildern/Stuttgart

Vorwort

Die Mikromechanik, die sich mit Entwurf, Herstellung und Anwendung von dreidimensionalen mechanischen Strukturen und Systemen mit Abmessungen im Mikrometerbereich befaßt, hat in den vergangenen Jahren zunehmend an Bedeutung gewonnen und steht an der Schwelle zur breiten industriellen Anwendung. Ihr Einsatz führt zu Qualitäts- und Leistungssteigerungen in vielen Bereichen der modernen Technik.

An Stelle der konventionellen Fertigungsverfahren der Feinwerktechnik nutzt die Mikromechanik den Technologievorrat der Mikroelektronik, vor allem das Konzept der hochgenauen Strukturübertragung mittels lithographischer Verfahren und das Konzept der kostengünstigen Fertigung in Batch-Prozessen. Die Mikromechanik kann daher als konsequente Weiterentwicklung der Mikroelektronik auf nicht-elektronische Gebiete betrachtet werden. Die gemeinsame technologische Basis von Mikromechanik und Mikroelektronik bietet günstige Voraussetzungen für die Integration mechanischer, optischer und elektronischer Funktionen zu komplexen Mikrosystemen. Die zur Zeit rasch ansteigende Zahl von Publikationen zu diesem Thema zeigt die große Bedeutung, die dieser Entwicklung von Wissenschaft und Industrie beigemessen wird.

Mikromechanische Bauelemente können durchaus in mittelständischen Betrieben entwickelt und gefertigt werden. Wichtig ist jedoch, daß diese Betriebe Ingenieure als Mitarbeiter finden, die einen breiten Überblick über die Möglichkeiten der Mikromechanik besitzen. Das vorliegende Buch möchte deshalb Studierenden, Anwendern in Forschung und Entwicklung sowie technisch interessierten Lesern eine Einführung in die technologischen Grundlagen und die Anwendungen der Mikromechanik geben. Es ist aus einer Vorlesung entstanden, die ich seit 1986 an der Universität Stuttgart für Studenten der Fakultät Konstruktions- und Fertigungstechnik halte.

Sowohl der interdisziplinäre Charakter des Gebietes, in dem die verschiedensten Fachrichtungen wie Physik, Chemie, Werkstoffkunde und Elektrotechnik zusammenwirken, wie auch der angestrebte Umfang des Buches erfordern eine Beschränkung des Stoffes auf das Wesentliche sowie Vereinfachungen in der Darstellung. Es wird deshalb häufig auf weiterführende Literatur verwiesen.

An dieser Stelle möchte ich Frau M. Siegers für die Anfertigung einer Vielzahl von Zeichnungen danken. Mein besonderer Dank gilt den Herren Dr. B. Schmidt und Dipl.-Phys. H.-J. Wagner für viele wertvolle Hinweise und Ratschläge bei der Ausarbeitung des Manuskriptes sowie Herrn Prof. Dr. A. Schlachetzki für die Anregung zu diesem Buch.

Villingen-Schwenningen, im September 1990   Stephanus Büttgenbach

Inhaltsverzeichnis

Bezeichnungen und Symbole

Symbol	Bedeutung	SI-Einheit
A	Fläche	m^2
A	Anisotropie der Ätzrate	
A_q	Fläche des Quarzplättchens	m^2
a,b,c	Kristallachsen	
a_1, a_2, a_3, c	Bravaissches Achsensystem für das hexagonale und trigonale Kristallsystem	
a,b,c	Gitterkonstanten	m
a	Kantenlänge der Membran	m
a_V	Verdampfungskoeffizient	
B	parabolische Oxidationskonstante	m^2/s
B/A	lineare Oxidationskonstante	m/s
b_{min}	minimale Strukturbreite	m
C	Kapazität	F
C	Schichtwägeempfindlichkeit	$m^2/(kg \cdot s)$
c	Lichtgeschwindigkeit ($2{,}99792458 \cdot 10^8$ m/s)	m/s
c_{ij}	Elastizitätsmodul	N/m^2
c_l	Verunreinigungskonzentration im flüssigen Zustand	m^{-3}
c_s	Verunreinigungskonzentration im festen Zustand	m^{-3}
D	Defektdichte	m^{-2}
D	Diffusionskonstante	m^2/s
d	Schichtdicke	m
d	Abstand Membran-Substrat bzw. Zunge-Boden der Ätzgrube	m
d	Durchmesser der Glasfaser	m
d_{ij}	piezoelektrischer Koeffizient	C/N
d_{ox}	Dicke der SiO_2-Schicht	m
d_P	Partikeldurchmesser	m
d_q	Dicke des Quarzplättchens	m
$d_{\{hk.l\}}$	Abstand der Gitterebenen im Quarzkristall	m

Symbol	Bedeutung	SI-Einheit
E	Energie	J
$\dot{E}$	Partikelquellstärke	s^{-1}
E, E_i	elektrische Feldstärke	V/m
E_B	Bindungsenergie der Elektronen	J
E_{kin}	kinetische Energie der Elektronen	J
E_S, E_Z	Youngscher Elastizitätsmodul des Schichtmaterials bzw. der Zunge	N/m^2
$E_{[hkl]}$	Youngscher Elastizitätsmodul in [hkl]-Richtung	N/m^2
e	Elementarladung $(1{,}6021892 \cdot 10^{-19}\ C)$	C
F	Kraft	N
f	Frequenz	s^{-1}
g	Gitterkonstante	m
h	Plancksches Wirkungsquantum $(6{,}626176 \cdot 10^{-34}\ J \cdot s)$	$J \cdot s$
h	Auslenkung der Zunge	m
I	elektrische Stromstärke	A
j	Stromdichte	A/m^2
K	K-Faktor (Dehnungsempfindlichkeit)	
k	Segregationskoeffizient	
k	Boltzmannkonstante $(1{,}380662 \cdot 10^{-23}\ J/K)$	J/K
k	Zahl der Extremwerte	
k^{*}, k'	Proportionalitätskonstanten	
L	Abstand zwischen zwei Interferenzstreifen	m
L	Länge der Verzögerungsleitung	m
l	Länge	m
M	Molekülmasse	kg
m	Masse	kg
m_e	Ruhmasse des Elektrons $(9{,}109534 \cdot 10^{-31}\ kg)$	kg
N	Zahl der kritischen Maskenebenen	
N	Konzentration von Dotieratomen	m^{-3}
N^{*}	implantierte Ionen pro Flächeneinheit	m^{-2}
n	Partikelkonzentration	m^{-3}
n	Brechungsindex	
n	natürliche Zahl	

Symbol	Bedeutung	SI-Einheit
NA	numerische Apertur	
P_i	elektrische Polarisation	C/m^2
p	Druck	Pa
p_S	Sättigungsdampfdruck	Pa
Q	Flußrate	m^3/s
R	Reichweite der Ionen	m
R	elektrischer Widerstand	Ω
R_i	Länge des vollständig unterätzten Steges	m
R_p	projizierte Reichweite der Ionen	m
R_V	Abdampfrate	$kg/(m^2 \cdot s)$
$\mathbf{r,r'}$	Ortsvektoren	
r	Radius der Elektronenbahn	m
r_O	Radius des Sauerstoffatoms	m
r_{Si}	Radius des Siliziumatoms	m
S	Flächenbelegung mit Dotieratomen	m^{-2}
S	Sputterausbeute	Atome/Ion
S_i	Deformationstensor	
s	Proximity-Abstand	m
s_{ij}	Elastizitätskoeffizient	m^2/N
T	Temperatur	K
T_B	Beschichtungstemperatur	K
T_E	Einsatztemperatur	K
T_i	Spannungstensor	N/m^2
t	Dicke, Tiefe	m
t	Zeit	s
t_R	Resistdicke	m
U	elektrische Spannung	V
u_i	laterale Unterätzung	m
$\dot{V}$	Luftvolumenstrom	m^3/s
v_R	Ausbreitungsgeschwindigkeit der Oberflächenwellen	m/s
w	Breite	m
w	Auslenkung der Membran	m

Symbol	Bedeutung	SI-Einheit
w_M	Breite der Maskenstruktur	m
X, Y, Z	Ortskoordinaten	m
X_1, X_2, X_3, Z	Ortskoordinaten im Bravaisschen Achsensystem	m
x	Eindringtiefe von Dotieratomen	m
Y	Ausbeute	
Z	Kernladungszahl	
α, β, γ	von den Kristallachsen eingeschlossene Winkel	
α	Winkel zwischen zwei Kristallebenen	
α	Öffnungswinkel des Objektivs	
α_S, α_{Sub}	thermischer Ausdehnungskoeffizient der Schicht bzw. des Substrats	K^{-1}
β	Temperaturabhängigkeit der Resonanzfrequenz	K^{-1}
Δ	Abstand Faserkern-Substratoberfläche	m
Δf	Tiefenschärfebereich	m
Δf	Frequenzänderung	s^{-1}
ΔL	Versetzung der Interferenzstreifen	m
ΔL	Längenänderung	m
Δl	Gangunterschied von Lichtstrahlen	m
Δp	Druckdifferenz	Pa
ΔR	Änderung des elektrischen Widerstands	Ω
ΔR_p	Standardabweichung der projizierten Reichweite	m
ΔT	Temperaturänderung	K
δ_{ij}	Kronecker-Symbol	
ϵ	Dehnung	
ϵ_0	Dielektrizitätskonstante des Vakuums $(8{,}85418782 \cdot 10^{-12}\ F/m)$	F/m
θ	Winkel zwischen {111}- und {hkk}-Ebene	
θ_B	Bragg-Winkel	
λ	mittlere freie Weglänge	m
λ	Wellenlänge	m
λ_B	Blaze-Wellenlänge	m
λ_c	charakteristische Wellenlänge der Synchrotronstrahlung	m
μ	Viskosität	$N \cdot s/m^2$

Symbol	Bedeutung	SI-Einheit
ν	Frequenz	s^{-1}
ν_b	Ätzrate des ungestörten Materials	m/s
ν_l	laterale Ätzrate	m/s
ν_t	Ätzrate der latenten Teilchenspur	m/s
ν_v	vertikale Ätzrate	m/s
π_l	longitudinaler piezoresistiver Koeffizient	m^2/N
π_t	transversaler piezoresisitiver Koeffizient	m^2/N
ρ	Dichte	kg/m^3
ρ	spezifischer elektrischer Widerstand	$\Omega \cdot m$
ρ_q	Dichte von Quarz	kg/m^3
σ_l	mechanische Spannung parallel zur Stromrichtung	N/m^2
σ_T	thermische Spannung	N/m^2
σ_t	mechanische Spannung senkrecht zur Stromrichtung	N/m^2
τ	Zeitkonstante	s
Φ	Austrittsarbeit der Elektronen	J
Φ_o, Φ_e	Phasenverschiebung	
ω	Kreisfrequenz	s^{-1}
(hkl)	Miller-Indizes	
{hkl}	äquivalente Kristallebenen	
(hkil), (hk.l)	Bravais-Miller-Indizes	
[uvw]	Richtung im Kristall	
<uvw>	äquivalente Richtungen	

1 Bedeutung und Inhalte der Mikromechanik

Die Mikromechanik befaßt sich mit Entwurf, Herstellung und Anwendung dreidimensionaler mechanischer Strukturen und Systeme, deren Abmessungen in mindestens einer Dimension so klein sind, daß feinmechanische Formgebungsverfahren nicht mehr sinnvoll eingesetzt werden können. Statt dessen nutzt die Mikromechanik Methoden und Materialien der Halbleitertechnologie, die sich ganz allgemein zur Erzeugung von Strukturen im Mikrometerbereich eignen [BRO 82, HEU 89].

Bisher wurde die komplexe Mikrostrukturierung hauptsächlich bei der Entwicklung und Herstellung integrierter Schaltungen angewendet. Dabei wurden mit außerordentlich hohem Aufwand typische Prozesse wie Lithographie, Ätztechnik und Schichtabscheidung entwickelt. Die eindrucksvollen Fortschritte der Mikroelektronik in den letzten drei Jahrzehnten, durch die große Bereiche der Technik grundlegend verändert wurden, lassen sich durch Größen wie Integrationsgrad, minimale Strukturgrößen oder Kosten pro Funktionseinheit charakterisieren. Seit 1970 hat sich der Integrationsgrad etwa alle 1 1/2 Jahre verdoppelt bei gleichzeitiger Reduktion der Strukturgrößen bis in den Submikrometerbereich (Bild 1.1). Dadurch konnten die Herstellungskosten eines integrierten Funktionselements drastisch gesenkt und die Zuverlässigkeit wesentlich erhöht werden.

Grundlage dieser Entwicklung ist die **Silizium-Planartechnologie** [RUG 84, SZE 83, WID 88], bei der auf einem einkristallinen Siliziumsubstrat komplexe Folgen dünner Schichten aus Materialien mit unterschiedlichen Eigenschaften aufgebaut und anschließend durch Lithographie und Ätzprozesse strukturiert werden. Der Schichtaufbau erfolgt durch Aufdampfen, Sputtern, chemische oder elektrochemische Abscheidung. Außerdem können oberflächennahe Schichten des Siliziumsubstrats durch Dotierung mit Fremdatomen oder durch chemische Reaktionen, z.B. Bildung einer Siliziumdioxid-Schicht in oxidierender Atmosphäre, verändert werden. Die Möglichkeit, das auf der Substratoberfläche erzeugte Siliziumdioxid sowohl als Maske bei selektiven Dotierungsprozessen wie auch als Isolier- und Passivierungsschicht zu nutzen, ist einer der wesentlichen Gründe für die dominierende Rolle des Siliziums als Werkstoff der Mikroelektronik. Entscheidend für die schnelle Entwicklung der Mikroelektronik ist auch die kostengünstige Fertigung der integrierten Schaltungen in einem Batch-Prozeß, bei dem viele Siliziumscheiben, auf denen sich wiederum viele Chips befinden, gleichzeitig bearbeitet werden.

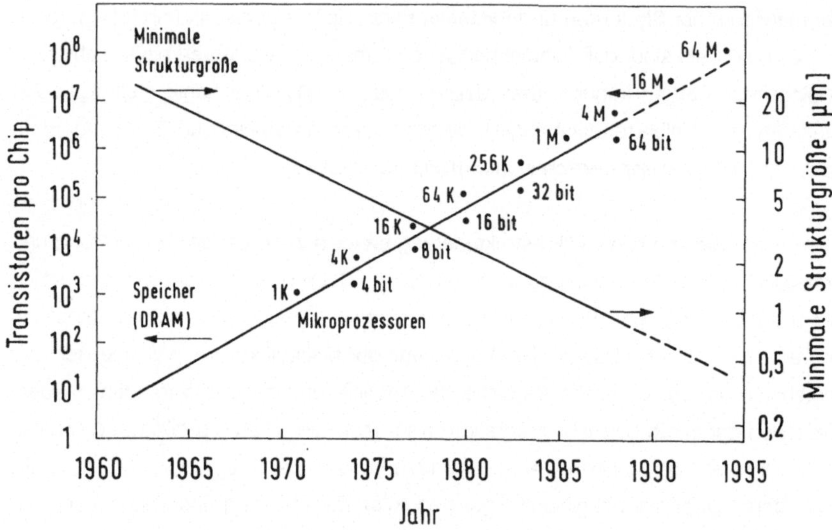

Bild 1.1 Integrationsgrad und minimale Strukturgrößen von integrierten Schaltungen

Der hohe Entwicklungsstand dieser physikalisch-chemischen Verfahrenstechniken legt eine Nutzung auch in anderen Anwendungsgebieten, bei denen hohe Anforderungen an Strukturfeinheit und Komplexität gestellt werden, nahe. Die Miniaturisierung von mechanischen Bauelementen, z.B. von Sensoren und Aktoren, bietet folgende Vorteile:

- Mikromechanische Elemente lassen sich mit mikroelektronischen Elementen in monolithischer oder hybrider Technik kombinieren. Bei Sensoren eröffnet dies die Möglichkeit zur dezentralen Signalvorverarbeitung (Verstärkung, Kompensation von Störgrößen, Linearisierung von Kennlinien) und zur Multifunktionalität (mehrere gleichartige oder unterschiedliche physikalische oder chemische Größen werden erfaßt und zu einer oder mehreren Aussagen verknüpft).

- Bei der Integration von mechanischen und elektronischen Funktionen erniedrigt sich die Zahl der externen Verbindungen. Dadurch erhöht sich die Zuverlässigkeit des Systems.
- Der auf allen Gebieten der Technik zu beobachtende Vorstoß in Mikrostruktur-Bereiche erfordert die Bereitstellung von miniaturisierten Bauelementen, z.B. für biomedizinische Sensoren und Aktoren, für rückwirkungsarme Meßverfahren oder für die medizinische Implantattechnologie.
- Mikromechanische Bauelemente können ebenso wie integrierte Schaltungen in einem Batch-Prozeß hergestellt werden. Dies impliziert eine kostengünstige Fertigung. Auch die Materialersparnis bei der Miniaturisierung bewirkt eine Kostensenkung.

Da die Mikromechanik noch ein relativ junges Arbeitsgebiet ist, sind ihre Möglichkeiten bei weitem noch nicht ausgeschöpft. Hauptanwendungsgebiete sind derzeit:

- Sensoren, z.B. Druck-, Beschleunigungs-, Kraft- und Strahlungssensoren, chemische Sensoren und Analysesysteme,
- Aktoren, z.B. Anzeigeelemente, Mikroschalter, Mikroventile und -pumpen, Lichtmodulatoren, Mikromotoren,
- Aufbau- und Verbindungstechnik, z.B. miniaturisierte Chipkühlung, Multichip-Carrier, Justierhilfen für mikrooptische Bauelemente,
- Vakuum-Mikroelektronik, z.B. miniaturisierte Trioden,
- allgemeine mechanische Bauelemente, z.B. Düsen, Filter, optische Gitter, Transmissionsmasken.

Die Mikromechanik nutzt im wesentlichen die Fertigungstechniken der Mikroelektronik. Allerdings ist eine Weiterentwicklung dieser Technologieprozesse notwendig, da in der Mikromechanik im Gegensatz zur Mikroelektronik dreidimensionale und/oder bewegliche Strukturen herzustellen sind (Bild 1.2). Die Technologieausstattung, die für Entwicklung und Fertigung mikromechanischer Bauelemente erforderlich ist, und der damit verbundene Investitionsaufwand wird z.B. in [BUE 90a] untersucht. Beispiele für technologische Weiterentwicklungen sind:

- **Lithographie**: Weiterentwicklung der Röntgenlithographie zur Tiefenlithographie mit Synchrotronstrahlung.

- **Ätztechnik**: Einführung der selektiven, anisotropen naßchemischen Ätztechnik in Einkristallen. Entwicklung von anisotropen Ionenätzverfahren.

- **Schichtabscheidung**: Vervollkommnung von Lift-off-Techniken. Entwicklung selektiver Epitaxieverfahren.

- **Ionen- und Laserstrahlen**: Anwendung der Teilchenspur-Ätztechnik zur Mikrostrukturierung von Isolatoren. Anwendung von Laserstrahlen zur Mikromaterialbearbeitung.

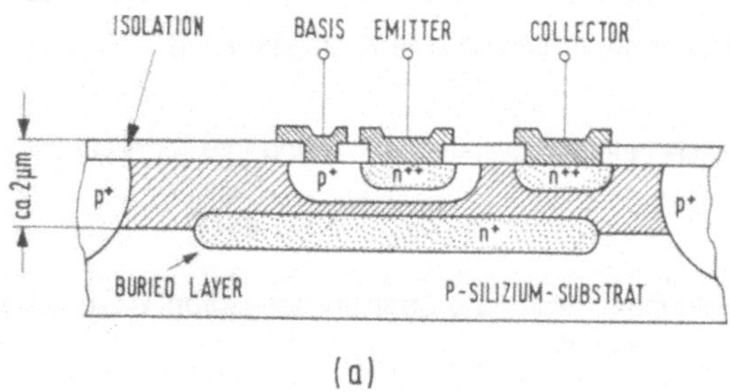

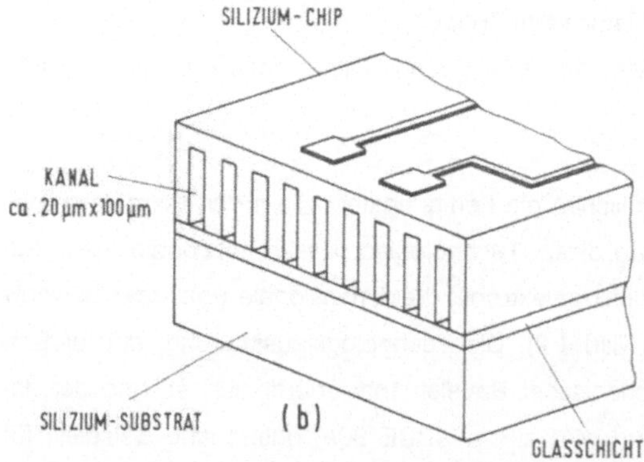

Bild 1.2 (a) Flächenhafte Strukturierung eines mikroelektronischen Bauelements (Bipolartransistor in einer integrierten Schaltung). (b) Dreidimensionale Strukturierung eines mikromechanischen Bauelements (miniaturisierte Chipkühlung)

2 Werkstoffe der Mikromechanik

2.1 Überblick

Als Substratmaterial zur Herstellung dreidimensionaler Mikrostrukturen bietet sich zunächst einkristallines Silizium an, das aufgrund der Entwicklungen in der Mikroelektronik in höchster Reinheit und kristalliner Perfektion verfügbar ist. Silizium hat darüberhinaus sehr gute mechanische Eigenschaften, die mit denen von Stahl vergleichbar sind, insbesondere zeigt es keine Ermüdungserscheinungen.

Ein weiterer interessanter Werkstoff der Mikromechanik ist einkristalliner Quarz, der sehr gute mechanische Materialeigenschaften mit dem Vorteil der Piezoelektrizität verbindet. Aber auch andere Materialien, z.B. die Einkristalle Lithiumniobat und Saphir, die III/V-Halbleiter Galliumarsenid und Indiumphosphid, Kunststoffe, Metalle und keramische Werkstoffe, sind von großem Interesse für die Mikromechanik.

Da einkristalline Werkstoffe von entscheidender Bedeutung für die Mikromechanik sind - Quarz war z.B. das erste Material, aus dem aufgrund seiner piezoelektrischen Eigenschaften Bauelemente mit mechanisch bewegten Teilen hergestellt wurden - werden in Abschn. 2.2 einige Grundlagen aus der Kristallphysik zusammengestellt, bevor in Abschn. 2.3 und Abschn. 2.4 die Werkstoffe Silizium und Quarz ausführlicher behandelt werden.

2.2 Kristallstrukturen

Ein idealer Kristall entsteht durch unendliche, regelmäßige Wiederholung von Struktureinheiten im dreidimensionalen Raum. Die Struktureinheit (Basis) besteht aus einem oder mehreren Bausteinen (Atome, Moleküle, Ionen).

Die Wiederholung der Basis im Raum wird durch drei linear unabhängige Translationsvektoren $\mathbf{a}$, $\mathbf{b}$, $\mathbf{c}$ beschrieben mit der Eigenschaft, daß von jedem Punkt $\mathbf{r'}$ der Kristall gleich aussieht wie vom Punkt $\mathbf{r}$:

$$r' = r + u \cdot a + v \cdot b + w \cdot c, \tag{2.1}$$

wobei u, v, w ganze Zahlen sind. Die Menge aller durch Gl. (2.1) definierten Punkte bildet ein Gitter, aus dem durch Zuordnung der Basis zu jedem Gitterpunkt die Kristallstruktur entsteht.

Die Vektoren **a**, **b**, **c** spannen ein Parallelepiped auf, eine sogenannte Elementarzelle. Im allgemeinen gibt es verschiedene Möglichkeiten für die Wahl der Elementarzelle. Die Elementarzelle mit kleinstmöglichem Volumen heißt primitiv. Sie weist eine Dichte von einem Gitterpunkt auf; denn jede der acht Ecken ist mit einem Gitterpunkt besetzt, der jedoch auf die acht sich in ihm berührenden Elementarzellen aufgeteilt werden muß.

Jeder Kristall ist invariant gegenüber Translationen nach Gl. (2.1). Es gibt jedoch weitere Symmetrieoperationen, die bestimmte Kristallstrukturen invariant lassen:

- Spiegelung an einer Ebene (Symbol: m),
- Drehungen um 180°, 120°, 90° bzw. 60° entsprechend einer 2-, 3-, 4-, bzw. 6-zähligen Drehachse (Symbole: 2, 3, 4, 6),
- Inversion, d.h. Spiegelung an einem Punkt (Symbol $\bar{1}$),
- Drehinversion, d.h. Drehung und gleichzeitige Inversion an einem Punkt der Achse (Symbole: $\bar{2}$, $\bar{3}$, $\bar{4}$, $\bar{6}$).

Die Gesamtheit der Symmetrieoperationen, die das Translationsgitter invariant lassen, wenn man sie um einen Gitterpunkt als Zentrum anwendet, heißt Punktgruppe. Es gibt 32 kristallographische Punktgruppen, aus denen sich 14 Möglichkeiten ergeben, die Gitterpunkte zu Elementarzellen zusammenzusetzen (Bravais-Gitter). Nur 7 Bravais-Gitter (Bild 2.1) sind primitiv; dem entsprechen die 7 kristallographischen Achsensysteme (Tabelle 2.1). Zur Beschreibung einer Kristallstruktur werden auch nicht-primitive Elementarzellen verwendet, wenn dadurch der Zusammenhang zwischen Elementarzelle und Symmetrieeigenschaften der Punktgruppe deutlicher zum Ausdruck kommen. Die Bezeichnung der Punktgruppen erfolgt z.B. nach Hermann-Mauguin mit Hilfe der oben eingeführten Symbole der Symmetrieoperationen (s. z.B. [HEL 88]).

Nimmt man zu den Punktsymmetrieelementen noch die Translationssymmetrie hinzu, so erhält man 230 Raumgruppen. Aus Kombination von Translation und Punktsymmetrieoperationen entstehen neue Symmetrieelemente, z.B. Schraubenachsen (Kombination einer dreizähligen Drehachse mit gleichzeitiger Translation in Richtung der Achse, s. Bild 2.2).

Tabelle 2.1 Die sieben kristallographischen Achsensysteme. a, b und c sind die Längen der Kristallachsen **a**, **b** und **c**; α, β und γ sind die Winkel, die sie einschließen (**b**·**c** = bc·cos α, **c**·**a** = ca·cos β, **a**·**b** = ab·cos γ). Primitive Einheitszelle des rhomboedrischen (oder trigonalen) Gittersystems ist ein Rhomboeder. Zwei entgegengesetzte Gitterpunkte des Rhomboeders liegen auf einer dreizähligen Drehachse. An Stelle des rhomboedrischen Achsensystems wird daher auch das trigonale Achsensystem benutzt

Kristallsystem	Achsen	Winkel
triklin	$a \neq b \neq c$	$\alpha \neq \beta \neq \gamma$
monoklin	$a \neq b \neq c$	$\alpha = \gamma = 90^{\mathrm{o}} \neq \beta$
orthorhombisch	$a \neq b \neq c$	$\alpha = \beta = \gamma = 90^{\mathrm{o}}$
tetragonal	$a = b \neq c$	$\alpha = \beta = \gamma = 90^{\mathrm{o}}$
kubisch	$a = b = c$	$\alpha = \beta = \gamma = 90^{\mathrm{o}}$
rhomboedrisch	$a = b = c$	$\alpha = \beta = \gamma \neq 90^{\mathrm{o}}$
(trigonal	$a = b \neq c$	$\alpha = \beta = 90^{\mathrm{o}}$, $\gamma = 120^{\mathrm{o}}$)
hexagonal	$a = b \neq c$	$\alpha = \beta = 90^{\mathrm{o}}$, $\gamma = 120^{\mathrm{o}}$

Die Lage von Kristallebenen wird durch die Millerschen Indizes beschrieben, die man folgendermaßen erhält:

- Man bestimmt zunächst die Schnittpunkte der Ebene mit den Achsen **a**, **b**, **c** und drückt das Ergebnis in Einheiten der Gitterparameter (Längen a, b, c der Achsen) aus.
- Man bildet dann den Kehrwert dieser Zahlen und bestimmt die ganzen Zahlen h, k, l, die im gleichen Verhältnis zueinander stehen wie die Kehrwerte der Achsenabschnitte. Im allgemeinen nimmt man die kleinsten ganzen Zahlen, die diese Bedingung erfüllen. Die Ebene heißt (hkl)-Ebene. Negative Indizes werden durch ein Minuszeichen über dem Index angezeigt.

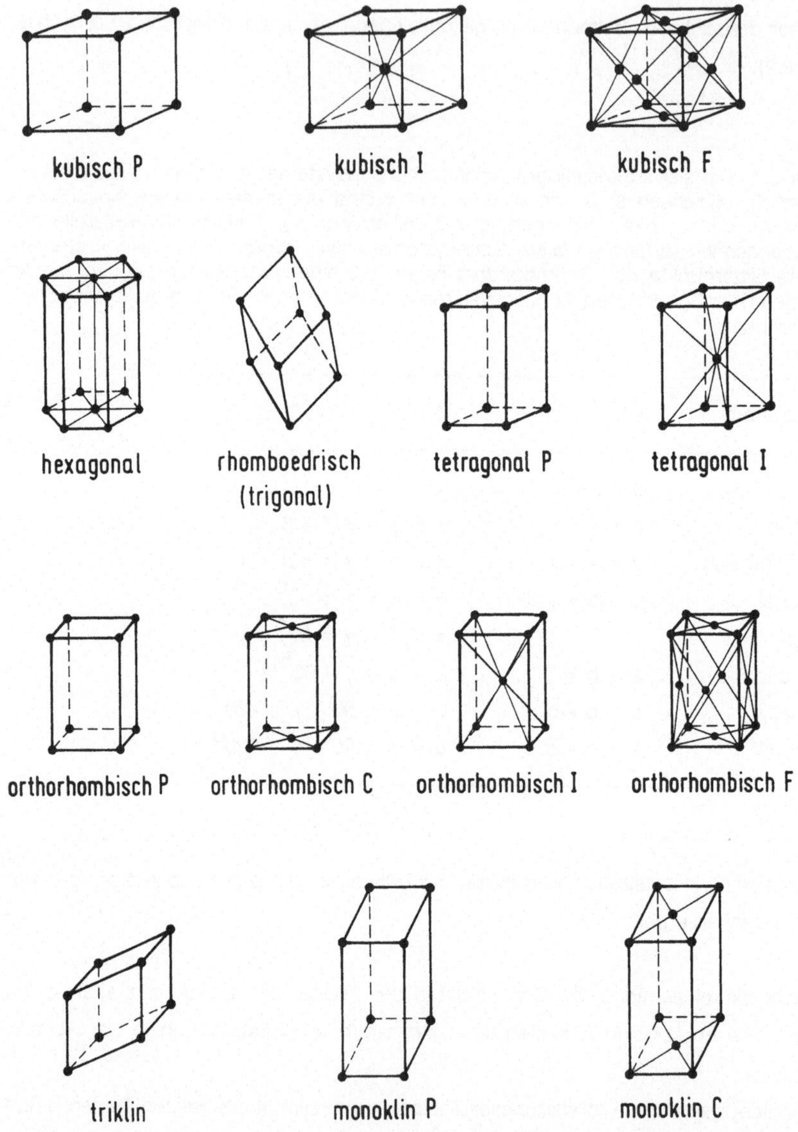

Bild 2.1 Die 14 Bravais-Gitter (P = primitiv, I = raumzentriert, F = flächenzentriert, C = basiszentriert). Das abgebildete hexagonale Prisma ist nicht-primitiv; primitive Elementarzelle des hexagonalen Gittersystems ist ein rechtwinkliges Prisma, dessen Grundfläche eine Raute mit einem 60°-Winkel ist

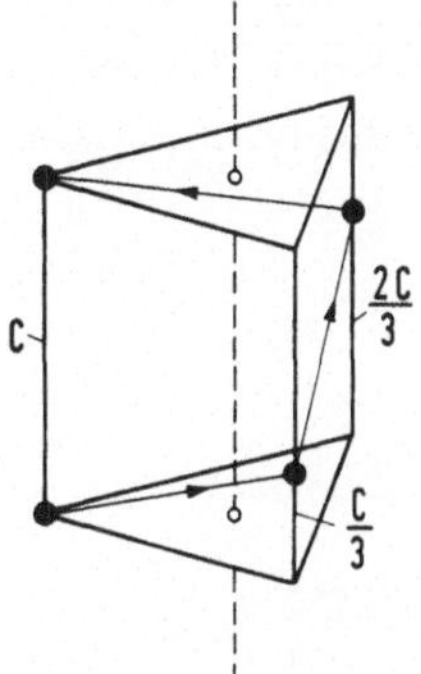

Bild 2.2 Dreizählige Schraubenachse

Aus Symmetriegründen gleichwertige Ebenen werden mit {hkl} bezeichnet. Die Richtung in einem Kristall wird durch das Zahlentripel [uvw] beschrieben. u, v, w sind darin die kleinsten ganzen Zahlen, die das gleiche Verhältnis wie die axialen Komponenten eines Vektors in die zu beschreibende Richtung haben. Äquivalente Richtungen werden mit <uvw> bezeichnet.

In Bild 2.3 sind einige wichtige Ebenen im kubischen Kristall dargestellt. In kubischen Kristallen steht der Vektor [hkl] senkrecht auf der Ebene (hkl), und der Winkel α zwischen zwei Kristallebenen (hkl) und (h'k'l') ist gegeben durch die Beziehung:

$$\cos \alpha = (hh' + kk' + ll')/\{(h^2 + k^2 + l^2)(h'^2 + k'^2 + l'^2)\}^{1/2}. \tag{2.2}$$

Beim hexagonalen (und trigonalen) Achsensystem ist auch die Einführung von vier Achsen üblich: drei gleichlange Vektoren a_1, a_2, a_3 unter 120°, der vierte ungleich lange Vektor **c** senkrecht auf diesen. Die Bezeichnung der Ebenen erfolgt entsprechend durch die sogenannten Bravais-Miller-Indizes (hkil). Da immer $h + k + i = 0$ gilt, schreibt man gewöhnlich (hk.l), wobei der Punkt für $i = -(h + k)$ steht.

Im Gegensatz zu einem idealen Kristall besitzt ein realer Kristall Baufehler (Defekte). Man unterscheidet **punktförmige** Defekte, die sowohl durch Gitterbausteine, die nicht auf Gitterpunkten sitzen, wie auch durch gitterfremde Atome verursacht werden, **linien-**

förmige Defekte (Versetzungen) und **flächenhafte** Kristallfehler. Störungen des strengen Aufbaus idealer Kristalle ergeben sich außerdem durch die endlichen Dimensionen realer Kristalle, die zu Oberflächenzuständen führen, und durch die thermischen Gitterschwingungen (Phononen).

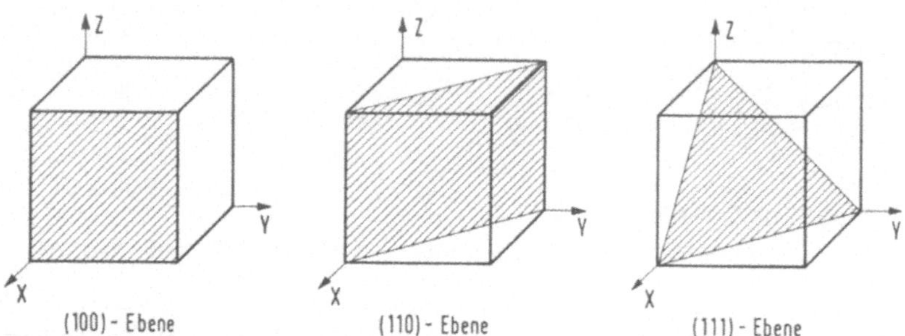

Bild 2.3 Ebenen im kubischen Kristallsystem

2.3 Silizium

Silizium kristallisiert in der Diamantstruktur mit einer Gitterkonstanten von 5,43 Å. Das Diamantgitter ist kubisch flächenzentriert; jedem Gitterpunkt ist eine Basis aus zwei Silizium-Atomen bei (0,0,0) und (1/4,1/4,1/4) zugeordnet (Bild 2.4a). Die tetraedrische Bindung von Silizium (jedes Silizium-Atom ist von vier nächsten Nachbarn umgeben) ist in Bild 2.4b dargestellt. Die Winkel zwischen wichtigen Ebenen im Silizium-Kristall sind in Tabelle 2.2 angegeben. Silizium gehört zur kristallographischen Punktgruppe $\overline{4}3m$, d.h. es existieren drei zweizählige Drehachsen, die gleichzeitig vierzählige Inversionsdrehachsen sind, vier dreizählige polare Drehachsen und sechs Symmetrieebenen, die durch die zwei- und dreizähligen Achsen verlaufen.

Aufgrund der Anisotropie des Silizium-Kristalls hängt auch das elastische Verhalten von der Kristallrichtung ab. Die Verallgemeinerung des Hookeschen Gesetzes für anisotrope Körper lautet in Matrixschreibweise [TIC 80]:

$$T_i = c_{ij} \cdot S_j. \tag{2.3}$$

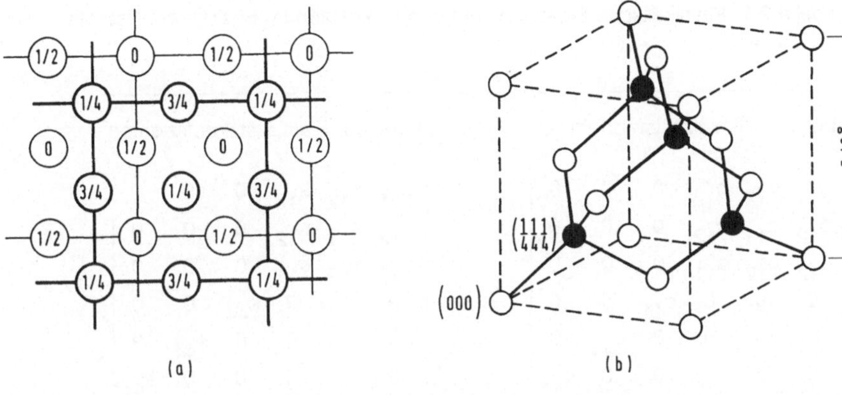

Bild 2.4 Kristallstruktur von Silizium (s. z.B. [RUN 65]). (a) Zwei kubisch flächenzentrierte Gitter; die Brüche geben die Höhe über der Zeichenebene in Bruchteilen der Kantenlänge des Würfels an. (b) Tetraedrische Bindung im Silizium-Kristall

Tabelle 2.2 Winkel zwischen Ebenen im Silizium-Kristall

{hkl}	{h'k'l'}	Winkel zwischen {hkl} und {h'k'l'}		
100	100	0°	90°	
	110	45°	90°	
	111	$54{,}74^{\circ}$		
110	110	0°	60°	90°
	111	$35{,}26^{\circ}$	90°	
111	111	0°	$70{,}53^{\circ}$	

Dabei ist über einen Index, der zweimal in einem Term auftritt, zu summieren. T_i sind die sechs unabhängigen Komponenten des Spannungstensors (Normalspannungen T_1, T_2, T_3; Schubspannungen T_4, T_5, T_6), S_j die sechs unabhängigen Komponenten des Deformationstensors (Dehnungen S_1, S_2, S_3; Scherungen S_4, S_5, S_6) und c_{ij} die Elastizitätsmoduln. Die Umkehrung von Gl. (2.3) lautet:

$$S_i = s_{ij} \cdot T_j. \tag{2.4}$$

Tabelle 2.3 Physikalische Eigenschaften von einkristallinem Silizium bei Raumtemperatur [LAN 82]

Matrix der Elastizitätsmoduln

$$\begin{bmatrix} c_{11} & c_{12} & c_{12} & 0 & 0 & 0 \\ c_{12} & c_{11} & c_{12} & 0 & 0 & 0 \\ c_{12} & c_{12} & c_{11} & 0 & 0 & 0 \\ 0 & 0 & 0 & c_{44} & 0 & 0 \\ 0 & 0 & 0 & 0 & c_{44} & 0 \\ 0 & 0 & 0 & 0 & 0 & c_{44} \end{bmatrix}$$

Matrix der Elastizitätskoeffizienten

$$\begin{bmatrix} s_{11} & s_{12} & s_{12} & 0 & 0 & 0 \\ s_{12} & s_{11} & s_{12} & 0 & 0 & 0 \\ s_{12} & s_{12} & s_{11} & 0 & 0 & 0 \\ 0 & 0 & 0 & s_{44} & 0 & 0 \\ 0 & 0 & 0 & 0 & s_{44} & 0 \\ 0 & 0 & 0 & 0 & 0 & s_{44} \end{bmatrix}$$

Elastizitätskoeffizienten $[10^{-12}\ N^{-1}m^2]$

s_{11}	s_{12}	s_{44}
7,68	-2,14	12,56

Elastizitätsmoduln $[10^{11}\ N/m^2]$

c_{11}	c_{12}	c_{44}
1,658	0,639	0,796

E-Moduln $[10^{11}\ N/m^2]$

$E_{[100]}$	$E_{[110]}$	$E_{[111]}$
1,30	1,69	1,88

Dichte:	$2,329 \cdot 10^3\ kg/m^3$
Wärmeleitfähigkeit:	$156\ W/(K \cdot m)$
Thermischer Ausdehnungskoeffizient:	$2,54 \cdot 10^{-6}\ K^{-1}$
Knoophärte:	$1150\ kg/mm^2$

---

s_{ij} sind die Elastizitätskoeffizienten. Es gilt:

$$c_{ij} \cdot s_{jk} = \delta_{ik}. \tag{2.5}$$

Aufgrund der Symmetrieeigenschaften des Silizium-Kristalls ergeben sich die in Tabelle 2.3 angegebenen Matrizen der Elastizitätskonstanten.

Bei Anwendung einer Kraft in [hkl]-Richtung kann das elastische Verhalten von Silizium durch den E-Modul beschrieben werden:

$$1/E_{[hkl]} = s_{11} - S \cdot (k^2 l^2 + l^2 h^2 + h^2 k^2)/(h^2 + k^2 + l^2)^2 \tag{2.6}$$

mit

$$S = 2s_{11} - 2s_{12} - s_{14}. \tag{2.7}$$

Mit Gl. (2.6) ergeben sich aus den Elastizitätskoeffizienten s_{ij} die in Tabelle 2.3 angegebenen E-Moduln für bestimmte Kristallrichtungen. Bild 2.5 zeigt die Abhängigkeit des Elastizitätsmoduls von der Kristallrichtung.

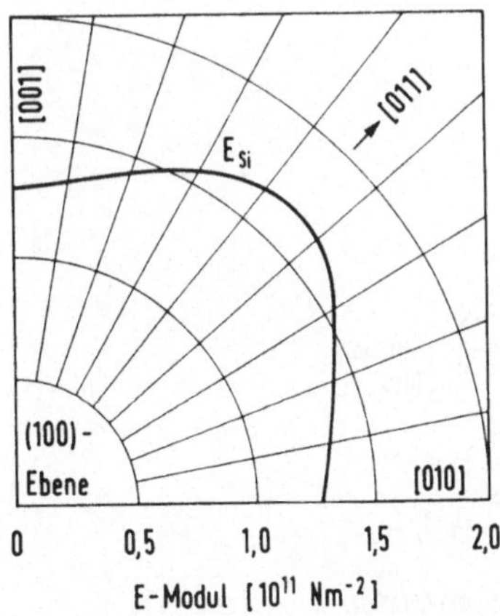

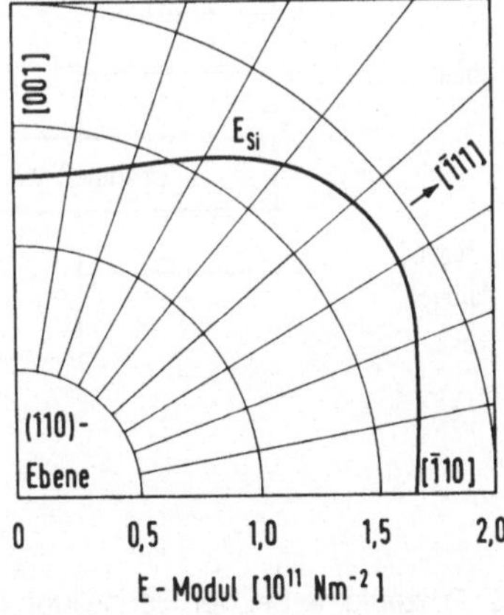

Bild 2.5 Elastizitätsmodul von Silizium in der (100)- und in der (110)-Ebene in Abhängigkeit von der Kristallrichtung

Bei Temperaturen unterhalb von ca. 500 ^{O}C tritt bei Silizium keine plastische Verformung auf, d.h. die Streckgrenze fällt mit der Bruchspannung zusammen. Daraus resultiert Hysteresefreiheit und Alterungsbeständigkeit, durch die sich Silizium als Werkstoff auszeichnet [BER 89].

Ausgangspunkt für Mikrostrukturen aus Silizium sind Scheiben aus einkristallinem Silizium hoher Reinheit (Wafer). Die Herstellung erfolgt in mehreren Schritten (Bild 2.6):

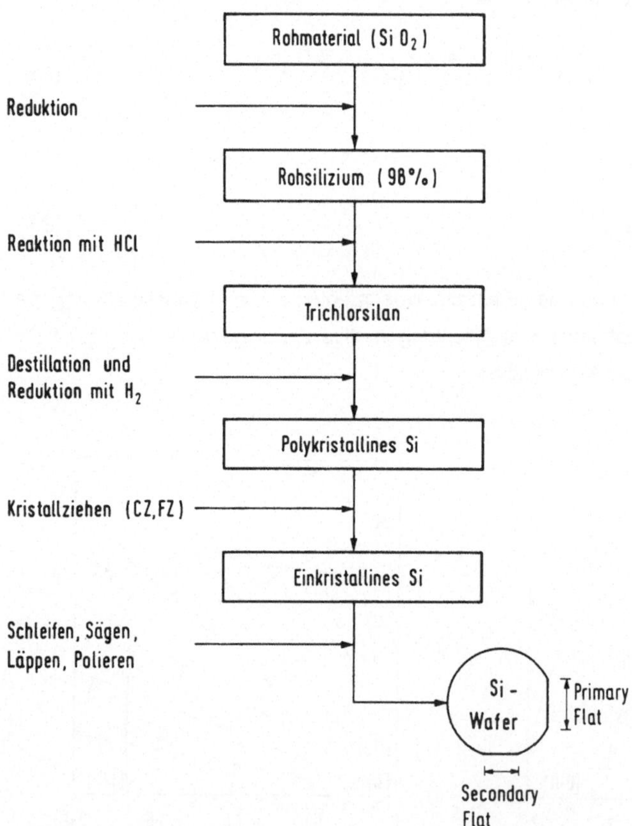

Bild 2.6 Prozeßfolge bei der Herstellung polierter Silizium-Wafer

1. Aus Quarzit (SiO_2) wird durch Reduktion mit kohlenstoffhaltigen Materialien in einem Lichtbogenofen metallurgisch reines Silizium (98% Reinheit) hergestellt. Es bildet sich zunächst SiC, dann erfolgt weitere Reduktion zu Silizium:

$$SiC + SiO_2 \rightarrow Si + SiO + CO. \tag{2.8}$$

2. Das metallurgisch reine Silzium wird mechanisch pulverisiert und in einer Reaktion mit HCl in Trichlorsilan (Siedepunkt 32 ^{O}C) übergeleitet, das anschließend durch fraktionierte Destillation gereinigt wird:

$$Si + 3HCl \rightarrow SiHCl_3 + H_2. \tag{2.9}$$

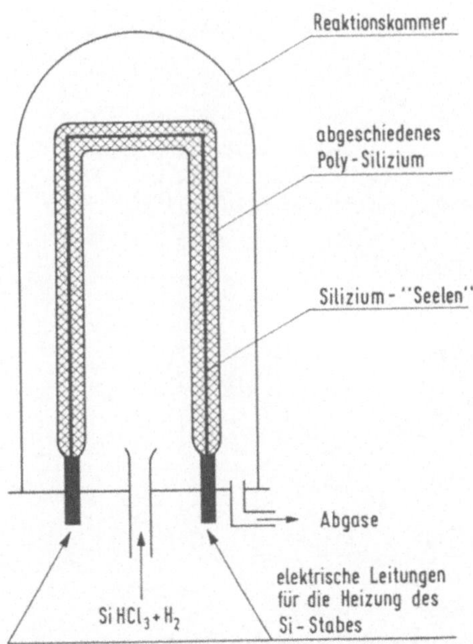

Bild 2.7 Prinzip der Herstellung polykristalliner Silizium-Stäbe durch Reduktion von Trichlorsilan mit H_2

3. Durch Reduktion mit H_2 wird aus dem gereinigten Trichlorsilan hochreines Silizium gewonnen:

$$SiHCl_3 + H_2 \rightarrow Si + 3HCl. \tag{2.10}$$

Auf dünnen Siliziumstäben ("Seelen") wächst polykristallines Silizium zu Stäben bis 200 mm Durchmesser und Längen von einigen Metern auf (Bild 2.7).

4. Diese Stäbe dienen als Ausgangsmaterial für die Herstellung von einkristallinem Silizium. Die beiden wichtigsten Verfahren sind das Tiegelziehverfahren nach Czochralsky (Bild 2.8) und das tiegelfreie Zonenziehverfahren (Float-Zone-Verfahren, Bild 2.9).

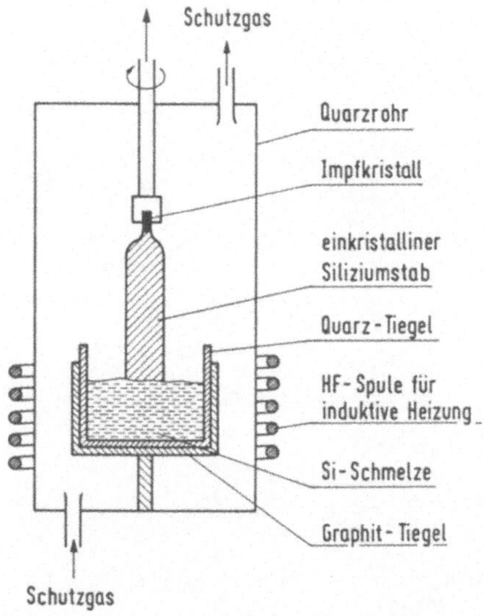

Bild 2.8 Prinzip des Tiegelziehverfahrens nach Czochralsky (CZ)

Beim **Tiegelziehverfahren nach Czochralsky** (CZ) werden in einem Quarztiegel, der sich aus Stabilitätsgründen in einem Graphittiegel befindet, Stücke des hochreinen polykristallinen Siliziums geschmolzen. In die Schmelze taucht ein Impfling der gewünschten Kristallrichtung ein (im allgemeinen (100) oder (111), für mikromechanisches Material auch (110)). Der Impfling wird unter langsamer Rotation aus der Schmelze gezogen (einige mm/min), wobei Silizium als einkristalliner Stab erstarrt. Die Dotierung erfolgt durch Zugabe von Dotierstoffen (Bor, Phosphor, Arsen, Antimon) in die Schmelze.

Ein Nachteil des Tiegelziehverfahrens besteht darin, daß die Kristalle infolge der Reaktion des geschmolzenen Siliziums mit dem Quarztiegel Sauerstoff enthalten, so daß man keine hohen Werte für den spezifischen Widerstand erreicht (Obergrenze ca. 50 $\Omega \cdot$ cm).

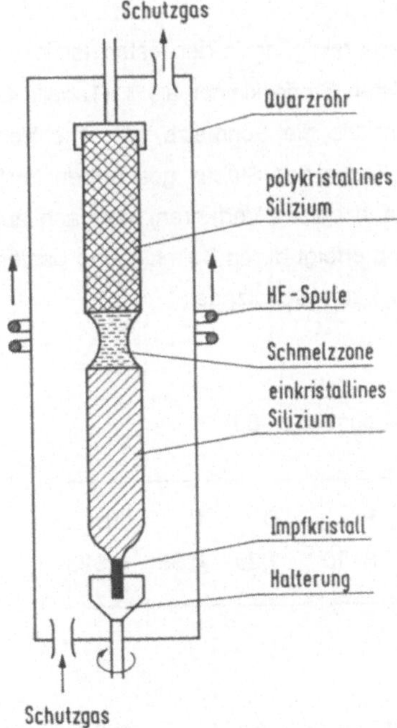

Bild 2.9 Prinzip des Zonenziehverfahrens (FZ)

Dieser Nachteil entfällt beim **Zonenziehverfahren** (FZ), bei dem ebenfalls in einer Schutzgasatmosphäre ein polykristalliner Siliziumstab, der vertikal in eine Halterung über einem Impfkristall eingespannt ist, durch induktive Erwärmung abschnittsweise langsam geschmolzen wird. Die schmale Schmelzzone (wenige cm Länge) wird von dem Ende, an dem sich der Impfkristall befindet, kontinuierlich über die Stablänge hinweg bewegt.

Mit Hilfe des Zonenziehverfahrens erhält man einkristalline Silziumstäbe höchster Reinheit (spezifische Widerstände bis ca. 2000 $\Omega \cdot$ cm). Dies beruht darauf, daß die Löslichkeit von Verunreinigungen in Silizium in der flüssigen und der festen Phase unterschiedlich ist. Der Segregationskoeffizient

$$k = c_s/c_l, \tag{2.11}$$

wobei c_s bzw. c_l die Konzentrationen der Verunreinigung in der festen (solid) bzw. flüssigen (liquid) Phase sind, ist für die meisten Stoffe kleiner als 1 (Tabelle 2.4). Daher ist das wiedererstarrte Material reiner als die Schmelze, d.h. die Verunreinigung wird durch den Kristall ans obere Endes des Stabes geschoben (s. Bild 2.9). Zur Steigerung des Reinheitsgrades kann dieses Verfahren mehrfach angewendet werden (Zonenreinigen). Die Dotierung erfolgt durch Beimischung gasförmiger Dotierstoffe (Phosphin PH_3, Diboran B_2H_6) zum Schutzgas.

Tabelle 2.4 Segregationskoeffizienten k für Silizium [SZE 83]

Element	Al	As	B	C	Cu	Fe	O	P	Sb
k	0,002	0,3	0,8	0,07	$4 \cdot 10^{-4}$	$8 \cdot 10^{-6}$	1,25	0,35	0,023

5. Nach dem Abschleifen des Siliziumstabes auf den gewünschten Durchmesser werden ein oder zwei Flats angebracht (s. Bild 2.6). Das größere Flat (primary flat) dient zur Orientierung der Wafer in Bezug auf eine bestimmte Kristallrichtung und als mechanisches Hilfsmittel zur Positionierung des Wafers in automatisierten Pro-

zessen. Das kleinere Flat (secondary flat) dient der Identifizierung der Kristallorientierung und des Leitfähigkeitstyps. Abschließend werden mittels Sägen, Läppen und Polieren aus den einkristallinen Siliziumstäben die Wafer hergestellt.

Der größte Teil der heute produzierten Siliziumstäbe wird für die Herstellung elektronischer Schaltkreise hoher Integrationsdichte benutzt. Für den Einsatz in der Mikromechanik sind folgende Sonderanforderungen an die Scheiben zu stellen [BUE 90a]:

- Orientierung: (100), (110) und andere Orientierungen mit einer Toleranz von $\pm$ 0,1^O,
- Orientierungstoleranz der Flats: $\pm$ 0,2^O,
- Scheibendicken: etwa 30 μm bis 2000 μm,
- totale Dickenvariation: < 2 μm,
- Politur: beidseitig.

2.4 Quarz

Quarz (SiO_2) tritt in mehreren, aus SiO_4-Tetraedern aufgebauten Modifikationen auf. Für mikromechanische Anwendungen ist die unterhalb von 573 ^{O}C stabile Form von Interesse. Sie wird als α-Quarz bezeichnet. Die von 573 ^{O}C bis 867 ^{O}C stabile Form heißt ß-Quarz. Dessen Kristallgitter besteht aus drei ineinander gestellten hexagonalen Raumgittern mit einem rechtwinkligen Prisma als Elementarzelle (Bild 2.10a). Zu jeder Elementarzelle gehören also drei Silizium-Atome und entsprechend sechs Sauerstoff-Atome. **Ein** Silizium-Atom der Elementarzelle hat die Koordinaten (a/2,a/2,a/2). Durch Hinzunahme von **zwei weiteren** Gittern derselben Art, jedoch um die Kante (AA') um $\pm 120^O$ gedreht und um c/3 abgesenkt bzw. angehoben, erhält man das Kristallgitter von ß-Quarz. Die Projektion auf eine Ebene senkrecht zur c-Achse ergibt eine hexagonale Struktur (Bild 2.10b).

Der Übergang von ß-Quarz zu α-Quarz erfolgt durch Drehung aneinanderstoßender Dreiecke von Silizium-Atomen in entgegengesetzter Richtung um ca. 8° in einer Ebene senkrecht zur c-Achse (Bild 2.10c); außerdem werden die Sauerstoff-Atome noch angehoben bzw. abgesenkt. Dadurch geht die hexagonale Symmetrie von ß-Quarz über in die trigonale Symmetrie von α-Quarz.

Tabelle 2.5 gibt die Koordinaten der Silizium- und Sauerstoff-Atome in einer Elementarzelle an. Jedes Sauerstoff-Atom ist an die beiden nächsten Silizium-Atome, jedes Silizium-Atom an vier Sauerstoff-Atome gebunden; dies ergibt eine Tetraeder-Struktur.

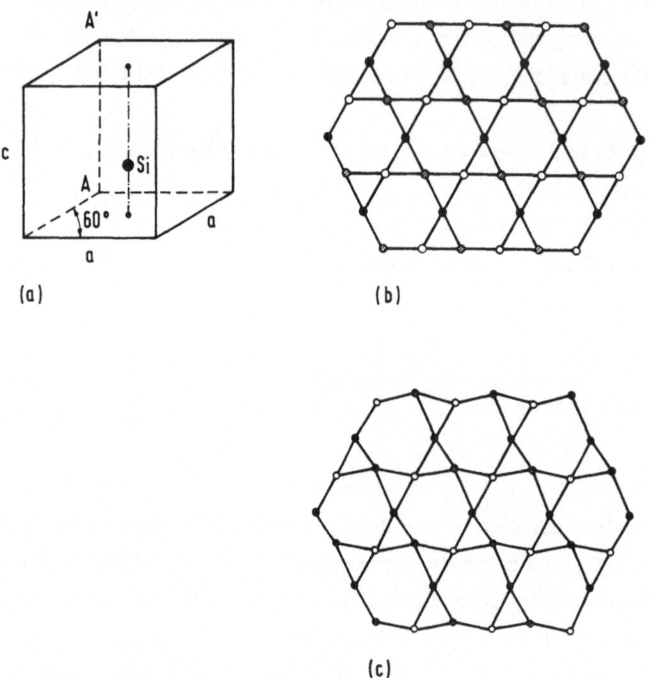

Bild 2.10 Kristallstruktur von Quarz [CAD 46]. (a) Einheitszelle von ß-Quarz mit einem der drei Si-Atome. (b) Projektion der drei ineinander gestellten hexagonalen Raumgitter von ß-Quarz auf eine Ebene senkrecht zur c-Achse. (c) Übergang zu α-Quarz mit trigonaler Symmetrie

α-Quarz gehört zur kristallographischen Punktgruppe 32, d.h. es existiert eine nichtpolare dreizählige Drehachse (c-Achse) und drei dazu senkrechte zweizählige polare Drehachsen (a-Achsen). α-Quarz existiert in zwei enantiomorphen Formen, Rechts- und Linksquarz. Alle Silizium-Atome, die projiziert in den drei Ecken eines kleinen Dreiecks (Bild 2.10c) liegen, bilden eine Helix mit der Achse parallel zur c-Achse, d.h. die c-Achse ist eine dreizählige Schraubenachse. Bild 2.11 zeigt die Hauptkristallflächen von α-Quarz.

Tabelle 2.5 Koordinaten der Atome in einer Einheitszelle von α-Quarz [BRI 85]. Bei 25 °C sind die Gitterkonstanten a = 4,9127 Å, c= 5,4046 Å

Atom	X_1/a	X_2/a	Z/c
Silizium	0,535	0,535	0,333
	0,465	0	0
	0	0,465	0,666
Sauerstoff	0,415	0,272	0,120
	0,857	0,585	0,453
	0,143	0,728	0,880
	0,272	0,415	0,547
	0,585	0,857	0,213
	0,728	0,143	0,787

Als nicht-zentrosymmetrischer Kristall ist α-Quarz piezoelektrisch, d.h. bei Einwirken einer äußeren Kraft tritt eine zu ihr proportionale elektrische Polarisation auf. Der reziproke piezoelektrische Effekt beschreibt die Geometrieänderung des Kristalls bei Anlegen eines äußeren elektrischen Feldes. Der piezoelektrische Effekt wird in Matrixschreibweise beschrieben durch:

$$P_i = d_{ij} \cdot T_j,\tag{2.12}$$

$$S_i = d_{ki} \cdot E_k.\tag{2.13}$$

Darin sind P_i (i=1,2,3) die Komponenten der elektrischen Polarisation, die bei einer mechanischen Deformation auftritt, und E_k (k=1,2,3) die Komponenten des elektrischen Feldes, bei dessen Anlegen der Kristall sich deformiert. d_{ij} sind die piezoelektrischen Koeffizienten. Man unterscheidet vier Arten des piezoelektrischen Effektes (Bild 2.12):

- Longitudinaler Effekt: eine Normalspannung verursacht eine zu ihr parallele Polarisation (d_{11}, d_{22}, d_{33}).

- Transversaler Effekt: eine Normalspannung erzeugt eine zu ihr senkrechte Polarisation (d_{12}, d_{13}, d_{21}, d_{23}, d_{31}, d_{32}).
- Longitudinaler Scher-Effekt: eine Schubspannung verursacht eine Polarisation parallel zur Schubspannungsachse (d_{14}, d_{25}, d_{36}).
- Transversaler Scher-Effekt: eine Schubspannung erzeugt eine Polarisation parallel zur Schubebene, d.h. senkrecht zur Schubspannungsachse (d_{15}, d_{16}, d_{24}, d_{26}, d_{34}, d_{35}).

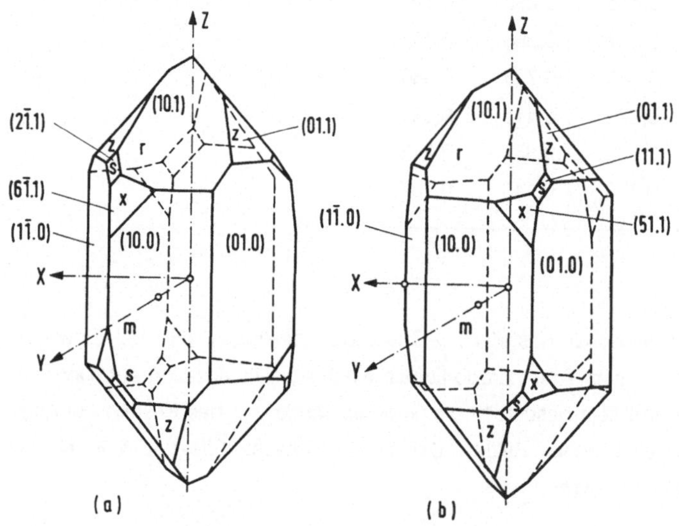

Bild 2.11   Hauptkristallflächen von α-Quarz und ihre Bravais-Miller-Indizes (hk.l) ((a) Linksquarz, (b) Rechtsquarz). Die rechtwinkligen Achsensysteme entsprechen dem IEEE-Standard von 1978 [IEE 78]. Die Z-Achse fällt mit der 3-zähligen Drehachse (c-Achse), die X-Achse mit einer der drei dazu senkrechten 2-zähligen Drehachsen zusammen. Die positive X-Achse durchstößt dabei in Rechtsquarz eine Kante, zu deren Ende x- und s-Flächen gehören, in Linksquarz eine Kante, zu deren Ende keine x- und s-Flächen gehören. Die Y-Achse ergänzt das System für Rechts- und Linksquarz zu einem rechtshändigen Koordinatensystem

Das Zustandekommen des piezoelektrischen Effektes bei Quarz wird in Bild 2.13 durch ein stark vereinfachtes Modell des Quarzgitters veranschaulicht. In Tabelle 2.6 sind die piezoelektrischen und elastischen Koeffizienten von α-Quarz angegeben.

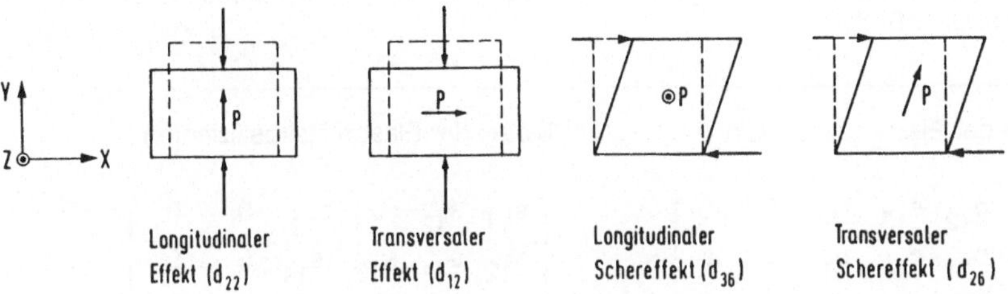

Bild 2.12 Bedeutung der piezoelektrischen Koeffizienten [TIC 80]

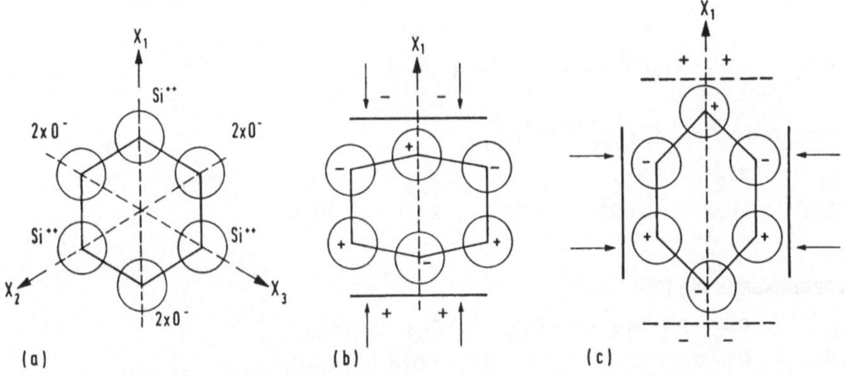

Bild 2.13 Veranschaulichung des piezoelektrischen Effektes. (Die Kreise stellen die Ladungsschwerpunkte der jeweiligen Atome dar). (a) Vereinfachtes Modell des Quarzgitters. (b) Longitudinaler Effekt. (c) Transversaler Effekt [GLA 74]

Die Herstellung von synthetischem Quarz erfolgt durch einen hydrothermischen Prozeß (Bild 2.14). Natürlicher Quarz wird bei hoher Temperatur (ca. 400 $^\circ$C) in einem Autoklaven in Wasser gelöst. Zur Erhöhung der Löslichkeit wird NaOH oder Na_2CO_3 zugegeben. In der oberen kälteren Region des Autoklaven befinden sich die Keimlinge, an denen sich infolge der Übersättigung der Lösung bei der niedrigeren Temperatur Quarz abscheidet. Der Druck im Autoklaven erreicht oft mehr als 1000 bar. Da die Segregationskoeffizienten meist kleiner als 1 sind, tritt bei diesem Prozeß ein Reinigungseffekt auf. Die Herstellung von Quarzscheiben (Blanks) erfolgt durch Sägen, Läppen und Polieren.

Tabelle 2.6 Physikalische Eigenschaften von α-Quarz (Rechtsquarz) bei Raumtemperatur [BRI 85]

Matrix der Elastizitätsmoduln

$$\begin{bmatrix} c_{11} & c_{12} & c_{13} & c_{14} & 0 & 0 \\ c_{12} & c_{11} & c_{13} & -c_{14} & 0 & 0 \\ c_{13} & c_{13} & c_{33} & 0 & 0 & 0 \\ c_{14} & -c_{14} & 0 & c_{44} & 0 & 0 \\ 0 & 0 & 0 & 0 & c_{44} & c_{14} \\ 0 & 0 & 0 & 0 & c_{14} & c_{66} \end{bmatrix}$$

Matrix der Elastizitätskoeffizienten

$$\begin{bmatrix} s_{11} & s_{12} & s_{13} & s_{14} & 0 & 0 \\ s_{12} & s_{11} & s_{13} & -s_{14} & 0 & 0 \\ s_{13} & s_{13} & s_{33} & 0 & 0 & 0 \\ s_{14} & -s_{14} & 0 & s_{44} & 0 & 0 \\ 0 & 0 & 0 & 0 & s_{44} & 2s_{14} \\ 0 & 0 & 0 & 0 & 2s_{14} & s_{66} \end{bmatrix}$$

mit $c_{66} = (c_{11} - c_{12})/2$ und $s_{66} = 2(s_{11} - s_{12})$

Elastizitätskoeffizienten $[10^{-12}\ N^{-1}m^2]$

s_{11}	s_{12}	s_{13}	s_{14}	s_{33}	s_{44}
12,77	-1,79	-1,22	4,50	9,60	20,04

Elastizitätsmoduln $[10^{11}\ N/m^2]$

c_{11}	c_{12}	c_{13}	c_{14}	c_{33}	c_{44}
0,867	0,070	0,119	-0,179	1,072	0,579

Dichte:	$2{,}65 \cdot 10^3\ kg/m^3$
Wärmeleitfähigkeit (parallel zur c-Achse):	$12\ W/(K \cdot m)$
Thermischer Ausdehnungskoeffizient:	$13{,}7 \cdot 10^{-6}\ K^{-1}$ (parallel zur X-Achse),
	$7{,}5 \cdot 10^{-6}\ K^{-1}$ (parallel zur Z-Achse)

Matrix der piezoelektrischen Koeffizienten

$$\begin{bmatrix} d_{11} & -d_{11} & 0 & d_{14} & 0 & 0 \\ 0 & 0 & 0 & 0 & -d_{14} & -2d_{11} \\ 0 & 0 & 0 & 0 & 0 & 0 \end{bmatrix}$$

Piezoelektrische Koeffizienten
$[10^{-12}\ C/N]$

d_{11}	d_{14}
2,31	-0,727

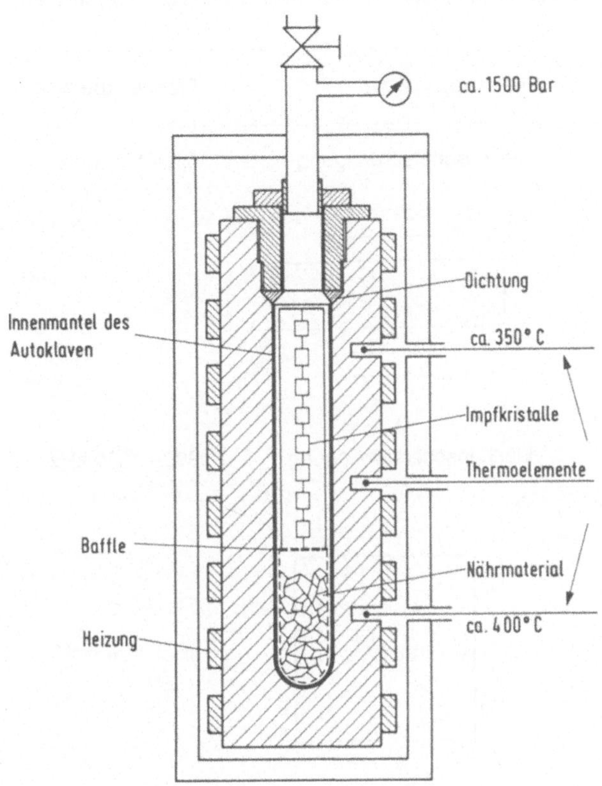

Bild 2.14 Hydrothermischer Prozeß zur Herstellung von synthetischem Quarz

Quarz besitzt hochstabile elastische Eigenschaften und eignet sich daher ausgezeichnet zur Herstellung mechanischer Resonatoren hoher Güte (Q bis zu einigen 10^6), deren elektrische Anregung in einfacher Weise über den reziproken piezoelektrischen Effekt erfolgen kann. Je nach Kristallorientierung einer Schwingquarzstruktur (Plättchen, Stab, Stimmgabel) erhält man verschiedene Schwingungsformen, Frequenzen und Anregungsbedingungen.

Tabelle 2.7 Eigenschaften und Bezeichnungen verschiedener Quarzschnitte [MEE 85]

Schnitt	Bezeichnung	Schwingungsform	Frequenzbereich
AT	(YXl)-35°	Dickenscherschwingung 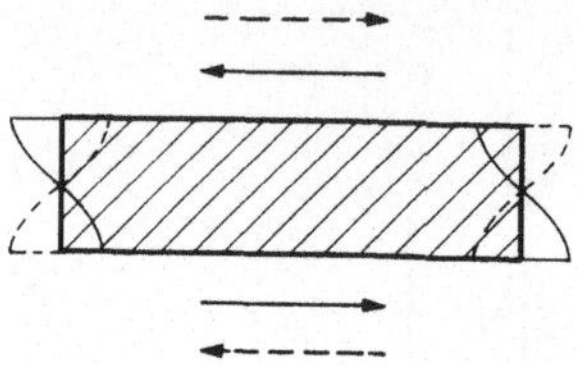	0,5 - 100 MHz
CT	(YXl)-38°	Flächenscherschwingung 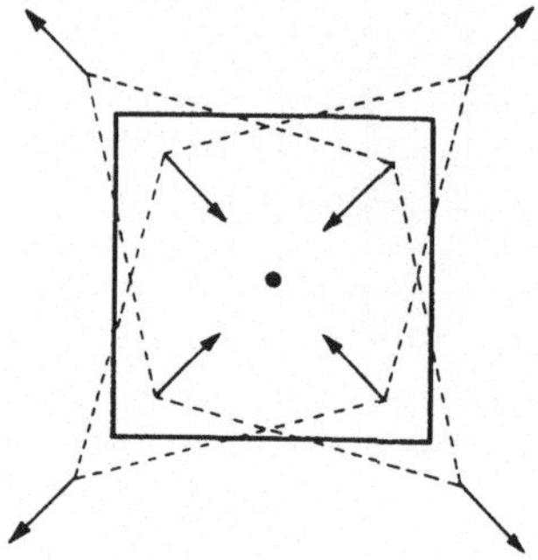	300 - 1000 kHz
X-5°	(XYt)-5°	Biegeschwingung 	10 - 100 kHz
GT	$(YXlt)$-$51^O/$-45°	Längs-Dehnungs-Schwingung 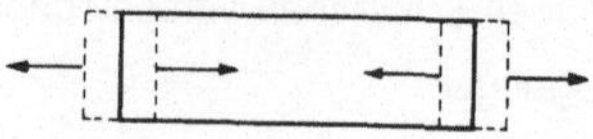	100 - 550 kHz

Tabelle 2.7 (Fortsetzung)

ST   (YXl)-42,5° Akustische Oberflächenwellen   50 - 1500 MHz

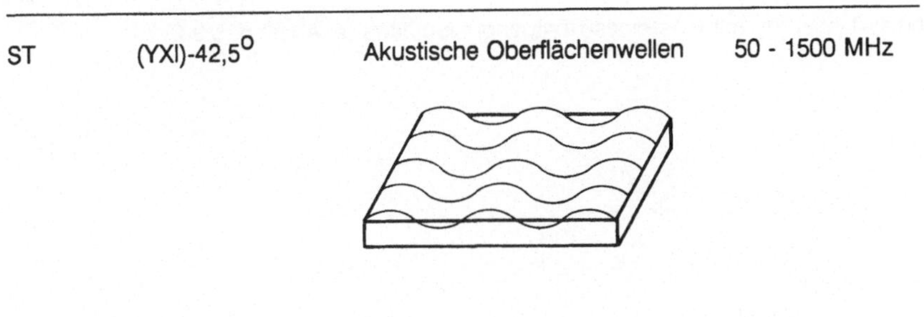

Die Bezeichnung der Quarzschnitte erfolgt nach [IEE 78], ausgehend von einer Scheibe mit Kanten parallel zu den Achsen des rechtwinkligen Koordinatensystems, durch die Angabe von bis zu fünf Buchstaben und von bis zu drei Winkeln

$$(B_1\ B_2\ b_1\ b_2\ b_3)\ \Phi_1/\Phi_2/\Phi_3. \tag{2.14}$$

B_1 und B_2 (= X, Y oder Z) geben die ursprünglichen Richtungen der Plattendicke und der Plattenlänge an und b_1, b_2, b_3 (= l, w oder t) die Achsen der ersten, zweiten, dritten Drehung um die Winkel Φ_1, Φ_2, Φ_3. l ist die Längenrichtung, w die Breitenrichtung und t die Dickenrichtung (Bild 2.15). In Tabelle 2.7 sind Bezeichnungen und Eigenschaften verschiedener Quarzschnitte angegeben.

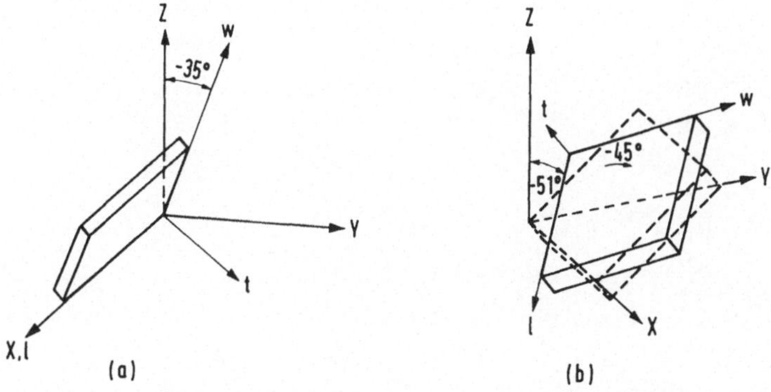

Bild 2.15 Beispiele von Quarzschnitten [IEE 78]. (a) AT-Schnitt. (b) GT-Schnitt

Da die Eigenschaften von Schwingquarzen zum Teil sehr empfindlich von der Kristallorientierung abhängen (z.B. die Frequenz-Temperatur-Charakteristik) erfolgt die
Schnittorientierung mit Hilfe eines Röntgengoniometers (s. Abschn. 5.3.2).

3 Reinraumtechnik

3.1 Notwendigkeit der Reinraumtechnik bei der Herstellung mikromechanischer Bauelemente

Die Herstellung mikromechanischer Bauelemente ist wie die Herstellung integrierter Schaltungen ein komplexer technischer Prozeß mit vielen kritischen Prozeßschritten. So können z.B. bei einkristallinen Substraten Defekte durch Versetzungen vorhanden sein, oder Fehlstellen in den Photomasken können zu Unterbrechungen bzw. Kurzschlüssen zwischen Leiterbahnen führen. Partikel-Kontaminationen des Substrats oder der Photomasken können ebenfalls Fehlstellen verursachen. Die Erfahrung zeigt, daß

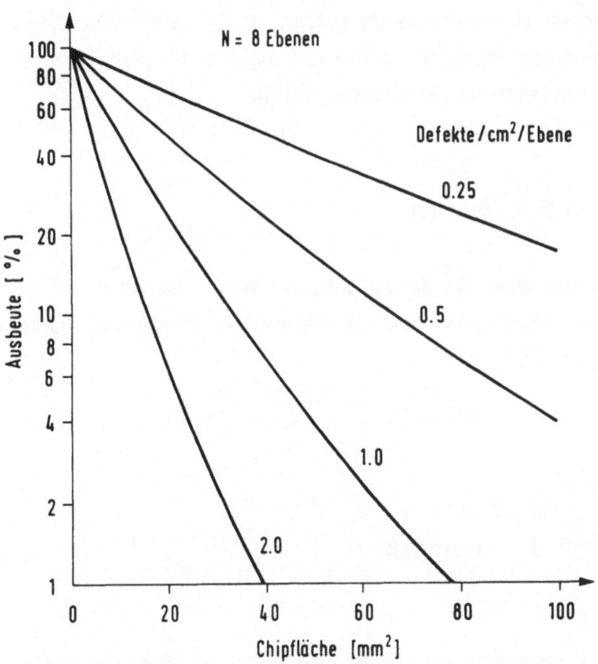

Bild 3.1 Abhängigkeit der Ausbeute von der Chipfläche und der Defektdichte bei 8 kritischen Maskenebenen

schon Partikel, die größer sind als 1/10 der minimalen Strukturabmessungen, zu einem Ausfall von Bauelementen führen können, d.h. bei minimalen Strukturgrößen von 5 μm, die für die Mikromechanik typisch sind, beträgt die maximal erlaubte Partikelgröße 0,5 μm. Entwicklung und Fertigung erfolgen daher auch in der Mikromechanik unter Reinraumbedingungen, d.h. in Räumen mit künstlichem Klima, teilweise mit künstlichem Licht und mit kontrollierter Führung der gefilterten und hochreinen Luft.

Das Verhältnis der Anzahl der fehlerfreien Bauelemente zur Gesamtzahl von Bauelementen auf einem Substrat nennt man die Ausbeute (Yield) Y. Sie hängt von der Defektdichte D (Fehlstellen pro Flächeneinheit), der Bauelementfläche A und der Zahl der kritischen Maskenebenen N ab [PRI 80]:

$$Y = (1 + A \cdot D)^{-N}. \tag{3.1}$$

Bild 3.1 zeigt die Abhängigkeit der Ausbeute von der Chipfläche und der Defektdichte bei 8 kritischen Maskenebenen. Unabdingbare Voraussetzung für die Wirtschaftlichkeit einer Produktion ist eine möglichst weitgehende Reduzierung von Defekten, insbesondere der durch Partikel-Kontaminationen verursachten Defekte.

3.2 Kontaminationen in Reinräumen

Reinraumtechnik beinhaltet zum einen die **Vermeidung** von Kontaminationen und zum anderen die **Beseitigung** von Kontaminationen. Die wesentlichen Kontaminationsquellen sind - mit zunehmender Gewichtung:

- Partikel in der Raumluft,
- Verunreinigungen in Prozeßmedien,
- Prozeß-Equipment (Abrieb) und Prozesse,
- Kontaktkontaminationen (z.B. durch Pinzetten),
- Reinraumpersonal.

Die mit Abstand größte Kontamination (etwa 35%) wird durch das Reinraumpersonal verursacht. Jeder Mensch gibt organische Produkte wie Schuppen, Haare, Hautpartikel an die Umgebung ab. Daher sind besondere Schutzkleidung und reinraumgerechte Verhaltensweisen unerläßlich.

Die spezielle **Schutzkleidung** besteht je nach Reinheitsanforderungen aus Handschuhen, Mund- und Gesichtsschutz, Hauben, Kitteln oder Overalls und Überschuhen. Das Gewebe der Reinraumkleidung, meist Polyester, muß geringe Partikeldurchlässigkeit und Partikelgeneration haben, andererseits aber einen gewissen Tragekomfort gewährleisten (atmungsaktiv, durchlässig für Wasserdampf, reinigungsverträglich).

Das Personal muß durch **reinraumgerechte Verhaltensweisen** zu einer Verringerung der Kontamination beitragen (Tabelle 3.1). Rasche Bewegungen im Arbeitsbereich, Husten, Niesen und die Benutzung von Kosmetikartikeln sind zu vermeiden. Durch eine sinnvolle Anordnung der Reinraumgeräte und Einrichtungen ist für möglichst kurze Wege zu sorgen.

Tabelle 3.1 Partikelemissionen bei verschiedenen Bewegungen [MUE 89a]

Bewegungsart	Emission von Partikeln ($d_P > 0,5$ μm) pro Minute	
	Straßenkleidung	Einteilige Schutzkleidung mit Kopf-, Mund- und Nasenbedeckung
Sitzen ohne Bewegung	$3 \cdot 10^5$	$7 \cdot 10^3$
Kopfbewegung	$6 \cdot 10^5$	10^4
Bewegung des Körpers	10^6	$3 \cdot 10^4$
Langsames Gehen	$3 \cdot 10^6$	$5 \cdot 10^4$
Schnelles Gehen	$6 \cdot 10^6$	10^5

Das 1984 von Hewlett-Packard-Mitarbeitern entwickelte SMIF-Konzept (Standard Mechanical Interface) will jeglichen direkten Kontakt Mensch-Produkt vermeiden; nicht mehr der Mensch, sondern nur noch das Produkt und die Prozeßgeräte stehen unter Reinraumbedingungen [HAR 86].

Das SMIF-System arbeitet mit partikeldichten Boxen für Lagerung und Transport von Waferkassetten. Jede Box ist ebenso wie die Abdeckungen der Prozeßgeräte mit einer speziellen Schleuse ausgerüstet. Beide Schleusen öffnen sich gleichzeitig, damit Partikel an den Außenwänden der Schleusentüren nicht ins Innere der Boxen bzw. der Prozeßgeräte gelangen. Ein Roboter-Mechanismus betätigt die Schleusen und transportiert die Kassetten aus der Box in das Gerät und wieder zurück. Dieser Transport erfolgt so, daß die Substrate nicht mit der Raumluft in Berührung kommen. Die Kassetten bleiben also während des gesamten Prozesses in einem geschlossenen System unter Reinraumbedingungen. Mit dem SMIF-System wird eine Partikelreduktion auf ca. 10% gegenüber einem herkömmlichen Reinraum erzielt.

Alle Prozeßgase (Oxidations-, Temper-, Dotier-, Ätzgase) und Prozeßflüssigkeiten (Reinigungs- und Ätzflüssigkeiten, Photoresists, Entwickler) werden in hochreinen Leitungen von den Vorratsbehältern zum Prozeß geführt. Partikelförmige Verunreinigungen werden mit Membranfiltern mit einer Porenweite von 0,1 - 0,2 μm herausgefiltert, und zwar möglichst unmittelbar vor dem Prozeß (Point-of-use-Filter).

Tabelle 3.2 Reinstwasser-Spezifikationen bei der Fertigung von 1 Mbit-Halbleiter-Bauelementen [KLU 88]

Leitfähigkeit bei 20 $^{\circ}$C	< 0,055 μS/cm
spezifischer Widerstand bei 20 $^{\circ}$C	> 16,67 M$\Omega \cdot$cm
Partikel > 0,2 μm	< 50000/l
Keime	< 50/l
gelöste organische Stoffe	< 50 ppb
Restmetallgehalt pro Element	< 2 ppb
SiO_2-Gehalt	< 5 ppb

Obwohl alle Bemühungen darauf gerichtet sein sollten, eine Kontamination der Substrate zu vermeiden, ergibt sich die Notwendigkeit, bereits kontaminierte Oberflächen effektiv zu reinigen. Dabei ist Reinstwasser die Flüssigkeit, mit der die Substrate am intensivsten in Berührung kommen. Reinstwasser wird im allgemeinen durch Aufbereitung von enthärtetem Stadtwasser (Weichwasser) gewonnen. Die wichtigsten Komponenten einer Reinstwasseraufbereitungsanlage sind Ionenaustauscher, Umkehrosmoseanlage, UV-Entkeimungsanlage, Membranfilter. Tabelle 3.2 enthält als Beispiel die Reinstwasser-Spezifikationen für den Einsatz bei der Fertigung von 1 Mbit-Halbleiter-Bauelementen.

3.3 Klassifizierung von Reinräumen

Der Zustand eines Reinraums wird entscheidend durch Kontamination und Größe der Partikel im luftgetragenen Zustand (Aerosole) charakterisiert. Im US Federal Standard 209b und abgeleitet davon in der VDI-Richtlinie 2083 Blatt 1 [VDI 76] wurde der Begriff des Reinraums definiert und standardisiert. Um die gestiegenen Anforderungen an die Reinraumtechnik zu berücksichtigen wurde der Federal Standard 209b überarbeitet (US Federal Standard 209c und 209d [FED 88]). Die überarbeitete VDI-Richtlinie 2083 liegt als Entwurf vor [MUE 88].

Hinsichtlich der Größe unterscheidet man Reine Werkbänke (Laminar Flow Box), Reine Kabinen und Reinräume.

Ein **Reinraum** ist ein abgegrenzter Bereich mit Einrichtungen zur Begrenzung der Teilchenzahl in der Luft und mit Temperatur-, Luftfeuchtigkeits- und Luftdruckregelung. Die Teilchenkonzentrationen müssen kleiner sein, als die Grenzkurven für die jeweiligen Reinheitsklassen angeben (Bild 3.2). Die Grenzwerte gelten während der normalen Nutzung des Raumes, im statischen Betrieb ist die Teilchenkonzentration im Vergleich dazu sehr viel geringer.

Ein **Reiner Arbeitsplatz** ist eine Werkbank oder ein ähnlich abgegrenzter Arbeitsbereich (Kabine), der durch eigene Zufuhr von gefilterter Luft charakterisiert ist. Reine Arbeitsplätze werden meist als autarke Umluftgeräte aufgestellt. Sie beziehen ihre Zuluft aus dem Raum, in dem sie stehen. Die Aufrechterhaltung der gewünschten Temperatur und Feuchte erfolgt durch die Klimaanlage dieses Raumes.

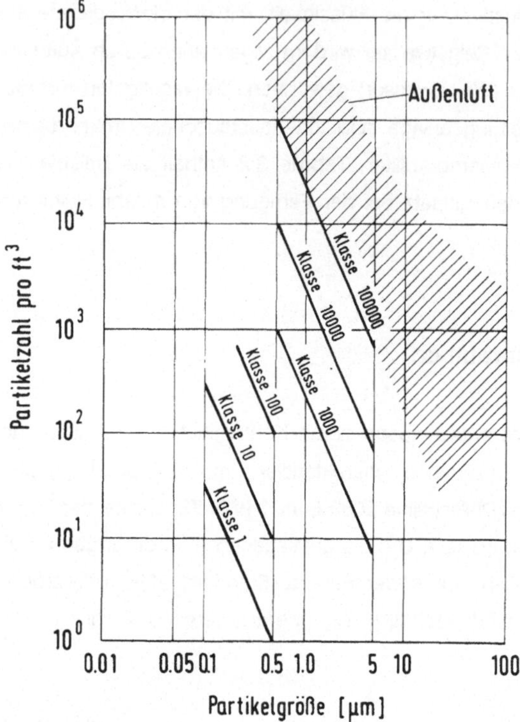

Bild 3.2 Grenzkurven der Reinheitsklassen für Reinräume nach dem US Federal Standard 209d

3.4 Konzeption von Reinräumen

Bei der lufttechnischen Aufbereitung eines Reinraums wird das vorhandene Luftvolumen in einer bestimmten Zeit durch ein gefiltertes Luftvolumen ersetzt, d.h. der Raum wird ständig mit Reinluft durchspült. Durch geeignete Dimensionierung von Luftein- und -austrittsfläche erreicht man einen geringen Luftüberdruck, so daß Reinluft aus dem Raum entweichen, aber partikelbelastete Luft von außen nicht in den Reinraum eindringen kann. Die Partikelkonzentration im Raum n ergibt sich aus dem Verhältnis von Partikelquellstärke $\dot{E}$ und Zuluftvolumenstrom $\dot{V}$, der als partikelfrei angenommen wird:

$$n = \dot{E}/\dot{V}. \tag{3.2}$$

Höhere Reinheitsklassen verlangen daher größere Reinluftmengen.

Bezüglich der Luftführung im Reinraum unterscheidet man zwischen:

- Räumen mit turbulenter Mischlüftung,
- Räumen mit turbulenzarmer Verdrängungsströmung.

Bei turbulenten Mischlüftungssystemen wird die gefilterte Zuluft intensiv mit der Raumluft vermischt. Infolge des Verdünnungseffektes resultiert daraus eine Abnahme der Partikeldichte. Zur Erreichung der Reinheitsklasse 100000 benötigt man einen ca. 20-fachen stündlichen Luftwechsel. Mit ca. 40 - 60-fachem Luftwechsel pro Stunde erreicht man Klasse 10000 und mit ca. 200-fachem Luftwechsel pro Stunde Klasse 1000. Dabei ist die Luftwechselzahl abhängig von der Anzahl der Personen im Reinraum. Für den zu transportierenden Luftvolumenstrom ergeben sich die Richtwerte der Tabelle 3.3.

Tabelle 3.3   Richtwerte für Luftwechselzahl und Luftvolumenstrom bei turbulenter Mischlüftung

Reinheitsklasse nach US Fed. Std. 209d	Luftwechselzahl pro Stunde	Luftvolumenstrom pro m^2 Reinraum bei 3 m Raumhöhe $[m^3/h \cdot m^2]$
100000	20 - 25	60 - 75
10000	40 - 60	120 - 180
1000	120 - 300	360 - 900

Da die Aufbereitung der Außenluft (Einhaltung von Temperatur und Feuchte) relativ hohe Energiekosten verursacht, führt man aus Wirtschaftlichkeitsgründen die Abluft nach Filterung und Zugabe von ca. 10 - 20 % Außenluft im Umluftbetrieb zum Reinraum zurück. Trotzdem kann bei einem wirtschaftlichen Betrieb der Übergang zu höheren Reinheitsklassen als Klasse 1000 nicht ausschließlich durch Erhöhung der Luftwechselzahl erreicht werden. Statt dessen werden durch turbulenzarme Verdrängungsströmung (Laminar Flow) Schmutzpartikel entlang der Stromlinien abtransportiert (meist vertikal nach unten). Damit keine Turbulenzströmungen auftreten, sollte eine Luftgeschwindigkeit von 0,45 ± 0,1 m/s eingehalten werden. Aus Gründen der Energieeinsparung kann die Strömungsgeschwindigkeit gegebenenfalls etwas erniedrigt werden.

Wichtigster Garant für die Einhaltung der geforderten Partikelzahl ist der passende Luftfilter. Man unterscheidet zwei Arten von Luftfiltern:

- Vorfilter (Grobfilter, Feinfilter),
- Hauptfilter (HOSCH- oder HEPA-Filter, d.h. **Ho**chleistungs-**Sch**webstoffilter oder **H**igh **E**fficiency **P**articulate **A**ir Filter).

Vorfilter werden hauptsächlich eingesetzt, um die größeren Teilchen abzuscheiden. Sie haben einen Entstaubungsgrad von ca. 85%, bestehen aus Wirrfaser-Vlies und sind durch Ausklopfen, Absaugen oder Ausblasen zu regenerieren. Die im Vergleich zu den Vorfiltern teuren HOSCH-Filter haben einen Entstaubungsgrad von 99,97 bis 99,99 % und bestehen aus reinen Mikroglasfasern. HOSCH-Filter haben die größte Durchlässigkeit bei einer Teilchengröße von 0,3 μm. Würde man nur Schwebstoffilter installieren, wären sie innerhalb kurzer Zeit verstopft. Durch die aufeinander abgestimmte Kombination von Schwebstoffilter, Feinfilter und Grobfilter kann man eine wesentlich höhere Standzeit der HOSCH-Filter erreichen.

Prinzipiell teilt man den Reinraum ein in Weißzonen (kritische Reinraumbereiche der Fertigung mit höchster Reinheit) und Grauzonen (Ver- und Entsorgung, 'schmutzige' Geräte bzw. Gerätekomponenten, geringere Reinheit). Das Betreten der Reinräume und das Einbringen von Materialien erfolgt über Schleusen, die die Aufgabe haben, Kontaminationen aus angrenzenden Graubereichen weitgehend auszuschalten. An der Ein- und Austrittsseite sind Türen angeordnet, die gegeneinander verriegelt sind und sich nur wechselseitig öffnen lassen. Im Schleusenbereich wird die Reinraumkleidung, die in speziellen, luftdurchströmten Garderobeschränken untergebracht ist, angelegt. Nach einer sogenannten Schmutzbarriere befindet sich in der Schleuse ein hochadhäsiver Bodenbelag, der die noch an den Schuhen anhaftenden Schmutzpartikel bindet. In vielen Fällen sind im Schleusenbereich Luftduschen zum Abblasen der Restpartikel installiert.

Für die Konditionierung der Luft und die Anforderungen an das Gebäude gelten für Reinräume zur Entwicklung und Fertigung mikromechanischer Bauelemente die in Tabelle 3.4 angegebenen Richtwerte, von denen entsprechend den individuellen Anforderungen Abweichungen möglich sind.

Tabelle 3.4 Richtwerte für die Konditionierung von Reinräumen

Außenluftanteil	10 - 20 % mindestens 50 m^3/h und Person
Temperatur	22 $^{\circ}$C ± 1 $^{\circ}$C
relative Luftfeuchte	45 % ± 5 %
Geräuschpegel	< 55 dB(A)
Überdruck	> 15 Pa
Beleuchtungsstärke	1000 lx, entsprechend 40 W/m^2
Schwingungs- amplituden (bei 2 Hz)	0,1 µm oder besser, entsprechend den Anforderungen der Hersteller der aufzustellenden Geräte

Sowohl die Herstellkosten wie auch die Betriebskosten eines Reinraums hängen direkt von seiner Leistungsfähigkeit ab. Bei der Planung eines Reinraums ist daher sorgfältig zu prüfen, welche Reinheitsklasse bei der vorgesehenen Nutzung tatsächlich notwendig ist und wie diese Klasse mit möglichst geringem Aufwand zu erreichen ist. Turbulenzarme Verdrängungsströmung kann zwar höchsten Reinheitsanforderungen gerecht werden, ist jedoch zwangsläufig mit einem sehr hohen Luftvolumenstrom verbunden. Eine Strömungsgeschwindigkeit von 0,45 m/s führt zu einem Luftvolumenstrom von 1620 m^3/h pro Quadratmeter Filterfläche.

Aus Kostengründen wird häufig versucht, die Reinraumbereiche mit turbulenzarmer Verdrängungsströmung auf das prozeßtechnisch erforderliche Minimum zu beschränken. Bild 3.3 zeigt schematisch ein solches Konzept, bei dem im Arbeitsbereich und im

Beschickungsbereich der Geräte die Reinraumklasse 10 über Laminarflowboxen erzeugt wird, während im Arbeitstunnel zwischen den Laminarflowboxen (Klasse 100) Luft über Deckenauslässe eingeblasen wird. Die Umluft wird über einen Doppelboden in den Servicebereich geführt und dort abgesaugt. Dadurch wird der Graubereich zwangsdurchlüftet und der Weißraumbereich lufttechnisch isoliert.

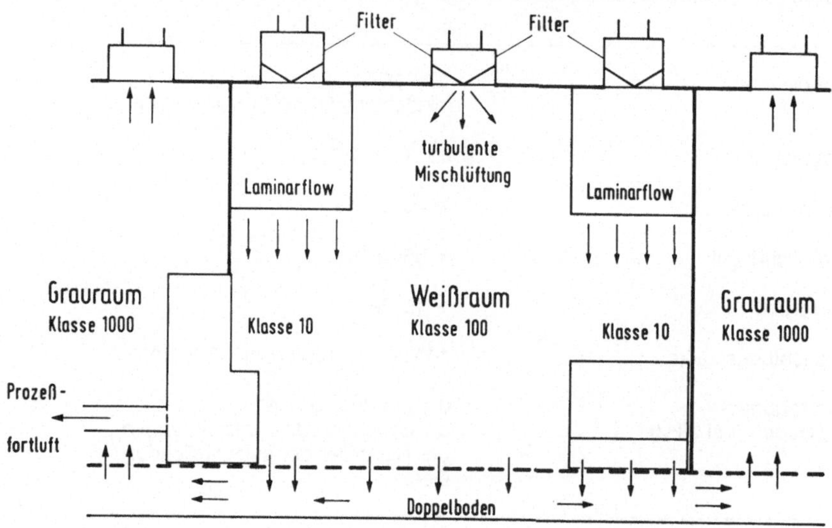

Bild 3.3 Konzept eines Reinraumes mit integrierten Laminarflowbereichen

3.5 Partikelzählung

Zur Abnahme und Überwachung von Reinräumen werden optische Partikelzähler eingesetzt, die Teilchen im Bereich zwischen etwa 5 μm und 0,5 μm identifizieren können. Dabei wird der Streulichteffekt des einzelnen Partikels beim Durchgang durch eine beleuchtete Zelle zur Größenbestimmung genutzt [KRA 85].

Ein Streulicht-Partikelzähler (Bild 3.4) besteht aus einer mechanischen Luftführung, einer Lichtquelle, einem Photodetektor (Photomultiplier, Photodiode) sowie einem optischen System, das einerseits den Lichtstrahl auf das Meßvolumen fokussiert und andererseits das durch das Teilchen erzeugte Streulicht auf den Photodetektor abbildet. Eine elektronische Signalverarbeitung klassifiziert die Stromimpulse des Detektors nach der Höhe und wertet sie aus.

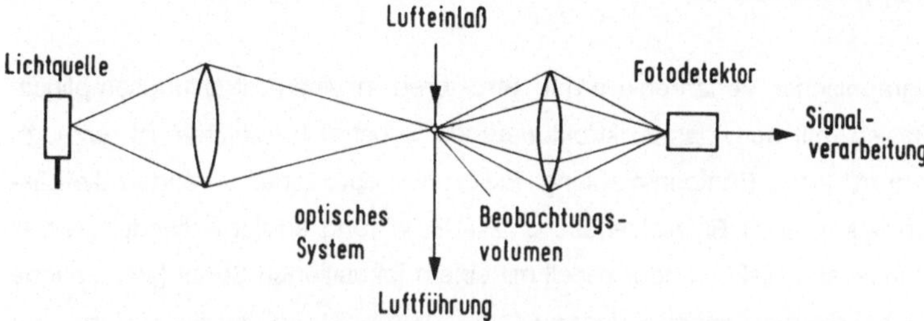

Bild 3.4 Schematische Darstellung eines Streulicht-Partikelzählers

Die Kontrolle kleinerer Partikel als 0,5 μm erfordert andere Meßverfahren, z.B. für Teilchen von 0,1 - 1 μm Durchmesser einen Laserpartikelzähler [JES 87].

Auch für die in-line Messung von Partikeln in Prozeßflüssigkeiten kann das Prinzip der Lichtstreuung angewendet werden. Dazu wird die Flüssigkeit durch eine Meßzelle geleitet, die von einem Lichtstrahl durchleuchtet wird. Als Lichtquelle wird ein Helium-Neon-Laser oder eine Laserdiode verwendet. Passiert ein Partikel den Lichtstrahl, so wird das von ihm gestreute Licht innerhalb eines festen Raumwinkels gemessen. Die Intensität des Streulichtsignals steht im Verhältnis zur Partikelgröße. Mit solchen Streulichtsystemen können Partikel mit einem Durchmesser >0,2 μm nachgewiesen werden.

4 Technologie der Mikromechanik

4.1 Lithographieverfahren

Mit Hilfe lithographischer Verfahren werden Strukturen in einem strahlungsempfindlichen Lack (Resist), mit dem das zu strukturierende Substrat beschichtet ist, erzeugt. Die Bestrahlung mit Licht, Röntgenstrahlung, Elektronen oder Ionen verändert die Löslichkeit des Resists in einer Entwicklerlösung. Die Belichtung erfolgt entweder parallel mit Hilfe einer Maskenprojektion oder seriell mit einem fokussierten Strahl (schreibende Verfahren), wobei die maskengebundenen Lithographieverfahren zur Herstellung der

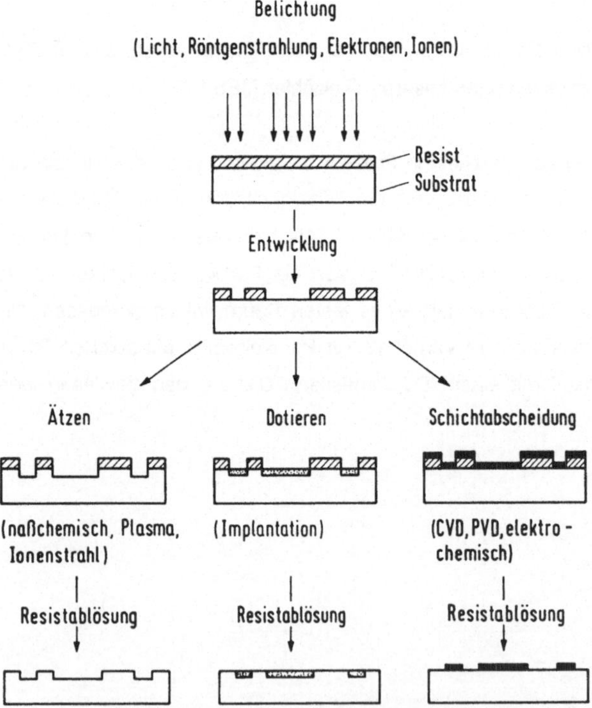

Bild 4.1   Prinzip der Erzeugung von Mikrostrukturen durch Lithographie

Masken ein seriell schreibendes Verfahren benötigen, das die Layout-Daten eines CAD-Systems in ein geometrisches Muster umsetzt. Im Anschluß an die Entwicklung wird die im Resist erzeugte Struktur z.B. durch Ätzen auf das darunter liegende Substrat übertragen (Bild 4.1).

4.1.1 Maskenherstellung und Belichtungsverfahren der Photolithographie

Bei der Photolithographie wird die Maske, die aus einem Glasträger und darauf aufgebrachten Absorberstrukturen besteht, mit Licht im Wellenlängenbereich zwischen 200 und 450 nm auf die Oberfläche des mit einem lichtempfindlichen Lack (Photoresist) beschichteten Substrats abgebildet. Photochemische Prozesse im Resist erhöhen (Positivlack) bzw. verringern (Negativlack) die Löslichkeit der belichteten Bereiche; im anschließenden Entwicklungsprozeß werden die leichter löslichen Bereiche entfernt. Die so hergestellte Resiststruktur maskiert das Substrat für die nachfolgenden Prozeßschritte. Für die maskengebundene Lithographie kann die Belichtung im Kontakt-, Proximity- oder Projektionsverfahren erfolgen (Bild 4.2).

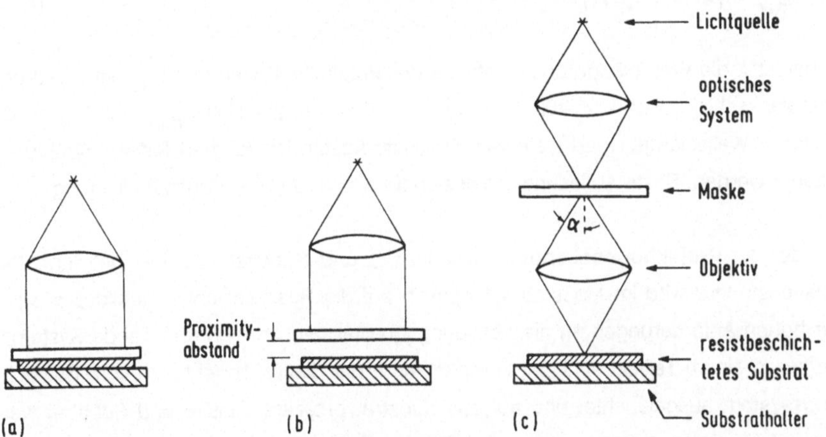

Bild 4.2   Belichtungsverfahren der Photolithographie [SZE 83]. (a) Kontaktbelichtung. (b) Proximitybelichtung. (c) Projektionsbelichtung

Bei der **Kontaktbelichtung** liegt die Maske direkt auf dem resistbeschichteten Substrat auf. Der Substrathalter (Chuck) wird dazu gegen die Maske gepreßt. Um die Maske gegenüber einer in vorhergehenden Prozeßschritten hergestellten Struktur auf dem Substrat zu justieren, werden Substrat und Maske etwa 100 μm voneinander getrennt. Die Justierung geschieht mit Hilfe von Justiermarken auf Maske und Substrat, die unter einem Mikroskop zur Deckung gebracht werden. Nach dem Wiederanpressen des Substrats wird die Justierung nochmals überprüft. Wegen des engen Kontaktes zwischen Maske und Photoresist läßt sich eine sehr hohe Auflösung bis in den Sub-μm-Bereich erreichen. Nachteilig ist, daß durch den Kontakt zwischen Maske und Photolack sowohl im Lack wie auch in der Maske Defekte entstehen können.

Bei der **Proximitybelichtung** durchstrahlt paralleles Licht die Maske, die in einer 1:1-Schattenkopie auf das mit Resist beschichtete Substrat projiziert wird. Maske und Substrat sind durch einen Spalt, den Proximity-Abstand (ca. 10 - 30 μm) getrennt. Dadurch werden Maskenbeschädigungen verhindert. Infolge von Beugungseffekten entspricht die Intensitätsverteilung im Resist jedoch nicht einem idealen geometrischen Schattenwurf der Maske. Dadurch verringert sich das Auflösungsvermögen im Vergleich zur Kontaktbelichtung. Die minimal erreichbare Strukturbreite b_{min} ist gegeben durch:

$$b_{min} \approx [\lambda \cdot (s + t_R/2)]^{1/2}. \qquad (4.1)$$

Dabei ist λ die Wellenlänge des Lichtes, s der Proximity-Abstand und t_R die Dicke der Photolackschicht. Für λ = 400 nm und s = 30 μm ergibt sich b_{min} = 3,5 μm. Mit kürzeren Wellenlängen und kleineren Proximity-Abständen können feinere Strukturen erzeugt werden. Beste Auflösung ergibt sich für s = 0, d.h. bei Kontaktbelichtung.

Bei der 1:1-**Projektionsbelichtung** sind Maske und Substrat räumlich getrennt. Die Maskenstruktur wird im Maßstab 1:1 optisch auf die Resistschicht abgebildet. Wegen der hohen Anforderungen an die Abbildungsqualität benutzt man abbildende Systeme, die nur in einem Teilfeld sehr gut korrigiert sind; nur dieses Teilfeld wird vom Beleuchtungssystem ausgeleuchtet und auf das Substrat projiziert. Maske und Substrat werden auf eine gegenüber der gesamten Optik verschiebbaren Vorrichtung montiert und gemeinsam durch die beleuchtete Zone bewegt, so daß die gesamte Struktur abgebildet wird.

Höchstintegrierte Schaltkreise mit Strukturen im Bereich unterhalb von 2 μm werden in erster Linie mit Wafer-Steppern hergestellt. Dabei werden Teilfelder des Wafers nacheinander über dasselbe Reticle belichtet. Auf dem Reticle liegen üblicherweise nur die Strukturen für einen einzigen Chip in 10- oder 5-facher Vergrößerung vor. Jedes Teilfeld weist eigene Justiermarken auf, so daß es einzeln justiert werden kann.

Die Auflösungsgrenze bei der Projektionsbelichtung ist gegeben durch:

$$b_{min} \approx k^* \cdot \lambda / NA. \tag{4.2}$$

Darin sind $NA = n \cdot \sin \alpha$ die numerische Apertur des Objektivs und n der Brechungsindex des Mediums im Bildraum (für Luft gilt $n=1$). α ist der halbe maximale Winkel von Strahlen, die das Objektiv vom Objektpunkt erreichen. k^* ist eine empirische Konstante ($k^* \approx 0,7$). Mit einem KrF-Excimerlaser ($\lambda = 248,5$ nm) als Lichtquelle und einer Projektionsoptik mit $NA = 0,38$ können z.B. 0,5 μm-Strukturen erzeugt werden [POL 87].

Die Begrenzung der Photolithographie ergibt sich aus dem Defokussierungsproblem. Im allgemeinen ist das Substrat uneben, und auch die Topographie der Strukturen sorgt für eine Defokussierung. Der Tiefenschärfebereich Δf, innerhalb dessen das Bild der Maske noch als scharf angesehen werden kann, ist gegeben durch:

$$\Delta f = \pm \lambda / (2 \cdot NA^2), \tag{4.3}$$

d.h. je größer man die numerische Apertur des Objektivs macht, desto besser wird zwar die Auflösung, desto kleiner wird jedoch auch der Tiefenschärfebereich. Für obiges Beispiel ($\lambda = 248,5$ nm, $NA = 0,38$) ergibt sich ein Tiefenschärfebereich von $\Delta f = \pm 0,86$ μm.

Die Absorberstrukturen auf dem Maskensubstrat bestehen entweder aus einer Photoemulsion (z.B. Silberbromid) oder aus einem dünnen Metallfilm (z.B. Chrom). Die Herstellung der Metallmasken erfolgt in einem lithographischen Ätzprozeß.

Für den Entwurfsprozeß werden CAD-Systeme mit hochauflösendem Grafikbildschirm, meist unter zusätzlicher Nutzung eines Digitalisiertableaus zur Koordinateneingabe, benutzt. Ergebnis des Entwurfs ist eine digitale Beschreibung des entworfenen Geometriemusters. Diese Geometriedaten werden mit Hilfe einer speziellen Software (Postprozessor) in Steuerdaten zur Mustererzeugung mit Hilfe von Folienschneidetisch, Pattern Generator oder Elektronenstrahlschreiber umgesetzt (Bild 4.3).

Bei der **Folientechnik** wird der Entwurf in eine spezielle zweischichtige Kunststoffolie übertragen, die aus einer durchsichtigen Trägerfolie und einer durch Adhäsion auf dieser haftenden undurchsichtigen (roten) Folie besteht. Die rote Folie wird mit Hilfe eines Schneidemessers so geschnitten, daß Teile von ihr abgelöst werden können. Die Positionierung des Messers erfolgt mit Hilfe eines Koordinatographen, die Positioniergenauigkeit beträgt etwa 50 μm. Durch (mehrmalige) photographische Reduktion erhält man eine Vorlage im Maßstab 10:1. Anschließend wird die 10:1-Vorlage mit einem Maskenstepper auf die Maske vervielfacht.

Nachteile der Folientechnik sind:

- Bei hohen Genauigkeiten für die 1:1-Maske ergeben sich für die Muttermaske nicht mehr handhabbare Maßstäbe.
- Die Maßstabsgenauigkeit der Kunststoffolie ist beschränkt.

Die relativ einfache Folientechnik ist bei der Herstellung mikromechanischer Bauelemente mit nicht zu kleinen Strukturen durchaus praktikabel. Die zunehmende Miniaturisierung vor allem in der Mikroelektronik hat jedoch zur Entwicklung neuer Geräte für die Maskenherstellung geführt.

Der **Pattern Generator** besteht aus einer Lichtquelle mit steuerbarer veränderlicher Blendenöffnung und einem x-y-Tisch, mit dem das zu belichtende Maskensubstrat relativ zur Lichtquelle bewegt werden kann. Die steuerbare Blende hat die Form eines Rechtecks, das in Länge, Breite und Orientierung verändert werden kann. Die zu belichtende Struktur wird aus rechteckigen Flächen aufgebaut. Strukturen der Mikroelektronik lassen sich so recht effektiv und strukturgenau erzeugen; bei mikromechanischen Bauelementen mit runden Formen muß die Geometrie jedoch durch eine Vielzahl kleiner Rechtecke angenähert werden. Meist wird ein Reticle (10:1, 5:1) erzeugt, anschließend folgt ein Step- und Repeat-Schritt (Maskenstepper).

Beim **Elektronenstrahlschreiber** steuern die Maskendaten einen Elektronenstrahl derart, daß die Maskenstruktur in eine elektronenstrahlempfindliche Lackschicht übertragen wird. Das resultierende Resistmuster dient als Ätzmaskierung für die Strukturierung der Chromschicht auf dem Maskensubstrat.

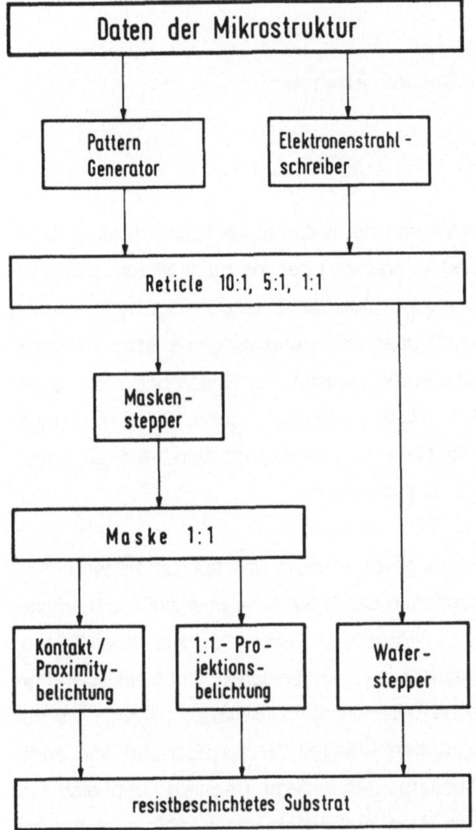

Bild 4.3 Überblick über die wichtigsten photolithographischen Verfahren

4.1.2 Prozeßschritte bei der Photolithographie

Die photolithographische Prozeßfolge besteht aus folgenden Einzelschritten:

- Reinigung des Substrats,
- Aufbringen des Haftvermittlers,

- Belackung mit Photoresist,
- Softbake,
- Belichtung,
- Entwicklung,
- Hardbake,
- Übertragung der Photolackstrukturen z.B. durch Ätzen
  in das darunterliegende Substrat,
- Entfernen des Photolacks (Strippen).

Reinigung des Substrats. Partikel werden von der Substratoberfläche durch gründliche Behandlung mit gefiltertem deionisierten Wasser oder mit partikelfreien Lösungsmitteln im Ultraschallbad entfernt. Organische Oberflächenverunreinigungen werden durch Lösungsmittel (z.B. Aceton, Ethanol) oder oxidierend wirkende Ätzmischungen (z.B. H_2SO_4 + H_2O_2, rauchende Salpetersäure) beseitigt. Zur Entfernung metallischer Verunreinigungen wird z.B. HCl + H_2O_2 + H_2O angewendet; dabei bilden die Metalle lösliche Verbindungen. Im Anschluß an die Reinigung werden die Substrate zur Entfernung von Feuchtigkeitsresten bei ca. 300 $^{\circ}$C ausgeheizt.

Aufbringen des Haftvermittlers. Die Haftung von Photoresists auf der Substratoberfläche wird durch die chemischen Eigenschaften der Oberfläche beeinflußt, z.B. entstehen durch Einfluß von Feuchtigkeit an den hydrophilen Siliziumdioxidschichten Silanolgruppen (-Si-O-H), die eine geringe Affinität zum organischen Photoresist haben. Durch die Behandlung der Oxidoberfläche mit Hexamethyldisilazan (HMDS) werden einerseits die Silanolgruppen in Siloxangruppen (-Si-O-Si[CH_3]$_3$) überführt und andererseits an der Oberfläche adsorbierte Wasserspuren entfernt. Dadurch ergibt sich eine ausgezeichnete Haftung des Photoresists. Das Aufbringen von HMDS erfolgt durch Bekeimung in der Dampfphase oder - wie das Aufbringen des Resists - durch Aufschleudern (Spin-on-Verfahren).

Aufschleudern des Photolacks. Zum Beschichten mit Photolack wird ein Tropfen des flüssigen Resists auf die Mitte des Substrats, das durch Vakuumansaugung auf einem Drehteller (Chuck) festgehalten wird, aufgebracht. Durch Zentrifugieren wird ein Teil des Resists in dünner Schicht (0,5 - 3 μm) auf der Scheibe verteilt. Die Dicke der Resistschicht hängt dabei von der Schleuderdrehzahl (2000 - 7000 min^{-1}) und der Viskosität des Photolacks ab.

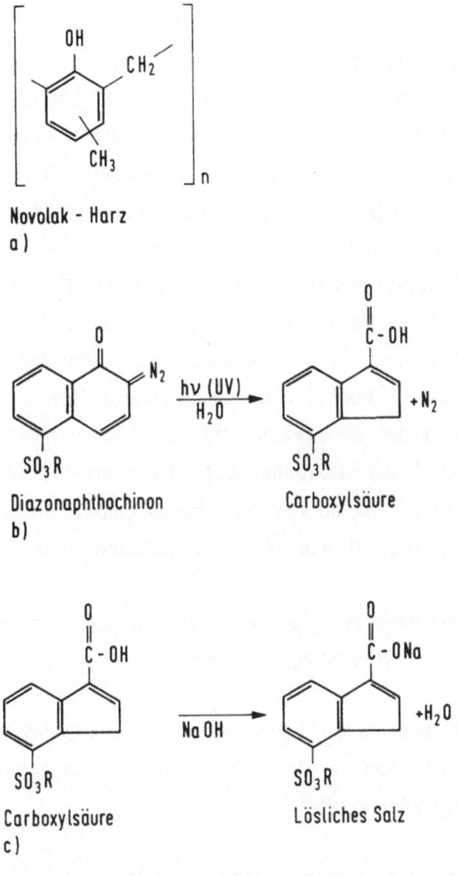

Novolak - Harz
a)

hv (UV), H_2O

Diazonaphthochinon
b)

Carboxylsäure

$+ N_2$

Carboxylsäure
c)

NaOH

$+ H_2O$

Löstiches Salz

Bild 4.4 (a) Struktur von Novolak-Harz. Chemische Reaktionen beim Belichten (b) und Entwickeln (c) eines Positivphotolacks auf Diazonaphthochinonbasis

Negativ-Resists. Belichtete Gebiete werden durch Lichteinfluß polymerisiert, während unbelichtete Gebiete löslich bleiben und vom organischen Entwickler herausgelöst werden. Nachteilig wirkt sich aus, daß die Entwickler auf Lösungsmittelbasis in den polymerisierten Resist diffundieren und dort Quellungen hervorrufen. Dadurch entstehen Ungenauigkeiten.

Für Strukturabmessungen unterhalb von 3 μm benutzt man deshalb **Positiv-Resists**, bei denen die belichteten Gebiete in eine alkali-lösliche Form überführt werden, während die unbelichteten Gebiete unlöslich bleiben. Positiv-Resists [STE 82] enthalten drei wesentliche Bestandteile: 1. Ein Lösungsmittel, 2. ein schichtbildendes Novolak-Harz (Bild 4.4a) und 3. einen Inhibitor, z.B. Diazonaphthochinon. Der Einbau des Inhibitors in die Harzschicht senkt die Abtragungsgeschwindigkeit des Novolak-Harzes in einer wäßrig-alkalischen Entwicklerlösung beträchtlich; vermutlich findet eine Assoziation statt, an der die phenolischen OH-Gruppen des Harzes beteiligt sind. Die Photolyse (Bild 4.4b) hebt diese Assoziation auf; die bei der Belichtung entstehende Säure wird durch den Entwickler neutralisiert (Bild 4.4c), was die Abtragungsgeschwindigkeit des Novolak-Harzes drastisch erhöht. Die Hydrophobie der unbelichteten Resistelemente verhindert eine Quellung während der Entwicklung, d.h. es können feinste Strukturen auf Halbleiteroberflächen und Maskensubstraten erzeugt werden. Gräben, deren Breite gleich der Dicke der Resistschicht ist, können noch herausgelöst werden. Für Negativ-Resists ist das minimale Verhältnis von Grabenbreite zu Schichtdicke 3:1.

Softbake. In einem Trockenofen oder auf einer Heizplatte wird nach dem Aufbringen des Resists das Lösungsmittel bei ca. 100 $^{\circ}$C vollständig ausgetrieben.

Auf das Softbake folgt das **Justieren**, **Belichten** (s. Abschn. 4.1.1) und die **Entwicklung**. Anschließend wird der restliche Entwickler mit deionisiertem Wasser abgespült und das Wasser durch Zentrifugieren abgeschleudert.

Hardbake. Zur vollständigen Austrocknung des Resists folgt ein weiterer Ausheizschritt bei Temperaturen zwischen 100 und 180 $^{\circ}$C. Anschließend erfolgt die Übertragung der Resiststruktur in das Substrat durch einen Ätzprozeß, Schichtabscheidung oder Dotierung (Bild 4.1).

Entfernen des Photolacks (Strippen). Nach dem Strukturübertragungsprozeß wird der Lack von der Scheibe entfernt. Dies geschieht bei Positivlacken durch Ablösen mit Aceton oder, vor allem wenn das Hardbake bei Temperaturen oberhalb von 120 $^{\circ}$C erfolgte, in einem Gemisch aus H_2SO_4 und H_2O_2 oder durch Veraschen in einem Sauerstoffplasma (Abschn. 4.4.5).

Photoresists weisen bis zu einer Wellenlänge von ca. 500 nm noch eine Restempfind-
lichkeit auf. Die Photolithographie erfolgt daher in Gelblichträumen.

Mit der hier beschriebenen einfachen Photoresisttechnik wird die theoretische Auflösung im allgemeinen nicht erreicht. Gründe dafür sind z.B.:

- Variationen der Dicke der Resistschicht,
- Reflexionen an der Substratoberfläche,
- Topographie der Resistschicht.

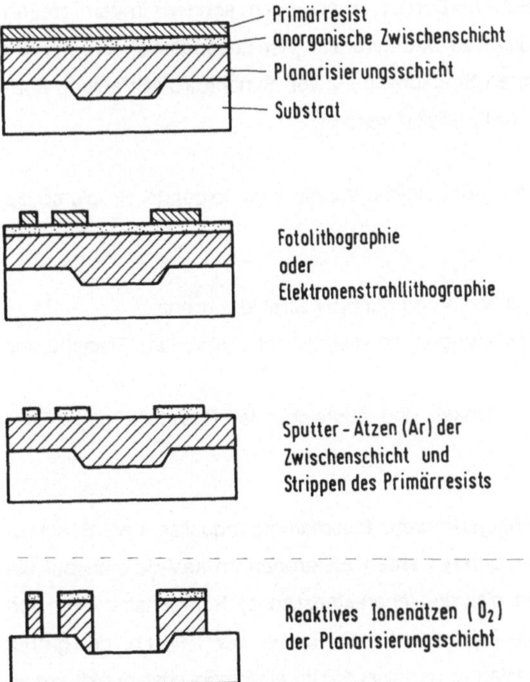

Bild 4.5 Tri-Level-Resisttechnik [MOR 79]

Zur Verbesserung der Auflösung wurden spezielle Techniken entwickelt, z.B. die Plana-
risierung des Substrats mittels organischer Schichten, die im Spin-on-Verfahren aufgebracht werden [STI 87], oder die Tri-Level-Resisttechnik (Bild 4.5).

4.1.3 Röntgenlithographie

Entsprechend Gl. (4.1) bzw. Gl. (4.2) kann durch Lithographie mit Röntgenstrahlen (Wellenlängen zwischen 0,2 und 2 nm) im Prinzip eine deutliche Verbesserung der Auflösung bis in den Bereich unter 0,5 μm erreicht werden [HEU 86]. Da einerseits optische Systeme mit brauchbarem Wirkungsgrad in diesem Wellenlängenbereich nicht verfügbar sind und andererseits die Fragilität der Röntgenmasken eine Kontaktbelichtung ausschließt, kommt nur Proximitybelichtung in Frage.

Die Bedeutung der Röntgenlithographie für die Mikromechanik liegt allerdings weniger in der Möglichkeit, Strukturen im Sub-μm-Bereich zu erzeugen, sondern in dem großen erreichbaren Verhältnis von Lackdicke zu Strukturbreite (Aspektverhältnis). Wegen der kurzen Wellenlänge und der geringen Strahldivergenz von Synchrotron-Strahlung können Aspektverhältnisse größer als 100 realisiert werden.

Für die praktische Anwendung der Röntgenlithographie sind folgende Probleme zu lösen:

- Röntgenquelle mit hoher Leistungsdichte und geringer Strahldivergenz,
- Röntgenmasken mit hohen Anforderungen an mechanische Stabilität, Transparenz und Kontrast,
- Röntgenresists mit hoher Empfindlichkeit und ausreichender Resistenz gegenüber nachfolgenden Prozessen.

Als Strahlungsquellen kommen Röntgenröhren, Plasmaröntgenquellen und Synchrotronstrahlung in Frage. In Röntgenröhren werden Elektronen im keV-Bereich auf ein Metalltarget fokussiert. Es entsteht diskrete (charakteristische) Röntgenstrahlung und kontinuierliche Bremsstrahlung. Die Effizienz ist meist kleiner als 1%, d.h. der größte Teil der Energie wird im Target in Wärme umgesetzt. Um eine möglichst punktförmige Quelle zu erhalten, muß der Elektronenstrahl fein fokussiert werden; daher ist die Leistung auch bei gekühlten Targets begrenzt, und man muß bei dicken Lackschichten entsprechend lange Belichtungszeiten in Kauf nehmen. Außerdem hat die isotrope Abstrahlung eine starke Divergenz zur Folge. Die endliche Brennfleckgröße und die Divergenz der Strahlung führen zu Verzerrungen und Halbschattenbereichen bei der Proximitybelichtung. Plasmaröntgenquellen befinden sich noch im Entwicklungsstadium und kommen daher zur Zeit für einen Einsatz in der Röntgenlithographie noch nicht in Frage.

Paralleles Röntgenlicht hoher Strahlungsleistung liefern dagegen Sychrotronstrahlungsquellen. Relativistische Elektronen im GeV-Bereich auf der Kreisbahn eines Synchrotrons oder Speicherrings strahlen elektromagnetische Strahlung in einen sehr engen Strahlungskegel tangential zur Bahn ab (Bild 4.6). Die Wellenlänge der Strahlung ist kontinuierlich verteilt; die charakteristische Wellenlänge λ_c halbiert das Leistungsspektrum. Tabelle 4.1 gibt charakteristische Daten für einige Synchrotronstrahlungsquellen an.

Tabelle 4.1 Charakteristische Daten der Synchrotronstrahlungsquellen BESSY und DORIS II [KOC 84], KSSQ [EIN 85] und ELSA [HUS 88] ($\gamma = E/m_e c^2$, r = Radius der Elektronenbahn, I = Elektronenstrom)

	BESSY (Berlin)	KSSQ	DORIS II (Hamburg)	ELSA (Bonn)
$\lambda_c = 4\pi r/3\gamma^3$ [nm]	1,94	0,23	0,135	0,14
E [GeV]	0,8	1,44	3,7	3,5
r [m]	1,8	1,2	12,2	10,9
Umfang [m]	62	27	288	164
I [mA]	300	100	100	50

Für die kommerzielle Anwendung von Synchrotronstrahlung in der Mikrotechnik ist besonders die Möglichkeit einer kompakten Bauweise des Speicherrings interessant, die durch den Übergang von normalleitenden Ablenkmagneten für den Elektronenstrahl zu supraleitenden Magneten und durch den Verzicht auf ein Booster-Synchrotron für die Beschleunigung der Elektronen erreicht wird. Der Entwurf einer kompakten, an die Röntgentiefenlithographie angepaßten Synchrotronstrahlungsquelle mit einer charakteristischen Wellenlänge von 0,23 nm wird in [EIN 85] beschrieben.

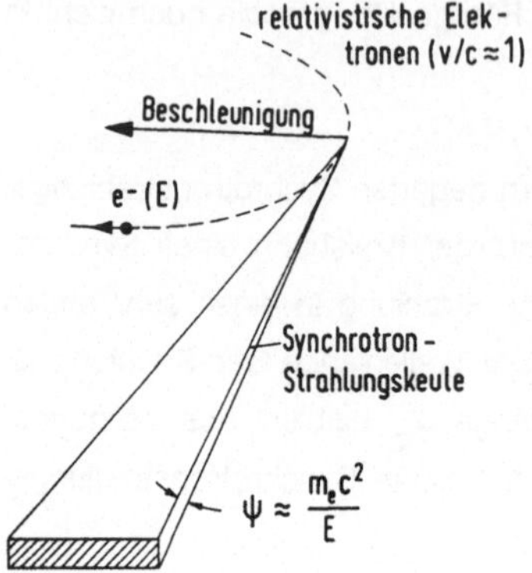

$$\psi \approx \frac{m_e c^2}{E}$$

Bild 4.6 Abstrahlung der Synchrotronstrahlung von relativistischen Elektronen auf einer Kreisbahn

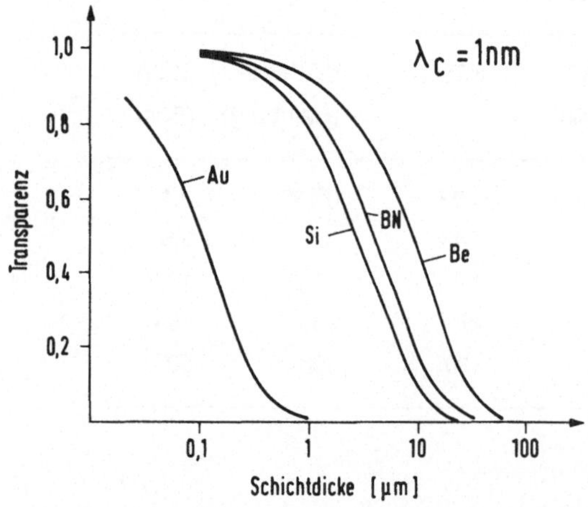

Bild 4.7 Röntgentransparenz für Gold und einige Materialien für Maskenträger

Röntgenmasken bestehen aus einem Maskenträger mit großer Röntgentransparenz, auf den die Maskenstrukturen aus einem stark absorbierenden Material aufgebracht sind. Als Maskenträger kommen Materialien mit niedriger Ordnungszahl (Röntgenabsorption ist proportional zu Z^3) in Frage, z.B. Silizium, Bornitrid oder Beryllium. Als Absorbermaterial spielt Gold, dessen galvanische Abscheidung man sehr gut beherrscht, eine dominierende Rolle. Bild 4.7 zeigt die Röntgentransparenz interessierender Materialien als Funktion der Schichtdicke. Um bei λ = 1 nm und einer Transparenz des Maskenträgers von 50 % einen Kontrast von 10 zu erhalten, benötigt man eine mindestens 0,5 μm dicke Goldabsorberschicht auf einer ca. 3 μm dicken Siliziummembran. Die Herstellung der Siliziummembran erfolgt dabei durch anisotropes, selektives Ätzen (Abschn. 4.4.3). Die Absorberstrukturen auf der Membran werden z.B. mittels Elektronenstrahllithographie (Abschn. 4.1.4), Tri-Level-Resisttechnik (Abschn. 4.1.2) und galvanischer Abscheidung von Gold hergestellt.

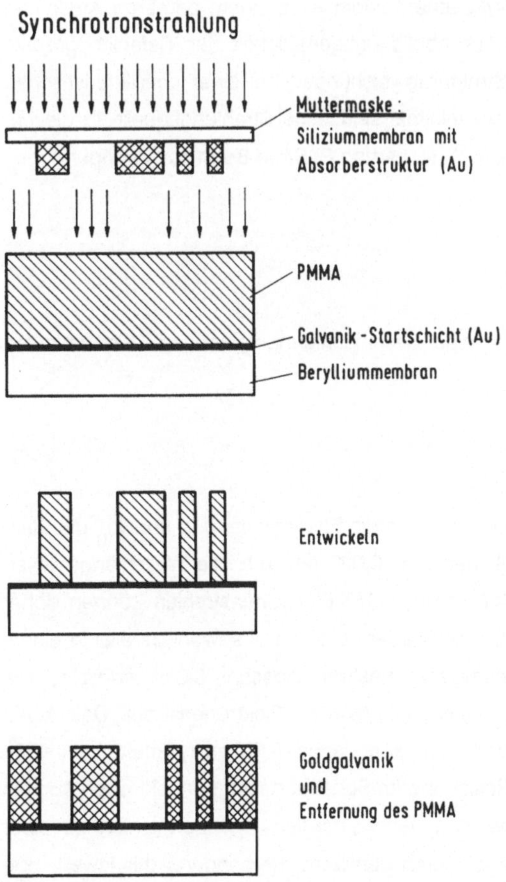

Bild 4.8 Herstellung von Masken für die Röntgentiefenlithographie

Eine solche Maske mit einer Absorberhöhe von 1 - 2 μm dient als Muttermaske für die Herstellung von Masken für die Tiefenlithographie mit Synchrotronstrahlung, für die sehr viel größere Kontrastverhältnisse erforderlich sind, so daß üblicherweise eine ca. 20 μm Berylliummembran als Maskenträger und eine 10 - 25 μm dicke Goldschicht als Absorber benutzt werden (Bild 4.8).

Wichtigstes Resistmaterial für die Röntgentiefenlithographie ist Polymethylmethacrylat (PMMA), in dem die kurzwelligen Röntgenstrahlen eine Fragmentierung zu Bruchstükken induzieren, die leichter löslich sind als das Ausgangsmaterial. Als Entwickler eignet sich z.B. ein Gemisch aus einem Glykoläther, einem Azin, einem primären Äther und Wasser [GHI 82]. Untersuchungen zur Abbildungsgenauigkeit der Tiefenlithographie [BEC 84] haben gezeigt, daß die Strukturabweichungen bei einer charakteristischen Wellenlänge zwischen 0,2 und 0,3 nm minimal sind. Eine Strahlungsquelle in diesem Wellenlängenbereich steht z.B. mit dem Stretcherring ELSA in Bonn zur Verfügung.

4.1.4 Elektronenstrahllithographie

Die Wellenlänge von Elektronen, die eine Beschleunigungsspannung U durchlaufen haben, ist gegeben durch:

$$\lambda = h/[2eUm_e]^{1/2}. \tag{4.4}$$

Darin ist h das Plancksche Wirkungsquantum, e die Elementarladung und m_e die Elektronenmasse. Für U = 20 kV erhält man λ = 0,009 nm, d.h. die Wellenlänge ist so kurz, daß Beugungseffekte keine Rolle spielen. Mit Elektronenstrahlen können daher Strukturen im Sub-μm-Bereich übertragen werden. Dies kann sowohl parallel in einem Proximityverfahren mit Silizium-Transmissionsmasken (Abschn. 6.3.6) erfolgen, wie auch in einem Schreibverfahren mit einem fokussierten Elektronenstrahl. Das Auflösungsvermögen wird wesentlich durch den sogenannten Proximity-Effekt beeinflußt. Durch Streuung von Elektronen im Resist und im Substrat gelangen Elektronen auch in benachbarte Gebiete; dies kann bei eng nebeneinander liegenden Linien zu einer Überlappung führen. Eine Korrektur ist durch detaillierte Berechnung der jeweils notwendigen Belichtungsdauer möglich.

Wichtigstes Anwendungsgebiet des Elektronenstrahlschreibens ist die Herstellung von Masken und Reticles. Das serielle Schreiben zur Belichtung eines Substrats ist wegen der großen benötigten Zeit nur in Ausnahmefällen wirtschaftlich, z.B. bei sehr kleinen Stückzahlen oder für besonders kritische Ebenen.

4.2 Dünnschichttechnik

4.2.1 Überblick über Eigenschaften und Herstellungsverfahren dünner Schichten

Dünne Schichten eines Materials auf einem Substrat (Schichtdicken von einigen Å bis zu ca. 10 μm) werden im Gegensatz zu geometrisch ebenfalls dünnen Folien, die durch Umform- oder Zerspan-Prozesse aus einer makroskopischen Menge an Material hergestellt werden, aus kleinsten Grundbausteinen (Atome, Ionen, Moleküle, Cluster) aufgebaut.

Die Dünnschichttechnik bietet folgende Vorteile:

- Hochreine Materialien können in definierter Dicke und mit geringer Defektdichte abgeschieden werden.
- Neue Materialien lassen sich auf einfache Weise am Ort des Einsatzes synthetisieren.
- Dünne Schichten und Substrate können hinsichtlich physikalischer, prozeßtechnischer und anwendungsspezifischer Gesichtspunkte weitgehend unabhängig voneinander optimiert werden. Da das Wachstum dünner Schichten bei thermodynamischem Nichtgleichgewicht erfolgt, weichen ihre physikalischen Eigenschaften im allgemeinen von denen des kompakten Materials ab. Durch eine optimierte Prozeßführung können Schichten mit definierten Eigenschaften hergestellt werden. Dies betrifft z.B.:

* mechanische Eigenschaften (Härte, Abriebfestigkeit, Gleiteigenschaften, Zugfestigkeit, eingeprägte innere Spannungen),
* dekorative Eigenschaften,

* optische Eigenschaften (Transmission, Absorption, Reflexion, Polarisation),

* magnetische Eigenschaften (magnetische Orientierung, Koerzitivfeldstärke),

* elektrische Eigenschaften (Leitfähigkeit, Energielücke bei Halbleitern, Passivie-
rungseigenschaften),

* chemische Eigenschaften (Korrosionsfestigkeit),

* Kristall-Struktur (monokristallin, polykristallin, amorph),

* sensitive Eigenschaften (piezoelektrische, magnetoresistive, ionensensitive, gassensitive Schichten).

- Die Schichtabscheideverfahren und die photolithographische Ätztechnik erlauben die
reproduzierbare Herstellung langzeitstabiler Schichten und deren präzise Strukturierung.

- Schichten aus unterschiedlichen Materialien können in einer Beschichtungsanlage
übereinander abgeschieden werden.

Die wichtigsten Verfahren der Schichtherstellung, die in der Mikromechanik angewendet werden, sind (s. z.B. [FRE 87, HAE 87]):

- **PVD-Prozesse** (Physical Vapor Deposition).
Der Schichtaufbau erfolgt durch Kondensation eines Dampfes auf dem zu beschichtenden Substrat. Der aus Atomen, Molekülen oder Clustern bestehende
Dampf wird physikalisch erzeugt (Verdampfen, Kathodenzerstäubung). Ein PVD-
Prozeß wird beschrieben durch die Phasen: Teilchenerzeugung, Transport der Teilchen zum Substrat, Kondensation der Teilchen auf dem Substrat. Charakteristisch
für PVD-Prozesse sind die guten Prozeßvakua, in denen sie durchgeführt werden
(10^{-8} bis 10 Pa).

- **CVD-Prozesse** (Chemical Vapor Deposition).
Der Schichtaufbau erfolgt durch chemische Reaktion gasförmiger Komponenten in
der Nähe oder auf der Substratoberfläche (Bild 4.9). Voraussetzung für einen CVD-
Prozeß ist daher die Existenz gasförmiger chemischer Verbindungen, die miteinander
so reagieren, daß eines der Reaktionsprodukte der für die Beschichtung gewünschte
feste Stoff ist, alle anderen Reaktionsprodukte jedoch gasförmig sind, so daß sie
leicht abtransportiert werden können.

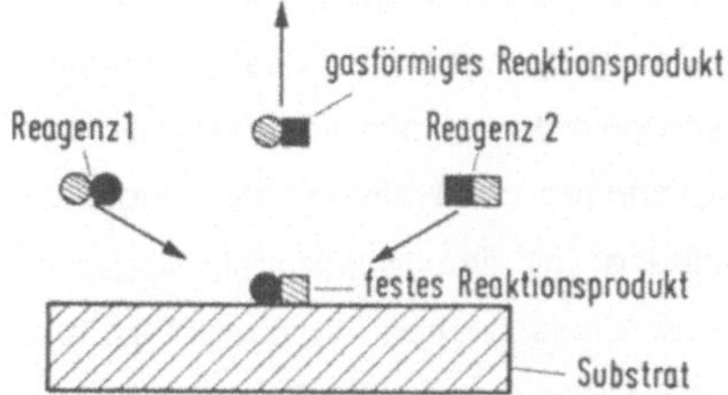

Bild 4.9 Prinzip der chemischen Abscheidung aus der Gasphase

- **Galvanische** und **außenstromlose Abscheidung**.

In einzelnen Fällen erlauben naßchemische Beschichtungsverfahren die Herstellung von Schichten mit Eigenschaften, wie sie mittels PVD und CVD nicht erzeugt werden können. Bei der galvanischen Metallabscheidung wird ein Z-fach positiv geladenes Metallion unter Aufnahme von Z Elektronen reduziert:

$$Me^{Z+} + Z \cdot e^- \rightarrow Me. \tag{4.5}$$

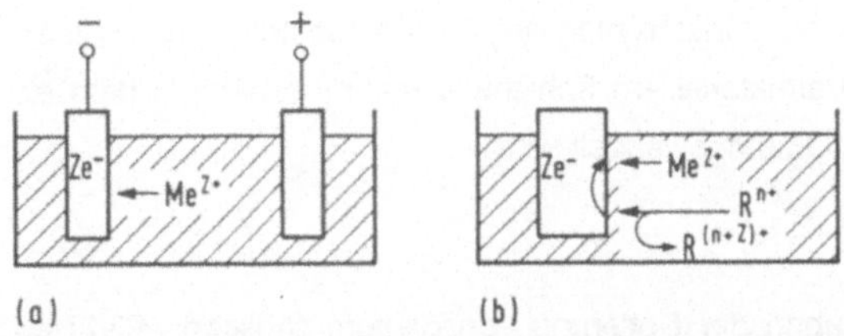

Bild 4.10 Prinzip der galvanischen Metallabscheidung. (a) Mit äußerer Stromquelle. (b) Ohne äußere Stromquelle (Reduktionsverfahren)

Dabei werden Elektronen von einer äußeren Stromquelle geliefert (Bild 4.10a). Die außenstromlose Abscheidung von Metallen erfolgt dagegen ohne äußere Stromquelle. Die zur Reduktion erforderlichen Elektronen liefert ein Reduktionsmittel, das im Elektrolyten enthalten ist (Bild 4.10b):

$$R^{n+} \rightarrow R^{(n+Z)+} + Z \cdot e^-. \tag{4.6}$$

- **Spin-on-Verfahren**.

Das Spin-on-Verfahren dient zur Beschichtung von Substraten mit organischen Polymeren. Eine bestimmte Menge einer Polymerlösung wird auf das Substrat gebracht und durch Rotation gleichmäßig verteilt. Anschließend wird das Lösungsmittel verdunstet. Anwendungsgebiete sind z.B. das Aufbringen von Haftvermittler, Photolack und Planarisierungsschichten im Zusammenhang mit lithographischen Verfahren (Abschn. 4.1.2). Mit dieser Technik können auch Glasschichten (Ausgangssubstanz: Siliziumtetraacetat) und Polyimidschichten (Ausgangssubstanz: Polyimidvorstufe) hergestellt werden.

- **Langmuir-Blodgett-Methode**.

Monoschichten und Vielfache davon aus hochmolekularen Verbindungen, z.B. aus dem organischen Halbleiter Phthalocyanin, der als gassensitive Substanz von Bedeutung ist, lassen sich mit der Langmuir-Blodgett-Methode auf einem Substrat abscheiden. Durch Ausbreitung auf einer Wasseroberfläche bilden sich stabile monomolekulare Filme, die durch "Dippen" auf das zu beschichtende Substrat übertragen werden. Vielfach-Schichten können durch wiederholtes "Dippen" aufgebracht werden [WOH 85].

- **Thermische Oxidation**.

Bei der Herstellung von Siliziumdioxidschichten auf Siliziumsubstraten durch thermische Oxidation ist das Substratmaterial am Schichtwachstum beteiligt, indem es in oxidierender Atmosphäre in SiO_2 umgewandelt wird.

- **Ionenimplantation**.

Die Ionenimplantation wird neben der Dotierung von Silizium (Abschn. 4.3.2) auch zur Schichterzeugung eingesetzt. Dabei werden z.B. oberflächennahe Schichten modifiziert, um mechanische Oberflächeneigenschaften (Härte, Abrieb) zu verbessern. Die Implantation hoher Dosen Sauerstoff oder Stickstoff kann jedoch auch dazu dienen, in einem Siliziumsubstrat sogenannte vergrabene Isolatorschichten (SiO_2, Si_3N_4) zu erzeugen. In der darüberliegenden Siliziumschicht lassen sich elektronische Bauelemente integrieren (**Silicon On Insulator**-Technik).

In Tabelle 4.2 sind Schichtmaterialien, die in der Mikromechanik häufig angewendet werden, zusammengestellt.

Tabelle 4.2 Anwendungen dünner Schichten in der Mikromechanik

Schichtmaterial	Herstellungsverfahren	Anwendungen
Si	RPVPE (Reduced Pressure Vapor Phase Epitaxy), ggf. mit Dotierung durch Beigabe von Dotiergasen, z.B. AsH_3, MBE (Molecular Beam Epitaxy)	epitaktische Schichten, freistehende Membranstrukturen, Ätzstoppschichten abrupte Dotierungsänderungen möglich
Poly-Si	LPCVD (Low Pressure CVD), ggf. mit Dotierung (z.B. B_2H_6, PH_3), falls elektrische Leitfähigkeit erwünscht ist	Widerstandsschichten, Schichten zur Herstellung freitragender Membranstrukturen und freistehender beweglicher Strukturen
SiO_2	LPCVD, PECVD (Plasma Enhanced CVD), Plasmaoxidation, thermische Oxidation, reaktives Sputtern, Spin-on-Verfahren (Aufschleudern von Siliziumtetraacetat und Tempern bei 200 $^{\circ}$C)	Isolierschichten, dielektrische Schichten, Passivierungsschichten, Maskierschichten, freitragende Membranstrukturen, "Sacrificial Layers" bei der Herstellung freistehender Poly-Silizium-Strukturen
PSG (Phosphorsilikatglas, SiO_2 mit 2...10% Phosphorgehalt)	thermische Oxidation mit PH_3- oder $POCl_3$-Zusatz, LPCVD, PECVD	Passivierungsschichten, "Sacrificial Layers" bei der Herstellung freistehender Poly-Silizium-Strukturen

Tabelle 4.2 (Fortsetzung)

Si_3N_4	LPCVD, PECVD, reaktives Sputtern	Isolierschichten, Passivierschichten, Maskierschichten, freitragende Membranstrukturen
Silizide, z.B. $MoSi_2$, WSi_2	gleichzeitiges Sputtern von Si und Metall, Sputtern des Metalls auf Si-Substrat mit anschließender Silizierung, LPCVD	Metallisierungsschichten (temperaturstabil, niederohmig)
Al	Sputtern, Aufdampfen	Metallisierung, optisch reflektierende Schichten
Al_2O_3	reaktives Sputtern	Isolierschichten, Maskierschichten
Au	Sputtern, Aufdampfen	Metallisierung, Ätzmaskierschichten
Cr	Sputtern	Haftschichten auf Si, SiO_2, Al_2O_3 und Glassubstraten, Masken für Photolithographie
Ni	Sputtern, Aufdampfen	Widerstandsschichten
Pt	Sputtern, Aufdampfen	Widerstandsschichten, Metallisierung

Tabelle 4.2 (Fortsetzung)

$Si_xO_yN_z$	PECVD, LPCVD	optisch transparente Schichten mit gezielter Einstellmöglichkeit des Brechungsindexes, Passivierschichten, freitragende Membranstrukturen
TiO_2	reaktives Sputtern, RICB (Reactive Ion Cluster Beam)-Technik	Kondensatorschichten, gassensitive Schichten
ZrO_2	reaktives Sputtern, RICB-Technik	Kondensatorschichten, gassensitive Schichten
SnO_2	reaktives Sputtern	gassensitive Schichten
ZnO	reaktives Sputtern	gassensitive Schichten, piezoelektrische Schichten, Kondensatorschichten, optische Schichten
NiFe	Sputtern	magnetoresistive Schichten
CoFeB	Sputtern	magnetoresistive Schichten
Polyimid	Spin-on-Verfahren	mechanische Schutzschichten, Abdeckschichten (Abfangen von α-Teilchen), Isolierschichten
Phthalocyanin	Langmuir-Blodgett-Verfahren	gassensitive organische Halbleiterschichten

4.2.2 PVD-Prozesse

a) Aufdampfen

Das Beschichtungsmaterial wird durch Erhitzen in die Dampfphase überführt, aus der es sich auf dem Substrat niederschlägt. Bild 4.11 zeigt den prinzipiellen Aufbau einer Aufdampfanlage. Das System besteht aus einer Verdampfungsquelle, einer Blende, mit der die Quelle abgedeckt werden kann, und einem beheizbaren Substrathalter.

Die Abdampfrate R_V ist gegeben durch

$$R_V = a_V \cdot (M/2\pi kT)^{1/2} \cdot p_S(T), \tag{4.7}$$

wobei M die Molekülmasse, k die Boltzmannkonstante und $p_S(T)$ der Sättigungsdampfdruck bei der Temperatur T ist. Der Verdampfungskoeffizient a_V ($0 \leq a_V \leq 1$) berücksichtigt die Tatsache, daß bei Festkörperoberflächen die experimentellen Verdampfungsraten infolge von Oberflächeneffekten kleiner sein können als es dem Sättigungsdampfdruck entspricht.

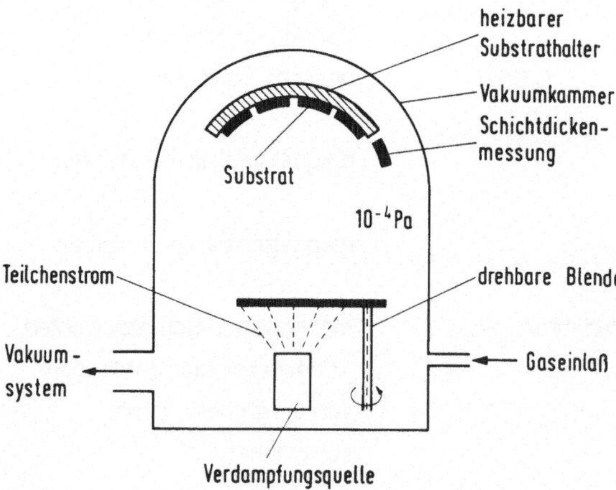

Bild 4.11 Schematischer Aufbau einer Aufdampfanlage

Um eine akzeptable Wachstumsrate zu erzielen, muß ein Sättigungsdampfdruck von ca. 1 Pa eingestellt werden. Bei diesem Dampfdruck liegt die Abdampfrate für viele Elemente in der Größenordnung von $R_V = 10^{-3}$ kg/m^{2}s. Bild 4.12 zeigt, daß dazu für die einzelnen Elemente sehr unterschiedliche Temperaturen notwendig sind.

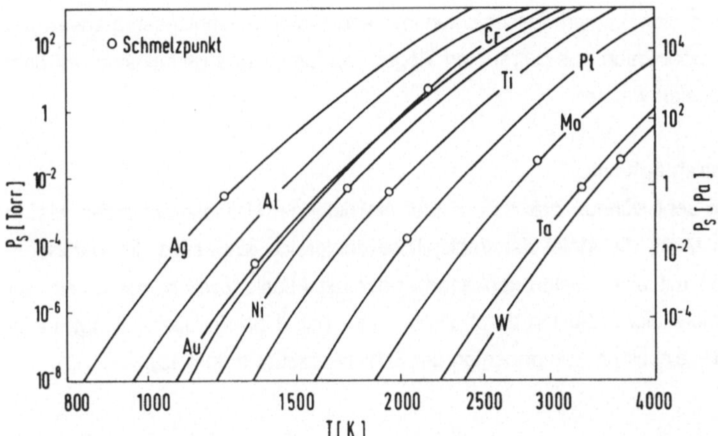

Bild 4.12 Sättigungsdampfdruck p_S für einige Elemente als Funktion der Temperatur T [HON 62]

Der Sättigungsdampfdruck ist im allgemeinen nahezu exponentiell von der Temperatur abhängig. Daraus ergeben sich zwei wichtige Konsequenzen:

- Hohe Anforderungen an die Konstanz der Wachstumsrate bedeuten hohe Anforderungen an die Temperaturkonstanz.
- Beim Aufdampfen von Legierungen wird zunächst die Komponente mit dem höheren Dampfdruck bevorzugt verdampft. Dies führt zu einer Variation in der Schichtzusammensetzung.

Die einfachsten Verdampfungsquellen sind widerstands- oder induktiv geheizte Drähte, Schiffchen und Tiegel. Als Tiegelmaterialien werden normalerweise hochschmelzende Metalle oder Keramiken (W, Mo, Ta, BN) sowie Graphit eingesetzt. Zur Verdampfung hochschmelzender Beschichtungsmaterialien hat sich das Elektronenstrahlverfahren durchgesetzt. Dabei wird die Oberfläche der zu verdampfenden Substanz durch einen Elektronenstrahl (ca. 10 keV) bis zur Verdampfungstemperatur aufgeheizt. Die Abdampfrate läßt sich unmittelbar über die durch den Elektronenstrahl zugeführte Leistung steuern. Der Vorteil dieser Methode ist, daß die Gefahr der Kontamination des Verdampfungsgutes durch das Tiegelmaterial relativ gering ist.

Zur Abscheidung von Legierungsschichten mit konstanter Schichtzusammensetzung können die Komponenten aus getrennten Tiegeln verdampft und gemeinsam auf dem Substrat kondensiert werden.

b) Molekularstrahlepitaxie

Zur Herstellung sehr dünner, präzise dotierter einkristalliner Halbleiterschichten wird in zunehmendem Maße die Molekularstrahlepitaxie erfolgreich eingesetzt. Im Ultrahochvakuum werden mit einer Elektronenkanone oder mit Effusionszellen, bei denen der Dampf durch molekulare Effusion durch ein Loch im Tiegel ins Vakuum gelangt, Molekularstrahlen der einzelnen Komponenten der Schicht erzeugt (Bild 4.13).

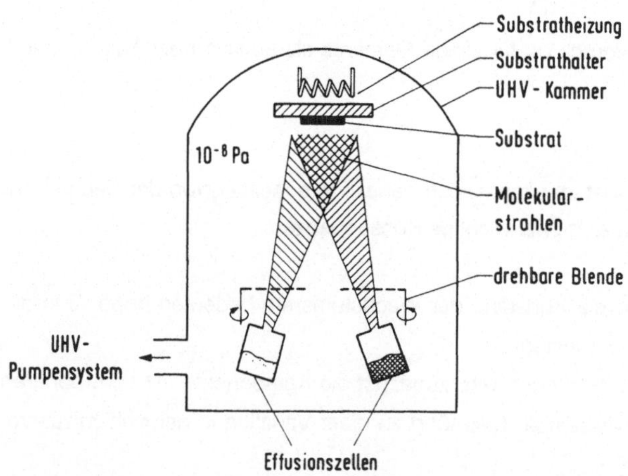

Bild 4.13 Schematischer Aufbau einer Molekularstrahlepitaxie-Apparatur

Die Aufdampfraten liegen im Bereich von 0,01 - 0,3 μm/min, die Substrattemperaturen im Bereich von 400 bis 800 $^\circ$C. Im Vergleich zur CVD-Epitaxie (Abschn. 4.2.3) ist die

Temperatur wesentlich niedriger, so daß die Ausdiffusion von Dotierelementen aus dem Substrat in die epitaktische Schicht auch bei dünnen Schichten vernachlässigt werden kann.

c) Kathodenzerstäubung (Sputtern)

Die Sputtertechnik beruht auf den Vorgängen in einer Glimmentladung, die in einer Vakuumkammer im Druckbereich von 1 bis 10 Pa und Spannungen bis zu einigen kV zwischen zwei Elektroden zündet. Dabei entsteht ein Plasma aus Elektronen und positiven Ionen des Entladungsgases (üblicherweise Argon). Die Ionen werden auf die Kathode (Target) hin beschleunigt und treffen dort mit großer kinetischer Energie auf. Dabei schlagen sie Atome aus der Oberfläche des Targetmaterials heraus. Die Argon-Ionen lösen neben den gesputterten Targetatomen auch Sekundärelektronen aus, die von der Kathode weg beschleunigt werden und im Plasma durch Stoßionisation Argon-Ionen erzeugen.

Die gesputterten Targetatome bewegen sich zunächst mit großer Geschwindigkeit in Richtung der Anode, auf der sich die zu beschichtenden Substrate befinden. Ihre Geschwindigkeitsverteilung entspricht einer Maxwell-Verteilung bei einigen tausend Kelvin. Durch Stöße mit Gasteilchen verlieren sie jedoch an Geschwindigkeit. Gasdruck und Target-Substrat-Abstand sind daher wichtige Parameter für die Eigenschaften der aufwachsenden Schicht.

Der Sputterprozeß ist kein Verdampfungsprozeß, sondern es handelt sich um die Auslösung von Oberflächenatomen durch Impulsübertrag vom einfallenden Ion. Ein einfallendes Ion überträgt in einer Stoßkaskade seinen Impuls auf Targetatome; ein Atom, das sich an der Oberfläche befindet, erhält hierdurch unter Umständen einen Impuls, der zum Verlassen der Oberfläche ausreicht. Damit auf diese Weise ein Oberflächenatom ausgelöst werden kann, ist eine Impulsumkehr erforderlich. Dies bedingt die Verteilung der Energie des einfallenden Ions auf mehrere Targetatome. Der Abtrag der Targetoberfläche setzt daher erst ab einer Schwellenenergie des Primärions ein. Bild 4.14a zeigt eine typische Abhängigkeit der Sputterausbeute von der kinetischen Energie der Ionen. Wichtig ist auch die Abhängigkeit der Ausbeute vom Druck des umgebenden Gases (Bild 4.14b). Die abfallende Ausbeute bei höherem Gasdruck läßt sich durch eine vermehrte Adsorption von Gasatomen an der Targetoberfläche erklären; die Ionen sputtern vorwiegend diese adsorbierten Gasatome ab.

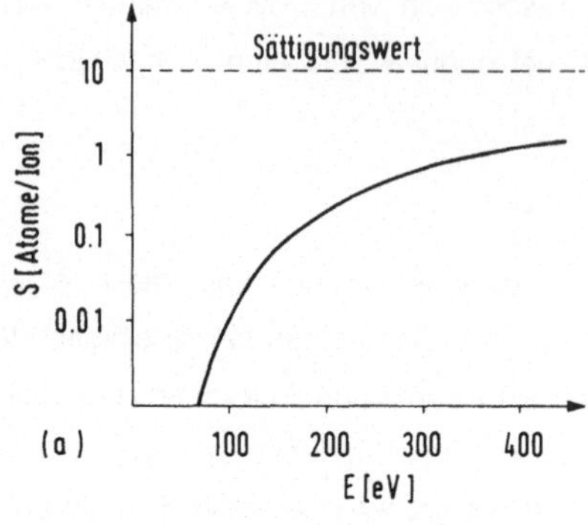

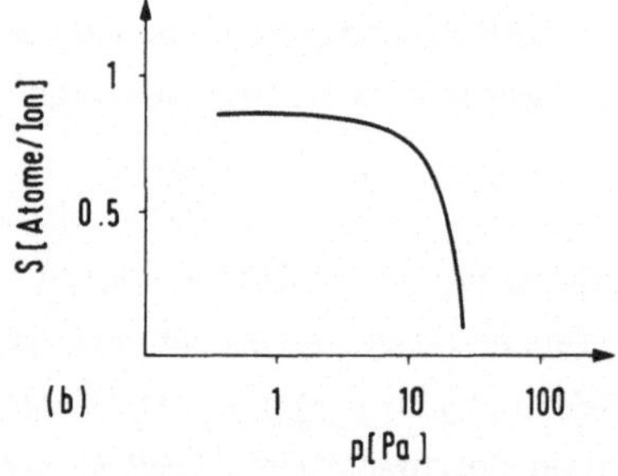

Bild 4.14 Typischer Verlauf der Sputterausbeute S in Abhängigkeit (a) von der Energie E der einfallenden Ionen und (b) vom Druck p des umgebenden Gases

Im wesentlichen unterscheidet man zwei Verfahrensvarianten: das Sputtern mit einer Gleichspannung (DC-Sputtern) und das Sputtern mit einer hochfrequenten Wechselspannung (RF-Sputtern).

DC-Sputtern: Zwischen Target (Kathode) und Substrat (Anode) wird eine Gleichspannung angelegt (Bild 4.15a). DC-Sputtern ist auf leitfähige Targetmaterialien, d.h. auf Metalle und die meisten Halbleiter, anwendbar.

RF-Sputtern: Das Sputtern von Isolatoren kann nicht in einer Gleichstromentladung erfolgen, da sich der Isolator aufladen und der Entladungsvorgang unterbrochen würde. Die Gasentladung wird deshalb durch Hochfrequenz angeregt (13,56 MHz aus funktechnischen Gründen, Bild 4.15b). Aufgrund der unterschiedlichen Beweglichkeit der Elektronen und der Ar^+-Ionen laden sich beide Elektroden negativ auf, falls der Stromkreis gleichstrommäßig, z.B. durch einen Kondensator, unterbrochen ist (Self-Biasing).

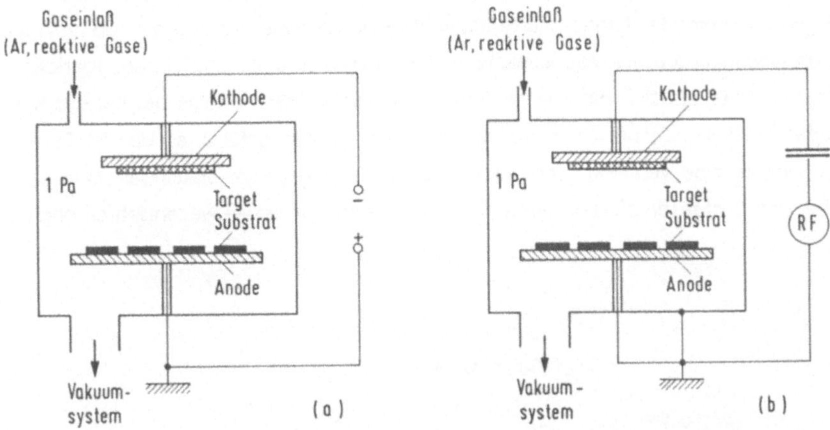

Bild 4.15 Schematischer Aufbau (a) einer DC- und (b) einer RF-Sputter-Apparatur

Das Verhältnis der Selfbiasing-Potentiale ist dabei umgekehrt proportional zur vierten Potenz des Verhältnisses der Elektrodenflächen. Im allgemeinen wird deshalb der Substrathalter elektrisch mit der Vakuumkammer verbunden, so daß das Selfbiasing-Potential dieser Elektrode (Anode) gegenüber dem der Targetelektrode (Kathode) vernachlässigt werden kann.

Bias-Sputtern: Beim DC-Sputtern erreicht man durch Anlegen einer negativen Spannung (Biasspannung) an den Substrathalter, daß die aufwachsende Schicht mit Ionen bombardiert wird, wodurch die Schichteigenschaften beeinflußt werden können.

Bias-RF-Sputtern wird durch getrennte Einkopplung der Hochfrequenz an den beiden Elektroden realisiert. Die Selfbiasing-Potentiale können dann unabhängig voneinander variiert werden. Die negative Aufladung der Targetelektrode muß zwar höher gewählt werden als die der Substratelektrode, um ein Schichtwachstum auf dem Substrat zu erreichen; die negative Aufladung des Substrats bewirkt jedoch - wie beim Bias-Sputtern bei DC-Betrieb -, daß die wachsende Schicht mit Ionen bombardiert wird. Bias-Sputtern bietet auch die Möglichkeit, das Substrat vor der Beschichtung durch Beschuß mit Ionen zu reinigen bzw. dünne Oxidschichten zu entfernen (Sputterätzen).

Magnetron-Sputtern: Die Zerstäubungsraten führen bei gängigen Größen und Anordnungen von Kathode, Anode und Substrat zu Abscheideraten von 10 bis 100 nm/min. Durch Anwendung eines Magnetfeldes senkrecht zum elektrischen Feld des Kathodenfalls (Bild 4.16) läßt sich die Abscheiderate erheblich steigern. Infolge der Lorentz-Kraft werden die Sekundärelektronen auf zykloidischen Bahnen geführt, so daß im Bereich des Targets eine verstärkte Ionisierung des Entladungsgases stattfindet. Man kann daher den Restgasdruck reduzieren und doch die Abscheiderate wesentlich erhöhen.

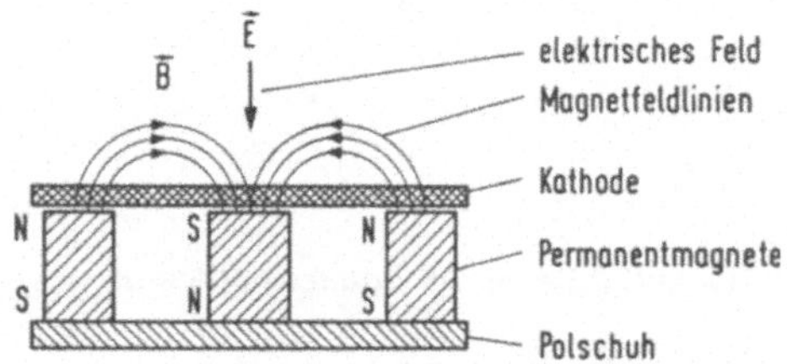

Bild 4.16 Schematischer Aufbau einer planaren Magnetronkathode

d) Ionen-Cluster-Strahl-Technik

Die Ion Cluster Beam (ICB)-Technik [TAK 75] ist ein modifizierter Aufdampfprozeß (Bild 4.17). Bei der adiabatischen Expansion eines aus der Düse eines Tiegels austretenden Dampfes ins Hochvakuum entstehen Cluster aus bis zu 1000 Atomen. Ein Teil der Cluster wird durch Elektronenstoß ionisiert und mit Hilfe eines elektrischen Feldes auf das Substrat beschleunigt. Beim Aufprall auf das Substrat zerfallen die Cluster in einzelne Atome, deren kinetische Energie in der Größenordnung von einigen eV liegt. Durch Variation der Energie der Atome und der Temperatur des Substrats können die Eigenschaften der aufwachsenden Schicht gezielt beeinflußt werden. Es lassen sich Schichten mit definierter Morphologie und Orientierung der Kristallite, insbesondere epitaktische Schichten bei niedriger Substrattemperatur, erzeugen.

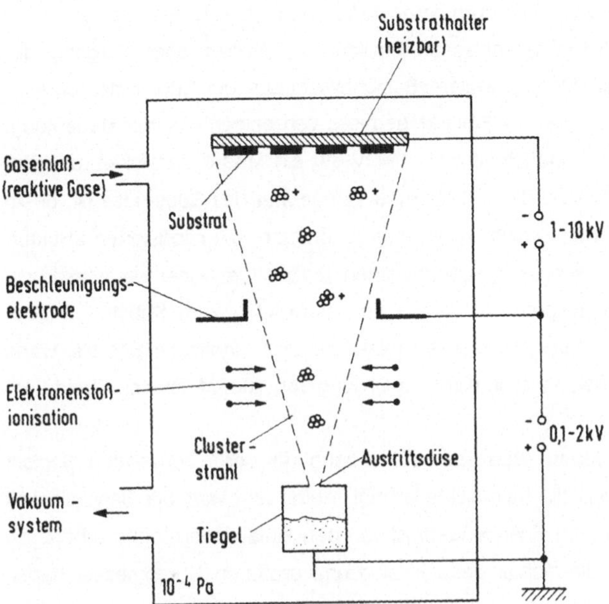

Bild 4.17 Prinzip der Ionen-Cluster-Strahl-Technik

e) Schichtwachstum

Zu Beginn der Kondensation treffen einzelne Atome aus dem Dampf auf die Oberfläche des Substrats auf und werden entweder reflektiert oder gehen in einen adsorbierten Zustand über, in dem sie eine Wanderung auf der Oberfläche durchführen. Dabei
werden sie entweder wieder abgedampft und gehen für den Schichtaufbau verloren,
oder sie treffen mit anderen adsorbierten Atomen zusammen und bilden mit diesen
Cluster. Es folgt eine Phase, in der diese "Inseln" im wesentlichen nur in ihrer Größe
zunehmen, d.h. neue an der Oberfläche adsorbierte Atome werden von den bereits
gebildeten Inseln eingefangen. Bei genügender Größe berühren sich die Inseln und
vereinigen sich zu größeren Gebilden. In dieser Phase findet üblicherweise eine Rekristallisation statt. Beim weiteren Wachstum bilden sich ohne kristallographische Um-
orientierung polykristalline Gebilde, die - zunächst noch durch Kanäle unterbrochen -
zu einem geschlossenen Film weiterwachsen.

Die Eigenschaften der mit PVD-Verfahren hergestellten dünnen Schichten hängen stark von der ausgebildeten kristallographischen Struktur ab. Neben dem Vorgang der Keim- und Inselbildung ist für das weitere Schichtwachstum die Substrattemperatur, sowie beim Sputtern der Druck des Entladungsgases von entscheidender Bedeutung. Hierzu wurde von Movchan und Demchishin [MOV 69] ein Modell entwickelt, das von Thornton [THO 77] erweitert wurde. Je höher die Temperatur des Substrates ist, desto mehr neigt die aufwachsende Schicht zu einer grobkörnigen, rekristallisierten Struktur. Der Entladungsdruck hat einen entgegengesetzten Einfluß. Je höher der Gasdruck, desto mehr verlieren die gesputterten Atome auf ihrem Weg zum Substrat an Geschwindigkeit. Bei hohem Druck besitzen sie relativ niedrige kinetische Energie, wenn sie dort ankommen, und neigen dann nicht zur Bildung von rekristallisierten Strukturen.

Ein Bombardement mit Ionen (Bias-Sputtern) erzeugt in der wachsenden Schicht Punktdefekte; dadurch wird die Keimdichte erhöht. Außerdem wird die Beweglichkeit der adsorbierten Atome durch Energieübertrag von den einfallenden Ionen erhöht. Es entstehen also Kristallite, die dichter gepackt sind und größeren Durchmesser haben als ohne Ionenbombardement.

Die Abscheidung dünner Schichten mittels Kathodenzerstäubung hat den Vorteil, daß bei gleichen Parameterwerten (Strom, Spannung, Biasspannung, Druck, Gaszusammensetzung, Oberflächenreinheit von Target und Substrat) die Depositionsraten und andere morphologische Eigenschaften der Schicht exakt reproduzierbar sind.

4.2.3 CVD-Prozesse

a) Überblick

Bei CVD-Prozessen handelt es sich um chemische Reaktionen, in denen (verschiedene) gasförmige Reagenzien sich zu einem Festkörper verbinden. Im allgemeinen erfolgt die Reaktion an der Oberfläche des Substrats. Tabelle 4.3 gibt einen Überblick über einige häufiger verwendete Reaktionsschemata.

Bild 4.18a zeigt schematisch den Aufbau einer Reaktionskammer für die chemische Abscheidung aus der Gasphase. Die gasförmigen Ausgangsstoffe strömen durch Einlaßöffnungen in das häufig aus Quarzglas bestehende Reaktionsgefäß. Das für die

Tabelle 4.3 Ausgewählte CVD-Reaktionsschemata und typische Prozeßparameter (s. z.B. [OBE 88, WID 88])

Abgeschiedene Schicht	CVD-Prozeß	Reaktionsschema	T [$^{\circ}$C]	Druck [Pa]	Rate [nm/min]
Si	RPVPE	$SiH_2Cl_2 \rightarrow Si + 2HCl$	1050-1150	10000	400-3000
Poly-Si	LPCVD	$SiH_4 \rightarrow Si + 2H_2$	615	30	9
SiO_2	LPCVD	$SiH_4 + O_2 \rightarrow SiO_2 + 2H_2$ (LTO-Verfahren)	430	20	8
	LPCVD	$Si(OC_2H_5)_4 \rightarrow SiO_2 + Gase$ (TEOS-Verfahren)	750	40	8
	LPCVD	$SiH_2Cl_2 + 2N_2O \rightarrow SiO_2 + Gase$ (HTO-Verfahren)	920	50	8
	PECVD	$SiH_4 + 4N_2O \rightarrow SiO_2 + Gase$	280	40	55
$PSG = (SiO_2)_{1-x}(P_2O_5)_x$	LPCVD	$SiH_4 + O_2 \rightarrow SiO_2 + 2H_2$ $2PH_3 + 4O_2 \rightarrow P_2O_5 + 3H_2O$	430	20	8
Si_3N_4	LPCVD	$3SiH_2Cl_2 + 4NH_3 \rightarrow Si_3N_4 + 6HCl + 6H_2$	730	85	2,5
	PECVD	$3SiH_4 + 4NH_3 \rightarrow Si_3N_4 + 12H_2$	280	29	30

LTO =   Low Temperature Oxide
TEOS = Tetra-Ethyl-Ortho-Silicate
HTO =   High Temperature Oxide

Reaktion richtige Mischungsverhältnis wird mit Reduzierventilen und Durchflußmessern eingestellt. Das Gasgemisch wird durch eine meist außen angebrachte Heizvorrichtung auf die für die Reaktion notwendige Temperatur gebracht. Das bei dieser Temperatur noch im festen Zustand existierende Reaktionsprodukt kondensiert an der Substratoberfläche; die anderen gasförmigen Reaktionsprodukte strömen über einen Auslaß nach außen.

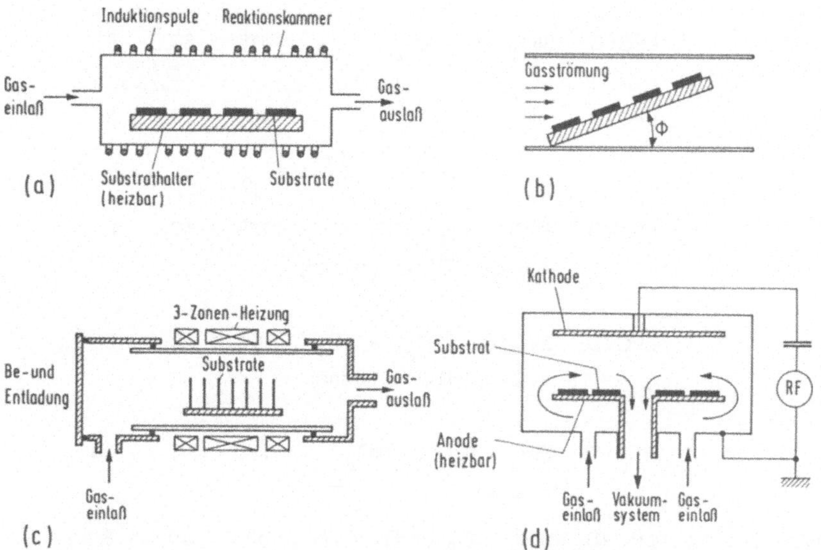

Bild 4.18 Schematische Darstellung diverser CVD-Reaktoren. (a) Horizontaler APCVD-Reaktor. (b) Stellung des Substrathalters gegen die Gasströmung zur Verbesserung der Schichtdickengleichmäßigkeit. (c) LPCVD-Reaktor. (d) PECVD-Reaktor

b) Thermische CVD

Die Zufuhr der zur Anregung der Reaktion notwendigen Energie erfolgt thermisch, z.B. durch Hochfrequenzinduktion, Direktheizung oder Strahlungsheizung. Eine Untergliederung der thermischen CVD-Verfahren kann bezüglich des verwendeten Betriebsdruckes vorgenommen werden: Während APCVD-Prozesse (Atmospheric Pressure CVD) bei Atmosphärendruck in offenen Systemen durchgeführt werden, finden LPCVD-Prozesse (Low Pressure CVD) im Druckbereich von 10 bis 100 Pa statt. Die

Abscheidung epitaxialer Schichten mittels RPVPE (**R**educed **P**ressure **V**apor **P**hase Epitaxy) erfolgt bei Drücken zwischen 1 und 10 kPa.

APCVD-Prozesse: Entscheidend für die gleichmäßige Beschichtung sind die Strömungsverhältnisse im Reaktor. In einem horizontalen Reaktor hängt die Abscheiderate sowohl von der Position auf dem Substrathalter wie auch von der Strömungsgeschwindigkeit der Reaktionsgase ab. Die Abscheiderate wird außerdem durch die Verarmung des Gasgemisches an Reagenzien in Strömungsrichtung beeinflußt. Eine wirkungsvolle Maßnahme zur Verbesserung der Schichtdickengleichmäßigkeit stellt die Erzeugung einer beschleunigten Strömung dar, die dadurch erreicht wird, daß man die Substrathalterung unter einem Winkel Φ gegen die Strömung stellt (Bild 4.18b).

LPCVD-Prozesse: Bei Prozessen, die bei tieferen Temperaturen durchgeführt werden, wird häufig die Wachstumsrate durch Oberflächenvorgänge begrenzt, so daß zusätzlich hohe Anforderungen an die Temperaturkonstanz im System zu stellen sind. Außerdem wird auf Grund der niedrigeren Temperatur die Abscheiderate klein. Eine Lösung dieser Probleme bieten LPCVD-Prozesse, die bei niedrigerem Druck durchgeführt werden (Bild 4.18c). Das Prozeßgasgemisch wird auf einer Seite des horizontalen Reaktors zugeführt, durchströmt das Rohr und wird am Ende abgesaugt. Durch den niedrigeren Druck wird der Diffusionskoeffizient um einige Größenordnungen vergrößert, so daß sich senkrecht zur Strömungsrichtung praktisch kein Konzentrationsgradient mehr ausbildet. Dadurch wird es möglich, die Proben senkrecht dicht an dicht zu stellen (typischer Abstand 2 bis 5 mm), so daß der Probendurchsatz erheblich gesteigert wird.

Die Wärmezufuhr zum Gas erfolgt über die Wände des Systems. Quer zur Strömungsrichtung sind damit praktisch auch keine Temperaturgradienten vorhanden. In Längsrichtung des Reaktors tritt allerdings ebenfalls das Problem der Verarmung an Reagenzien auf. Die Schichtdickengleichmäßigkeit längs des Reaktors hängt hauptsächlich ab vom Gasfluß und von der Gastemperatur. In gewissen Grenzen kann dieser Verarmungseffekt durch eine höhere Temperatur am Ende des Reaktors kompensiert werden. Der Temperaturgradient wird üblicherweise durch eine in drei Zonen aufgeteilte Heizung erzeugt. Diesem Verfahren sind allerdings dadurch Grenzen gesetzt, daß die Struktur der abgeschiedenen Schichten relativ stark von der Temperatur abhängt.

c) Plasma-induzierte CVD-Prozesse (PECVD)

Bei der plasmainduzierten Abscheidung wird die Energie für die chemische Reaktion durch eine Gasentladung geliefert. Die Funktion des Plasmas besteht darin, daß die freien Elektronen des Plasmas die in das Reaktionsgefäß eingeleiteten Gasmoleküle durch Stöße chemisch umwandeln, so daß z.B. Ionen oder freie Radikale entstehen. Diese sind wegen ihrer Reaktionsfreudigkeit die eigentlichen Partner für die chemische Reaktion, bei der das gewünschte Schichtmaterial als Produkt auftritt.

Bild 4.18d zeigt eine typische Konfiguration für PECVD-Prozesse. Die Ionisation erfolgt durch eine Glimmentladung zwischen zwei Elektroden innerhalb des Reaktionsgefäßes. Die Abscheidetemperaturen in PECVD-Prozessen sind relativ niedrig. Dies hat zum einen den Vorteil, daß Schichten erzeugt werden können, die mit thermischer CVD nicht herstellbar sind. Zum anderen sind wegen der niedrigeren Temperatur mechanische Spannungen in der abgeschiedenen Schicht, die durch unterschiedliche thermische Ausdehnungskoeffizienten von Schicht und Substrat induziert werden, kleiner.

d) Laser-induzierte CVD-Prozesse (s. Abschn. 4.5)

Bei diesem Verfahren werden feste Schichten erzeugt, indem entweder durch Einstrahlung monochromatischen Lichtes Gasmoleküle selektiv angeregt werden, wodurch eine chemische Reaktion ausgelöst wird, oder indem mit Hilfe eines fokussierten Laserstrahls das zu beschichtende Substrat selektiv an der Oberfläche aufgeheizt wird, so daß eine thermische Abscheidung stattfindet.

e) Reaktive Varianten von Sputtern, Aufdampfen und Ionen-Cluster-Strahl-Technik (RICB)

Diese Verfahren stellen den Übergang zu den PVD-Prozessen dar. Der erzeugte Dampf ist dabei Partner einer chemischen Reaktion. Im einfachsten Fall nutzt man eine Zerfallsreaktion aus, wobei die Abscheidung eines der Zerfallsprodukte erwünscht ist. In anderen Fällen wird dem Dampf ein gasförmiger Reaktionspartner zugeführt, und als Reaktionsprodukt entsteht eine chemische Verbindung, die sich auf dem Substrat abscheidet. Auf diese Weise können z.B. durch Beimischung von Sauerstoff Oxidschichten hergestellt werden. Ebenso lassen sich Nitride, Sulfide und Carbide durch Beimischung von Stickstoff, Schwefelwasserstoff bzw. Acetylen erzeugen. Wichtig ist bei dieser Verfahrensweise, daß die übrigen Reaktionsprodukte gasförmig sind und abgepumpt werden können.

f) Eigenschaften von CVD-Schichten

Die kristalline Struktur der Schichten wird bestimmt durch Substrattemperatur, Wachstumsrate und Prozeßdruck (Bild 4.19). Wesentlichen Einfluß auf Kornstruktur und Korngröße haben auch der Gehalt an Verunreinigungen und an Dotierstoffen sowie eine thermische Nachbehandlung.

Bild 4.19   Schichtstrukturen als Funktion von Temperatur und Wachstumsrate [BRY 77]

Die Kantenbedeckung von Mikrostrukturen ist abhängig von der Oberflächenbeweglichkeit der Reagenzien, die wiederum von der Temperatur abhängt, von der Richtungsverteilung der aus der Gasphase auf die zu beschichtende Oberfläche auftreffenden Teilchen (im allgemeinen isotrop), sowie vom Verhältnis λ/t der mittleren freien Weglänge λ zur Tiefe t der zu bedeckenden Mikrostruktur. Bei Atmosphärendruck (APCVD) beträgt $\lambda \approx 0{,}1\ \mu$m und ist damit wesentlich kleiner als übliche mikromechanische Strukturen. Dagegen ist λ bei LPCVD-Prozessen im allgemeinen um einige Größenordnungen größer (ca. 1 mm). Bild 4.20 zeigt typische Kantenbedeckungen von Mikrostrukturen.

g) Reaktionskinetik

Bei der chemischen Abscheidung aus der Gasphase werden folgende Schritte durchlaufen:

- Transport der Reagenzien zur Substratoberfläche, im allgemeinen durch Diffusion,
- Adsorption der Reagenzien an der Oberfläche,
- Vorgänge an der Oberfläche (Oberflächendiffusion, chemische Reaktion, Einbau ins Kristallgitter),

- Desorption der Reaktionsprodukte,
- Abtransport der Reaktionsprodukte, im allgemeinen durch Diffusion.

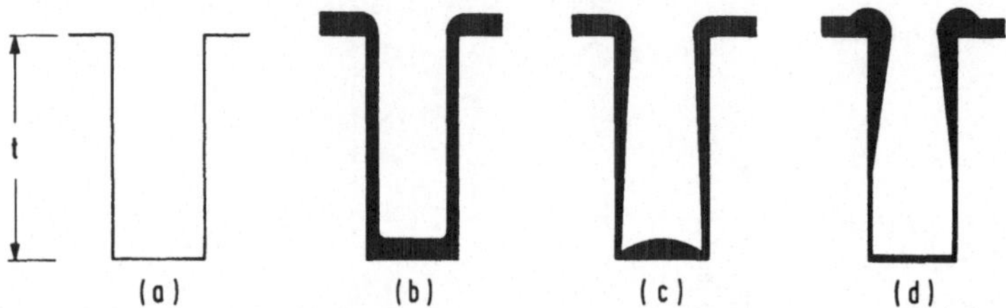

Bild 4.20   Kantenbedeckung von Mikrostrukturen bei CVD-Prozessen [SZE 83]. (a) Unbeschichtete Struktur der Tiefe t. (b) Hohe Oberflächenbeweglichkeit. (c) Niedrige Oberflächenbeweglichkeit, $\lambda \gg t$. (d) Niedrige Oberflächenbeweglichkeit, $\lambda < t$

Da diese Schritte sequentiell durchlaufen werden, bestimmt der langsamste Schritt die Wachstumsrate. Es existieren zwei Bereiche: Während bei niedrigen Temperaturen die Wachstumsrate durch Oberflächenprozesse beschränkt ist und exponentiell von der Temperatur abhängt, ist sie bei hohen Temperaturen durch den Diffusionstransport beschränkt und hängt wesentlich schwächer von der Temperatur ab.

In der Praxis arbeitet man in beiden Bereichen. Bei epitaktischen Schichten sind die Anforderungen an die Schichtdickengleichmäßigkeit hoch. Da diese Prozesse ohnehin hohe Temperaturen erfordern, arbeitet man im diffusionstransport-beschränkten Bereich mit geringer Temperaturabhängigkeit. Bei polykristallinen und amorphen Schichten arbeitet man bei niedrigeren Temperaturen, bei denen die Wachstumsrate durch die Oberflächenvorgänge begrenzt ist.

Die Wachstumsrate ist auch vom Mischungsverhältnis der Prozeßgase abhängig, z.B. hängt sie bei der Abscheidung von Silizium vom prozentualen Anteil des Silans im Wasserstoff/Silan-Gemisch ab. Auch hier gibt es zwei Bereiche: Bei höheren Konzentrationen spielen Oberflächeneffekte die begrenzende Rolle. Die Wachstumsrate ist nahezu unabhängig von der Silan-Konzentration. Bei niedrigeren Konzentrationen ist die Wachstumsrate diffusionsbegrenzt und hängt linear vom Silan-Partialdruck ab.

4.2.4 Galvanische und außenstromlose Abscheidung

Für bestimmte Anwendungsfälle lassen sich mit naßchemischen Beschichtungsverfahren Schichten mit Eigenschaften erzeugen, wie sie mit PVD- und CVD-Verfahren nicht hergestellt werden können. Beispiele sind:

- die strukturtreue Reproduktion von Polymermasken zur Herstellung von Mikrostrukturen aus Metall,
- die Mikrostrukturierung mit höchsten Aspektverhältnissen in einem kombinierten Lithographie/Galvanikprozeß (Abschn. 4.6),
- die maskenlose, selektive und schnelle Beschichtung durch laserinduzierte Metallabscheidung,
- die Herstellung von Metallschichten mit eingeschlossenen Hart- oder Gleitstoffen (Dispersionsschichten zur Erhöhung der Härte und Verschleißfestigkeit),
- die außenstromlose Abscheidung gleichmäßiger Metallschichten auf unregelmäßigen Oberflächen oder in unzugänglichen Stellen auch nichtleitender Substrate, z.B. das Aufbringen einer Galvanikstartschicht auf ein Kunststoffsubstrat.

Tabelle 4.4 Verfahren der reduktiven Metallabscheidung ohne äußere Stromquelle

Schichtmaterial	Metallsalz	Reduktionsmittel
Ni - P(7...10%)	$NiSO_4$	Na-Hypophosphit
Ni - B(ca. 5%)	$NiCl_2$	Dimethylaminboran
Cu	$CuSO_4$	Formaldehyd
Au	$K[Au(CN)_2]$	Na-Hypophosphit

Vorteile der außenstromlosen Metallabscheidung (electroless plating) gegenüber der galvanischen Abscheidung sind gleichmäßige Schichtdicke und konturentreue Beschichtung sowie die Möglichkeit, Dielektrika wie Kunststoffe, Keramik und Glas zu metallisieren. Während bei der Metallabscheidung mit äußerer Stromquelle die Schichtdickenunterschiede bis zu mehreren hundert Prozent betragen können, sind sie bei der Metallabscheidung ohne äußere Stromquelle auf wenige Prozent beschränkt. Nachteilig ist die geringe Abscheidegeschwindigkeit. In Tabelle 4.4 sind einige Verfahren der außenstromlosen Metallabscheidung zusammengestellt.

Der Hauptgrund für ungleichmäßige Schichtdicken bei der galvanischen Metallabscheidung ist die Verzerrung des elektrischen Feldes durch die Kathode. An Ecken und Kanten häufen sich die Stromlinien des elektrischen Feldes und verursachen lokal eine höhere Stromdichte. Um eine gleichmäßigere Beschichtung zu erreichen, werden in der Praxis Hilfsanoden und nichtleitende Blenden eingesetzt.

4.2.5 Thermische Oxidation von Silizium

Einer der wichtigsten Vorteile des Siliziums als Werkstoff der Mikrolektronik und der Mikromechanik ist die Tatsache, daß sein Eigenoxid hervorragende elektrische, mechanische und chemische Eigenschaften besitzt. SiO_2 wird angewendet als Dielektrikum und Isolator, zur Oberflächenpassivierung, als Maskierschicht bei Ätz- und Dotierprozessen, zur Herstellung freistehender Membranstrukturen und als Zwischenschicht bei der Herstellung freistehender Poly-Silizium-Strukturen.

Die wichtigsten Prozesse zur Herstellung von SiO_2-Schichten sind:

- CVD-Verfahren (Abschn. 4.2.3),
- Plasma-Oxidation in reiner Sauerstoff-Entladung (niedrige Temperatur, ca. 400 $^{\circ}$C, Schichteigenschaften jedoch vergleichbar mit denen thermisch hergestellter Schichten [PAD 86]),
- thermische Oxidation (Bildung von SiO_2 bei höheren Temperaturen zwischen 900 und 1200 $^{\circ}$C in oxidierender Atmosphäre).

Mit Hilfe der thermischen Oxidation lassen sich zum einen SiO_2-Schichten mit hoher Qualität herstellen, wie sie als Gateoxid in der MOS-Technik benötigt werden, zum anderen können auch dicke Schichten (> 0,5 μm) erzeugt werden.

Die thermische Oxidation wird bei Atmosphärendruck in einem horizontalen Rohrofen durchgeführt (ähnlich der CVD-Anordnung in Bild 4.18c). Dabei bildet sich die SiO_2-Schicht auf dem Silizium-Substrat durch chemische Reaktion des Siliziums mit dem oxidierenden Gas, das über die heiße Siliziumoberfläche strömt. Man unterscheidet zwischen trockener Oxidation

$$Si + O_2 \rightarrow SiO_2, \tag{4.8}$$

und feuchter Oxidation

$$Si + 2H_2O \rightarrow SiO_2 + 2H_2, \tag{4.9}$$

bei der der Sauerstoff in einem Verdampfer (Bubbler) oder durch die Verbrennung von Wasserstoff und Sauerstoff im Reaktionsraum mit Wasserdampf angereichert wird.

Bei der feuchten Oxidation ist die Oxidationsgeschwindigkeit sehr viel größer, so daß diese Technik zur Herstellung dicker SiO_2-Schichten bevorzugt eingesetzt wird. Mit trockener Oxidation können dagegen SiO_2-Schichten mit hoher Durchbruchfeldstärke und großer Dichte erzeugt werden. Durch Zusatz einiger Prozent HCl oder anderer chlorhaltiger Gase kann die Qualität der Oxidschichten noch weiter verbessert werden.

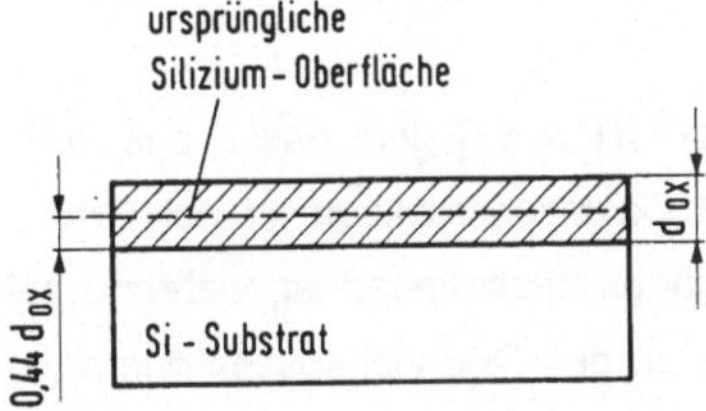

Bild 4.21 Wachsen einer thermischen SiO_2-Schicht

Die Oxidation findet an der Si/SiO_2-Grenzfläche statt, so daß das Oxidationsgas durch die bereits gebildete Oxidschicht zur Grenzschicht diffundieren muß. Während des Oxidationsprozesses wandert die Grenzschicht in das Silzium hinein. Andererseits expandiert das Volumen, da sich ein Silizium-Atom (r_{Si} = 0,042 nm) mit zwei Sauerstoff-

Atomen (r_O = 0,132 nm) zu SiO_2 verbindet. Dies hat zur Folge, daß die äußere SiO_2-Schicht nicht koplanar mit der anfänglichen Silizium-Oberfläche verläuft (Bild 4.21). Zur Bildung einer SiO_2-Schicht der Dicke d_{ox} wird eine Silizium-Schicht der Dicke $0,44 \cdot d_{ox}$ verbraucht.

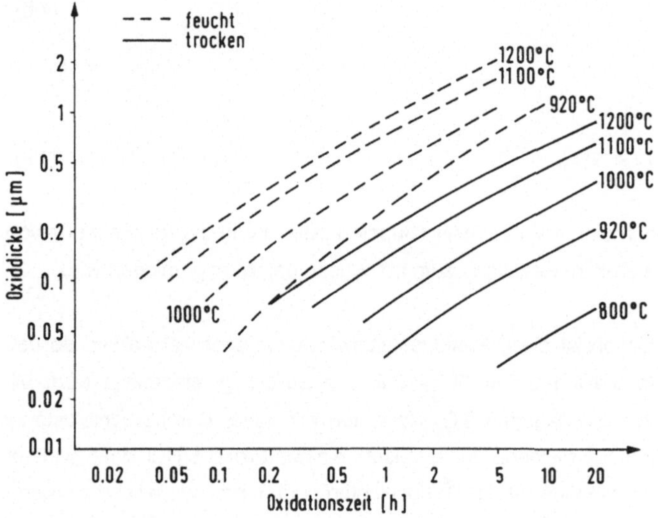

Bild 4.22 Thermische Oxidation von (100)-Silizium [DEA 65]

Die physikalische Theorie der thermischen Oxidation [DEA 65] geht davon aus, daß, solange die Dicke der SiO_2-Schicht gering ist, die Oxidationsreaktion an der Grenzschicht für die Geschwindigkeit des Oxidationsvorgangs bestimmend ist, während bei dicker werdender Oxidschicht zunehmend die Diffusion des Oxidationsgases durch die SiO_2-Schicht geschwindigkeitsbestimmend wird. Dieses Modell liefert die Oxidationsformel:

$$d_{ox} = (A/2) \cdot [1 + (t+\tau) \cdot 4B/A^2]^{1/2} - A/2. \tag{4.10}$$

Darin ist t die Oxidationszeit, τ berücksichtigt eine anfänglich bereits vorhandene Oxidschicht. A und B sind Konstanten, die von den Oxidationsbedingungen (Temperatur,

Orientierung und Dotierung der Scheiben, Zusatz von HCl) abhängen. B heißt paraboli-
sche Oxidationskonstante; sie beschreibt den Oxidationsvorgang im Grenzfall langer
Oxidationszeiten, d.h. dicker Oxidschichten. B/A ist die lineare Oxidationskonstante,
die den Oxidationsvorgang im Grenzfall geringer Oxiddicken, d.h. für kurze Zeiten beschreibt. Der experimentelle Befund (Bild 4.22) wird durch Gl. (4.10) sehr gut beschrieben bis auf die nicht ganz verstandene Tatsache, daß bei trockener Oxidation die erste
Phase des Oxidwachstums schneller erfolgt als es dem linearen Gesetz entspricht.
Dies zeigt sich darin, daß sich die d_{ox}-t-Kurven nicht auf (d_{ox} = 0, t = 0) extrapolieren
lassen.

4.3 Dotierung

Die Dotierung von Halbleitern zur gezielten Veränderung ihrer physikalischen Eigenschaften ist wie Lithographie, Schichtabscheidung und Ätzen ein grundlegendes Verfahren der Halbleitertechnologie. Zur Erzeugung von n- und p-leitenden Schichten benutzt man bei Silizium fast ausschließlich Bor (p-Dotierung) und Arsen, Phosphor, Antimon (n-Dotierung). Außer zur Erzeugung elektronischer Funktionen (Dioden, Transisto-
ren) sind dotierte Siliziumschichten in der Mikromechanik als Stoppschichten bei der
naßchemischen Ätztechnik von ausschlaggebender Bedeutung (Abschn. 4.4.3).

Die Dotierung erfolgt im wesentlichen durch

- Diffusion,
- Ionenimplantation,
- Epitaxie (Abschn. 4.2.3).

4.3.1 Diffusion

Die Diffusion von Dotieratomen in den Halbleiter wird beschrieben durch die Diffusions-
gleichung (s. z.B. [RUG 84]):

$$\partial N(x,t)/\partial t = D \cdot \partial^2 N(x,t)/\partial x^2. \tag{4.11}$$

Darin ist N(x,t) die zeit- und ortsabhängige Konzentration von Dotieratomen, x die Eindringtiefe von der Oberfläche und D die Diffusionskonstante.

Man unterscheidet zwischen der Diffusion aus einer **unerschöpflichen Quelle** mit den Randbedingungen

$$N(x=0,t) = N_0 \quad \text{und} \quad N(x>0,t=0) = 0 \tag{4.12}$$

und der Diffusion aus einer **erschöpflichen Quelle** mit den Randbedingungen

$$N(x,0) = N_0 \qquad \text{für } 0 \le x \le d, \tag{4.13a}$$
$$N(x,0) = 0 \qquad \text{für } x > d, \tag{4.13b}$$
$$\partial N(x,t)/\partial x = 0 \quad \text{für } x = 0. \tag{4.13c}$$

Die Randbedingungen (4.13a,b) drücken aus, daß eine oberflächennahe Schicht der Dicke d mit einer konstanten Konzentration N_0 belegt ist, die Randbedingung (4.13c) besagt, daß kein Fluß von Dotieratomen durch die Oberfläche erfolgt.

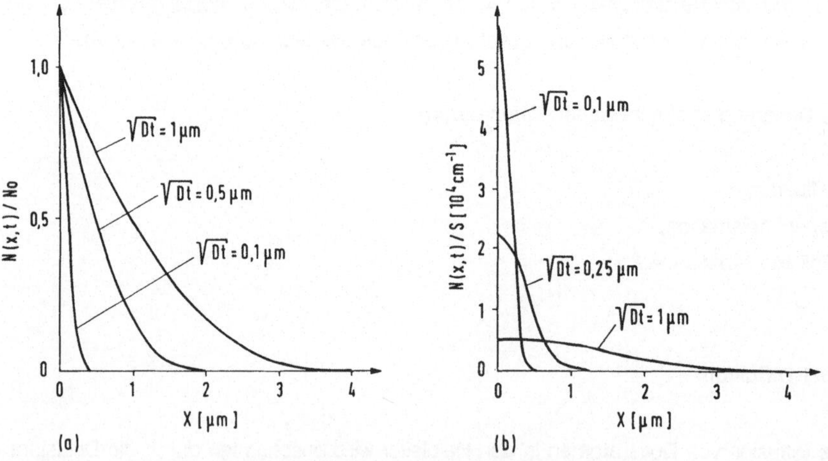

Bild 4.23 Diffusionsprofile. (a) Diffusion aus unerschöpflicher Quelle (Fehlerfunktionsprofil). (b) Diffusion aus erschöpflicher Quelle (Gaußprofil)

Für den Verlauf der Konzentration von Dotieratomen im Halbleiter erhält man ein Fehlerfunktionsprofil (Bild 4.23a) im Falle der Diffusion aus unerschöpflicher Quelle:

$$N(x,t) = N_0 \cdot [1 - (4/\pi)^{1/2} \cdot \int_0^y \exp(-\lambda^2) d\lambda] \qquad (4.14a)$$

mit

$$y = x/(4Dt)^{1/2} \qquad (4.14b)$$

und näherungsweise ein Gaußprofil (Bild 4.23b) für den Fall der Diffusion aus erschöpflicher Quelle:

$$N(x,t) = [S/(\pi Dt)^{1/2}] \cdot \exp(-x^2/4Dt), \qquad (4.15)$$

wobei $S = N_0 \cdot d$ die Belegung pro Flächeneinheit ist. Gl. (4.15) gibt das Diffusionsprofil um so besser wieder, je kleiner d ist.

Die Diffusion erfolgt im allgemeinen aus der Gasphase in einem Rohrofen, wie er auch für die thermische Oxidation und für CVD-Prozesse (Bild 4.18c) benutzt wird. Dabei strömt ein Trägergas (z.B. N_2), das von einer festen, flüssigen oder gasförmigen Quelle (z.B. BN, BBr_3 oder B_2H_6) mit dem Dotierstoff angereichert wird, bei hohen Temperaturen ($< 1200\,^\circ$C) durch das Reaktionsrohr.

In vielen praktischen Fällen wird die Diffusion in zwei Schritten durchgeführt:

(1) Belegung der Oberfläche des Substrats mit dem Dotiermittel (Diffusion aus unerschöpflicher Quelle).

(2) Nachdiffusion (Drive-in), die im allgemeinen in oxidierender Atmosphäre durchgeführt wird, um Ausdiffusion von Dotieratomen zu verhindern (Diffusion aus erschöpflicher Quelle).

Als exaktes Dotierprofil erhält man in diesem Falle eine Faltung von Gaußprofil und Fehlerfunktionsprofil.

4.3.2 Ionenimplantation

Zur Ionenimplantation [GLA 84] wird ein Strahl beschleunigter Ionen definierter Energie auf die Probe geschossen. Die Ionen dringen in die Probe ein, werden durch Wechselwirkung mit den Elektronen und Atomkernen des Probenmaterials abgebremst und kommen in der Probe zur Ruhe.

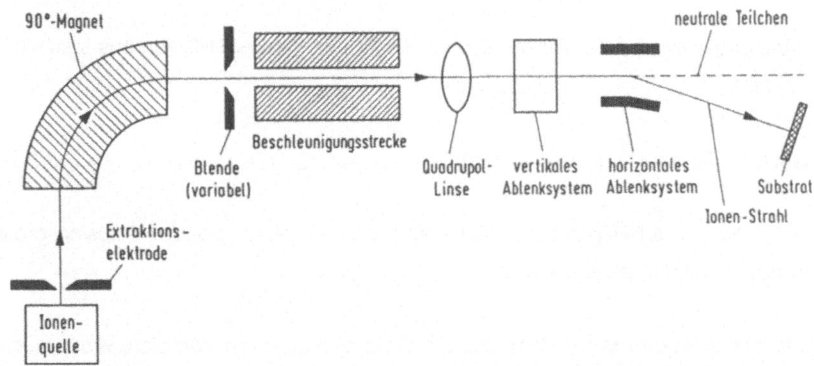

Bild 4.24 Schematischer Aufbau einer Mittelstrom-Ionenimplantationsanlage

Bild 4.24 zeigt eine schematische Anordnung einer Mittelstrom-Ionenimplantationsanlage (Ionenströme bis ca. 1,5 mA bei einer Beschleunigungsspannung bis zu 200 kV). In der Ionenquelle werden die gewünschten Ionen (z.B. durch Elektronenstoß) erzeugt und durch ein elektrisches Feld extrahiert. In einem Ablenkmagnetfeld werden alle anderen als die gewünschten Ionen aus dem Strahl entfernt. Der Strahl wird dann fokussiert und auf Energien zwischen etwa 10 und 200 keV beschleunigt. Mit Hilfe elektrischer Felder kurz vor dem Target wird der Strahl zur Erreichung einer gleichmäßigen Bestrahlung über das Target hin und her bewegt. Über die zeitliche Integration des Ionenstroms kann der Dotierprozeß kontrolliert werden. Heute werden für höhere Dosen zunehmend sogenannte Hochstromanlagen mit einem Strom bis etwa 100 mA eingesetzt [KUM 86].

101

Die Konzentration der implantierten Atome ist in guter Näherung normalverteilt um die projizierte Reichweite R_p [LIN 63]:

$$N(x) = [N^*/(2\pi \cdot \Delta R_p^2)^{1/2}] \cdot exp[-(x-R_p)^2/2\Delta R_p^2]. \tag{4.16}$$

ΔR_p ist die Standardabweichung der projizierten Reichweite R_p (Bild 4.25), N^* die pro Flächeneinheit implantierte Zahl von Ionen. Bild 4.26 zeigt R_p und ΔR_p als Funktion der Ionenenergie.

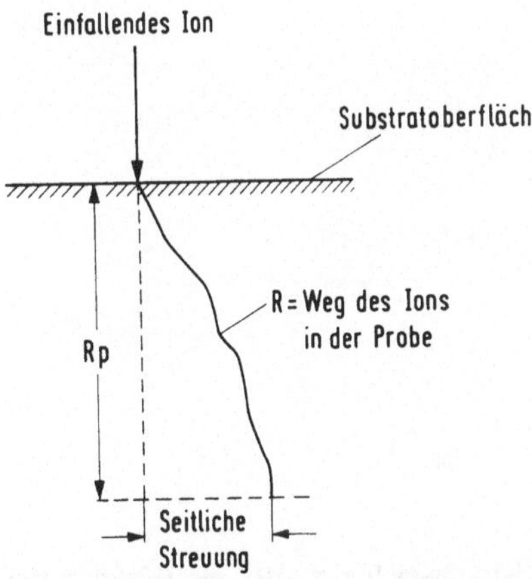

Bild 4.25 Definition der Reichweite R und der projizierten Reichweite R_p von implantierten Ionen

Bei der Implantation von Ionen werden im Substratmaterial auch unerwünschte Kristallschäden induziert. Außerdem müssen die implantierten Ionen durch Diffusion auf Gitterplätze gebracht werden, damit das Halbleitermaterial die gewünschten Eigenschaften erhält. Beide Effekte, die Ausheilung der Kristallschäden und die Diffusion der Ionen auf Gitterplätze, können durch eine Temperung bei erhöhten Temperaturen (900 - 1000 °C bei Silizium) erreicht werden. Durch Diffusion während der Temperung werden die Dotierprofile wieder etwas verbreitert. In Fällen, in denen dieser Effekt sich störend auswirkt, kommen schnelle Ausheilverfahren, z.B. mit Hilfe von Lasern zur Anwendung.

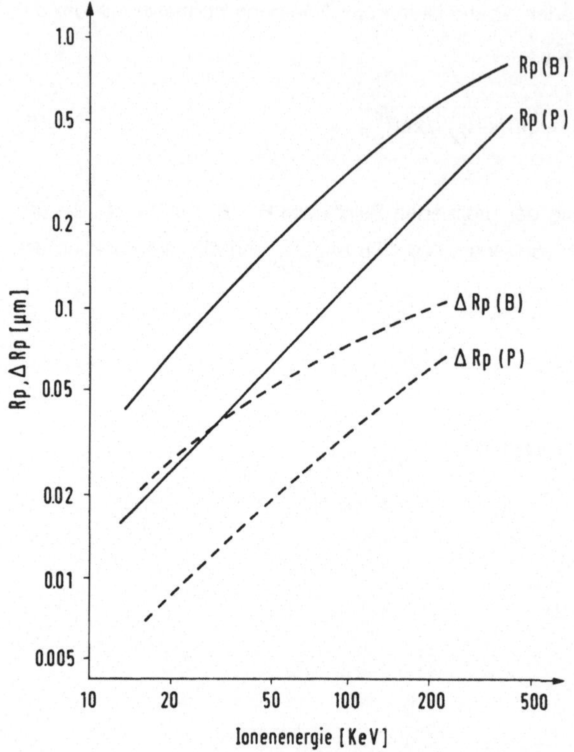

Bild 4.26 Projizierte Reichweite R_p und Standardabweichung ΔR_p als Funktion der Ionenenergie für Siliziumsubstrate [GIB 68]

4.4 Ätztechnik

4.4.1 Grundlegende Begriffe

Ätzen ist ein formänderndes Fertigungsverfahren, bei dem das in einer Maskierschicht (Photolack, Siliziumdioxid, Metallschicht) erzeugte Muster in das Substrat bzw. in eine auf das Substrat aufgebrachte Schicht übertragen wird. Ist die Ätzrate unabhängig von der Richtung (isotroper Ätzprozeß), so erhält man - ohne Überätzen - als Ätzprofil einen Viertelkreis (Bild 4.27a). **Überätzen** bedeutet, daß der Ätzvorgang über den

Punkt hinaus fortgesetzt wird, an dem die am langsamsten ätzende Zone der Schicht vollständig abgetragen ist (Bild 4.27b).

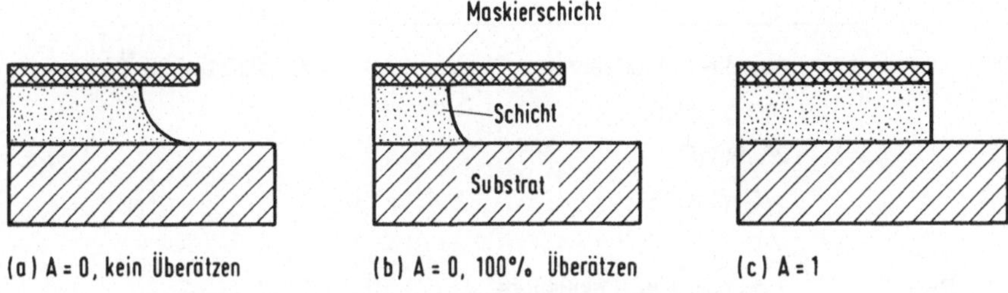

Bild 4.27 Schematische Darstellung typischer Ätzprofile [SZE 83]

Bei einem anisotropen Ätzprozeß ist die Ätzrate richtungsabhängig. Der Grad der **Anisotropie** wird durch die Größe

$$A = 1 - \nu_l/\nu_v \tag{4.17}$$

beschrieben, wobei ν_l die laterale Ätzrate, ν_v die vertikale Ätzrate ist. Für einen isotropen Ätzprozeß gilt A = 0, für einen anisotropen Prozeß 0 < A ≤ 1, wobei für A = 1 keine Unterätzung der Maskierschicht auftritt (Bild 4.27c).

Im allgemeinen haben auch die Maskierschicht und das Substratmaterial eine endliche Ätzrate. Das Verhältnis der Ätzraten verschiedener Materialien heißt **Selektivität**. Die Selektivität bezüglich der Maskierschicht bestimmt die maximal mögliche Ätzdauer, während die Selektivität bezüglich des Substrats das Überätzen begrenzt; hohe Selektivität bezüglich des Substrats (Ätzstopp) erlaubt langes Überätzen.

4.4.2 Naßchemisches Ätzen dünner Schichten

Das naßchemische Ätzen dünner Schichten erfolgt durch Eintauchen in ein Ätzbad oder durch Besprühen mit der Ätzlösung. Der Ätzvorgang ist im allgemeinen isotrop, d.h. es treten Unterätzungen der Maskierschicht auf, die Selektivität ist jedoch meist sehr hoch. Tabelle 4.5 enthält einige Beispiele von Ätzlösungen für dünne Schichten.

Tabelle 4.5 Ätzlösungen für dünne Schichten [KO 89]

Material	Ätzlösung	Ätzrate [nm/min]
SiO_2	gepufferte Flußsäure: 113 g NH_4F 28 ml HF 170 ml H_2O	100 - 250 bei 25 $^\circ$C
SiO_2,PSG	1 ml gepufferte Flußsäure 7 ml H_2O	80
Si_3N_4	heiße Phosphorsäure: H_3PO_4	10 bei 180 $^\circ$C
Poly-Si	26 ml HNO_3 1 ml HF 33 ml CH_3COOH	150
Al	4 ml H_3PO_4 4 ml CH_3COOH 1 ml HNO_3 1 ml H_2O	35
Au	KI-I_2-Ätze: 4g KI 1g I_2 40 ml H_2O	500 - 1000
Cr	1 ml (1 g NaOH, 2 ml H_2O) 3 ml (1 g $K_3Fe(CN)_6$, 3 ml H_2O)	25 - 100

4.4.3 Naßchemisches Ätzen von Silizium

Zur dreidimensionalen Mikrostrukturierung von einkristallinem Silizium werden sowohl isotrope wie auch anisotrope Ätzlösungen verwendet, wobei die anisotrope Ätztechnik eine der grundlegenden Technologien der Silizium-Mikromechanik ist [PET 82]. Tabelle 4.6 gibt einen Überblick über die wichtigsten Ätzlösungen für Silizium. Die gebräuchlichsten isotropen Ätzlösungen sind Mischungen aus Fluß-, Salpeter- und Essigsäure (HNA-Lösungen). Einige Mischungen wirken auch selektiv: p- oder n-Dotierungen mit einer Dichte größer 10^{18} cm^{-3} erhöhen die Ätzrate um etwa den Faktor 150 [OBE 88].

Auch elektrochemisches Ätzen in einer HF/H$_2$O-Lösung mit der Siliziumscheibe als Anode und einer Platinelektrode als Kathode (Bild 4.28a) ist ein isotroper und dotierungsabhängiger Prozeß. Niedrigdotiertes Silizium mit einer Dotierungsdichte kleiner $2 \cdot 10^{16}$ cm^{-3} wird nicht angegriffen, so daß in n$^+$n-, n$^+$p-, p$^+$n- und p$^+$p-Strukturen die niedrigdotierte Schicht als Ätzstoppschicht wirkt [MEE 71].

Bei den anisotropen Ätzlösungen ist die Ätzgeschwindigkeit in Richtung der Kristallebenen mit {111}-Orientierung minimal. Die {111}-Ebenen sind daher ätzbegrenzend und können zum Design verschiedener Strukturen genutzt werden. An konkaven Ecken der Maskierschicht begrenzen die langsam ätzenden {111}-Kristallebenen die entstehende Ätzgrube, an konvexen Ecken die schnellätzenden Ebenen. Konvexe Ecken werden somit unterätzt.

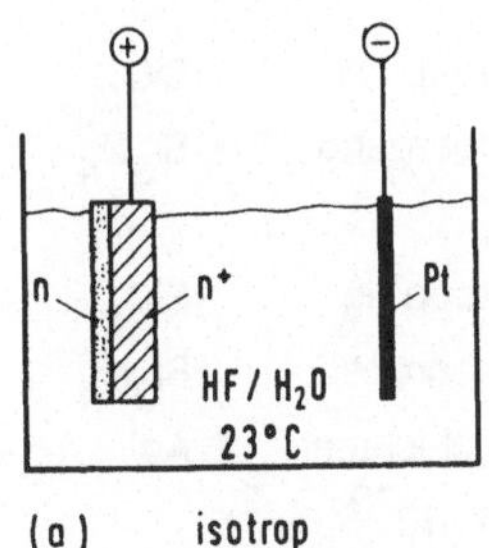

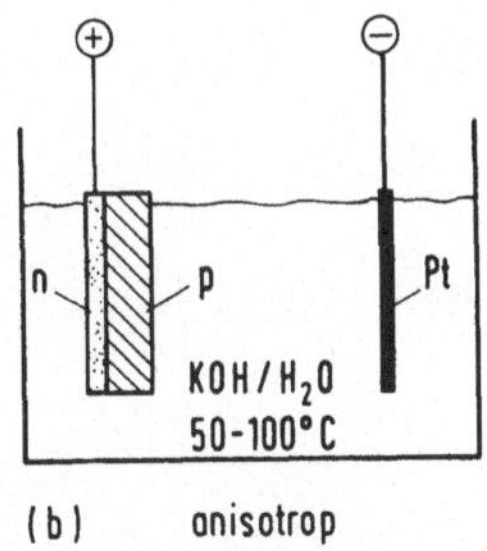

Bild 4.28 Prinzip der elektrochemischen Ätzverfahren. (a) Isotropes, selektives Ätzen in einer HF-Lösung. (b) Anisotropes, selektives Ätzen in einer KOH-Lösung

Tabelle 4.6 Wichtige Ätzlösungen für Silizium [BEA 78, OBE 88, PET 82]

Ätzlösung	Tempe-peratur [^{O}C]	Aniso-tropie (100): (111)	Ätzrate (100)-Si [μm/min]	Selektivität	Maskier-schicht
HNA-Lösung 1 Vol HF 3 Vol HNO_3 8 Vol CH_3COOH	22	1:1	≈ 3	Ätzstopp an niedrigdotier-ten n- und p- Schichten $(N < 10^{18}\ cm^{-3})$	SiO_2
HF/H_2O (5 Gew.% HF) elektrochemisch	22	1:1	abh. von der Strom-dichte	Ätzstopp an niedrigdotier-ten n- und p- Schichten $(N < 2 \cdot 10^{16}\ cm^{-3})$	Si_3N_4 Au
KOH/H_2O	50-100	400:1	≤ 4	Ätzstopp an hochbordotier-ten Schichten $(N > 5 \cdot 10^{19}\ cm^{-3})$	SiO_2 Si_3N_4
KOH/H_2O elektrochemisch	50-100	400:1	≤ 4	Ätzstopp an pn-Übergang	SiO_2 Si_3N_4
EDP-Lösung 100 ml H_2O 750 ml Ethylendiamin 120 g Brenzkatechin	60-115	35:1	≤ 1	Ätzstopp an hochbordotier-ten Schichten $(N > 7 \cdot 10^{19}\ cm^{-3})$	SiO_2 Si_3N_4 Au

Die wichtigsten anisotropen Ätzlösungen für Silizium sind Mischungen aus Ethylendiamin, Brenzkatechin und Wasser (EDP) und Kaliumhydroxid und Wasser (KOH). Weitere anisotrope Ätzen sind die Alkalilaugen NaOH, LiOH und NH_4OH sowie eine Mischung aus Hydrazin und Wasser.

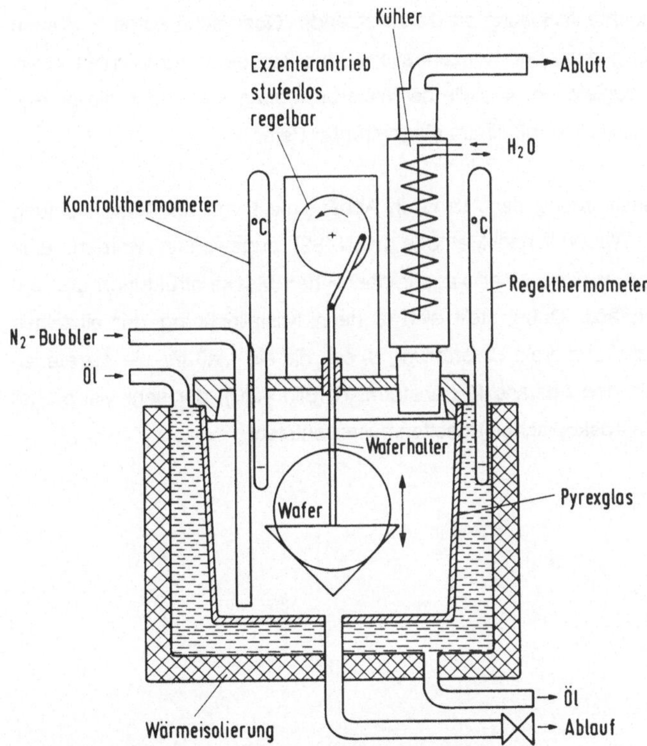

Bild 4.29 Schematische Darstellung einer Ätzapparatur

Als Ätzapparatur eignet sich ein doppelwandiges öltemperiertes Ätzgefäß mit Temperaturregelung (Bild 4.29). Um eine möglichst konstante Zusammensetzung des Ätzbades zu gewährleisten, wird ein Rückflußkühler verwendet, der die entstehenden Dämpfe auskondensieren läßt und ein Entweichen des beim Ätzen entstehenden Wasserstoffs erlaubt. Ferner ist eine Inertgasspülung (Stickstoff oder Argon) notwendig, um eine

Änderung der Ätzeigenschaften, die aus dem Kontakt der Ätzlösung mit dem Luftsauerstoff resultiert, soweit wie möglich zu vermeiden. Die Siliziumscheiben werden linear auf und ab bewegt. Dadurch werden zum einen kleine Gasbläschen, die sich beim Durchblasen des Ätzbades mit Stickstoff auf der Scheibenoberfläche absetzen können und das Weiterätzen an dieser Stelle behindern würden, weggewaschen. Zum anderen wird durch die Bewegung dafür gesorgt, daß die Ätzprodukte weggeschwemmt werden und daß unverbrauchte Ätzlösung an die zu ätzende Oberfläche kommt. Zudem trägt die Waferbewegung dazu bei, Konzentrations- und Temperaturgradienten innerhalb des Ätzbades auszugleichen. Anstelle der Waferbewegung kann auch ein permanentes Umrühren der Ätzlösung mit einem Magnetrührer treten.

Zur experimentellen Bestimmung der Ätzrate in Abhängigkeit von der Kristallrichtung kann die sogenannte Wagon-Wheel-Methode [KEN 82] angewendet werden. Eine oxidierte Siliziumscheibe wird mit einer wagenradähnlichen Maske strukturiert und anschließend anisotrop geätzt. Dabei stellt sich je nach Kristallrichtung der einzelnen Stege eine unterschiedliche laterale Unterätzung u_i ein, die ein Maß für die Ätzrate ist. Die Unterätzung wird in den Abstand R_i transformiert (Bild 4.30), der sehr viel größer ist als u_i, so daß ein makroskopisches Rosettenmuster entsteht.

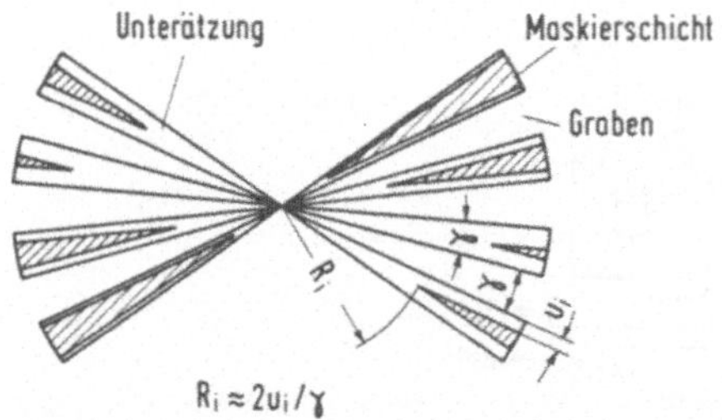

Bild 4.30 Prinzip der Wagon-Wheel-Methode

Ätzgeschwindigkeit und Anisotropie hängen von der Temperatur und der Zusammensetzung der Ätzlösung ab. Eine detaillierte Analyse des anisotropen Ätzprozesses in Silizium findet sich in [SEI 90]. Bild 4.31 zeigt qualitativ die Abhängigkeit der Ätzrate von der Kristallrichtung beim Ätzen von Scheiben mit {100}- und {110}-Oberflächen in KOH.

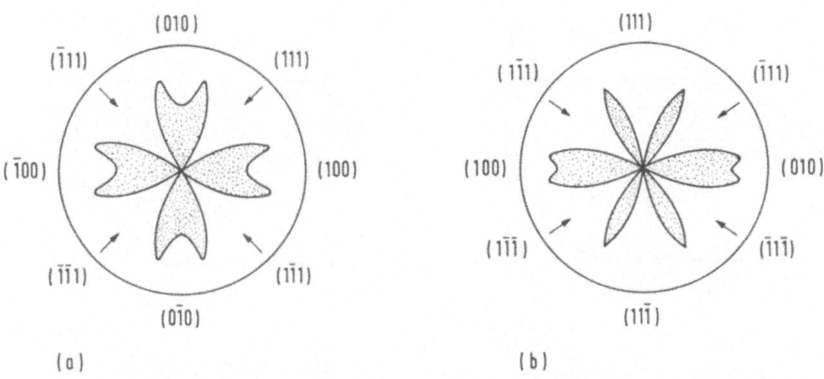

Bild 4.31 Schematische Darstellung der Richtungsabhängigkeit der lateralen Ätzrate auf (001)- und (110) Siliziumscheiben für 50% KOH-Ätzlösung bei 78 $^{\circ}$C [SEI 90]

Bild 4.32 zeigt Formen, die man beim anisotropen Ätzen von (100)- und (110)-Siliziumwafern erhält [BAS 78, KEN 79, PET 82]. Vier Scharen von {111}-Ebenen schneiden die Oberfläche einer (100)-Scheibe entlang der in ihr liegenden <110>-Richtungen. Eine (100)-Ebene bildet den Boden der wachsenden Vertiefung, deren Seitenwände von vier unter einem Winkel von 54,74° zur Oberfläche geneigten {111}-Ebenen gebildet werden. Die Größe des Musters in der Oxidschicht bestimmt nicht nur den Querschnitt, sondern auch die Tiefe der eingeätzten Grube. Bei exakt bezüglich der <110>-Richtungen justierten rechteckigen Öffnungen in der Oxidschicht entstehen Gruben, die genau mit der Öffnung in der Oxidschicht übereinstimmen. Bei nicht exakt justierten bzw. bei nicht rechteckigen Öffnungen wird die Oxidschicht unterätzt. Bricht man den Ätzvorgang ab, bevor sich die ätzbegrenzenden {111}-Ebenen schneiden, so entstehen Vertiefungen mit flacher Grundfläche. Die Breite bzw. Länge w der Grundfläche ist gegeben durch

$$w = w_M - (2)^{1/2} \cdot t, \tag{4.18}$$

wobei w_M die Breite bzw. Länge der Öffnung in der Maskierschicht und t die Ätztiefe ist.

In (110)-Siliziumscheiben stehen zwei Scharen von {111}-Ebenen senkrecht zur Oberfläche, die jedoch nicht senkrecht zueinander stehen, sondern einen Winkel von

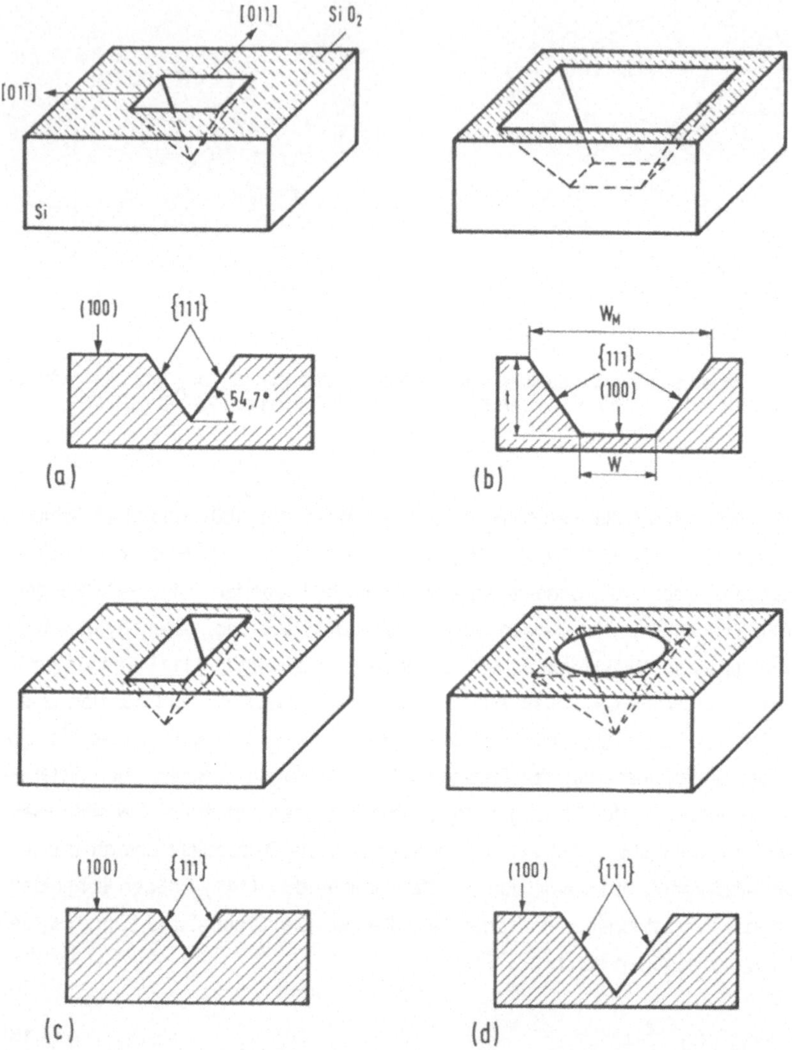

Bild 4.32 Formen anisotrop geätzter Vertiefungen in (100)-Siliziumscheiben. (a) Quadratische Öffnung in der Oxidschicht, justiert bezüglich der <110>-Richtungen. (b) Abbruch des Ätzvorgangs, bevor er bis zum Schnittpunkt der {111}-Ebenen fortgeschritten ist. (c) Rechteckige Öffnung in der Oxidschicht, justiert bezüglich der <110>-Richtungen. (d) Kreisförmige Öffnung in der Oxidschicht

109,47^O bilden. Eine korrekt orientierte Öffnung auf einer solchen Scheibe erzeugt beim Ätzen einen Graben mit senkrechten Seitenwänden. Es existieren jedoch zwei weitere Scharen von {111}-Ebenen, die die Oberfläche unter einem Winkel von 35,26^O schneiden. Diese Ebenen verhindern die Herstellung von kurzen, engen und tiefen Gräben (Löcher). Lange, enge und tiefe Gräben können dagegen in (110)-Scheiben erzeugt werden (Bild 4.33a).

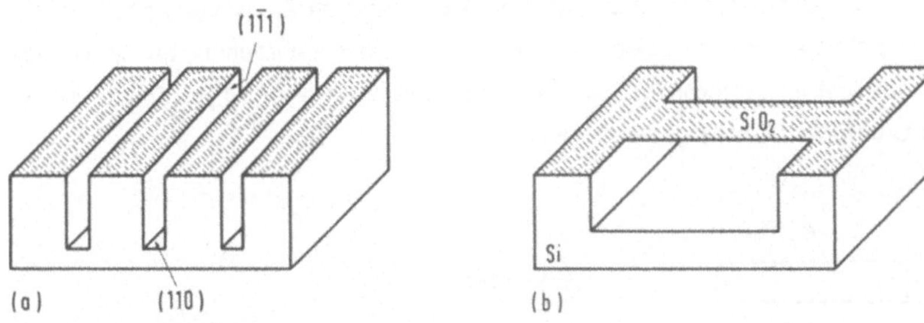

Bild 4.33 Schema anisotrop geätzter Strukturen in (110)-Siliziumscheiben. (a) Vertikale Gräben. (b) SiO$_2$-Brücke

Diese Begrenzung der Lochgeometrie durch geneigte ätzbegrenzende {111}-Ebenen läßt sich mit Hilfe von Löchern, die vor dem anisotropen Ätzvorgang mit einem Laserstrahl in den Wafer gebohrt werden, aufheben [BAR 85]. Mit dieser Technik ist es z.B. gelungen, ein Array von prismenförmigen Löchern (Seitenlänge 80 μm, Tiefe 380 μm) mit senkrechten {111}-Wänden in einer (110)-Scheibe herzustellen. Die Dicke der stehengebliebenen Wände betrug 10 μm [SEI 88]. Dazu wurde zunächst lithographisch in der SiO$_2$-Maskierschicht ein Array von korrekt orientierten parallelogrammförmigen Öffnungen hergestellt. In der Mitte jeder Öffnung wurde mit einem Nd:YAG-Laser ein Loch durch die Siliziumscheibe gebohrt. Es folgte ein anisotroper Ätzprozeß, bei dem die durchbohrten geneigten {111}-Ebenen nicht mehr ätzbegrenzend wirken.

Eine weitere sehr wichtige Möglichkeit, die Geometrie beim Ätzen von Silizium zu beeinflussen, ist die Anwendung von Ätzstopps. Hochbordotierte Siliziumschichten (Dotierungsdichte größer 5·10^{19} cm^{-3}) werden von EDP und KOH viel langsamer geätzt als schwach dotiertes Silizium [RAL 84, SEI 90]. Mit hochbordotierten Schichten lassen sich Siliziummembranen (Bild 4.34) und - unter Ausnutzung des Unterätzprozesses an konvexen Ecken - Zungen- (Bild 4.35) und Brückenstrukturen (Bild 4.33b) herstellen.

Zwei interessante Möglichkeiten, einen Ätzstopp ohne hochbordotierte Schichten zu realisieren, bietet die elektrochemische Ätztechnik. Durch Anlegen einer Vorspannung an eine pn-Grenzschicht (Bild 4.28b) wird beim anisotropen Ätzen mit KOH ein Ätzstopp erreicht [WAG 70]. Bild 4.36 zeigt die Prozeßschritte zur Herstellung einer n-Si-Zunge mit Hilfe dieser Ätzstopptechnik [LIN 89a]. Verwendet man niedrigdotierte Schichten auf höher dotierten Substraten, so kann in einem Zweistufenprozeß ein Ätzstopp erreicht werden. Ein anisotroper Ätzprozeß wird abgebrochen, bevor die volle Ätztiefe erreicht ist; anschließend wird elektrochemisch in einer HF/H_2O-Ätze isotrop bis zur Grenzschicht weitergeätzt [NAK 87].

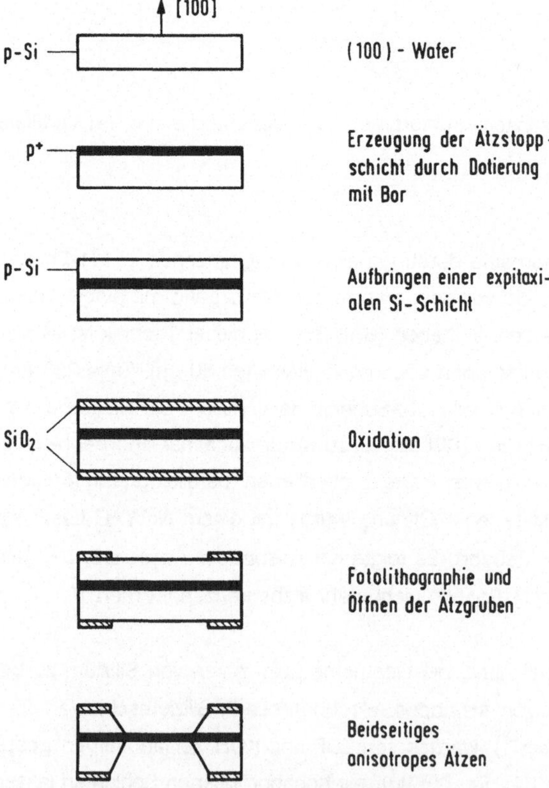

Bild 4.34 Ätzschritte zur Erzeugung einer Membran

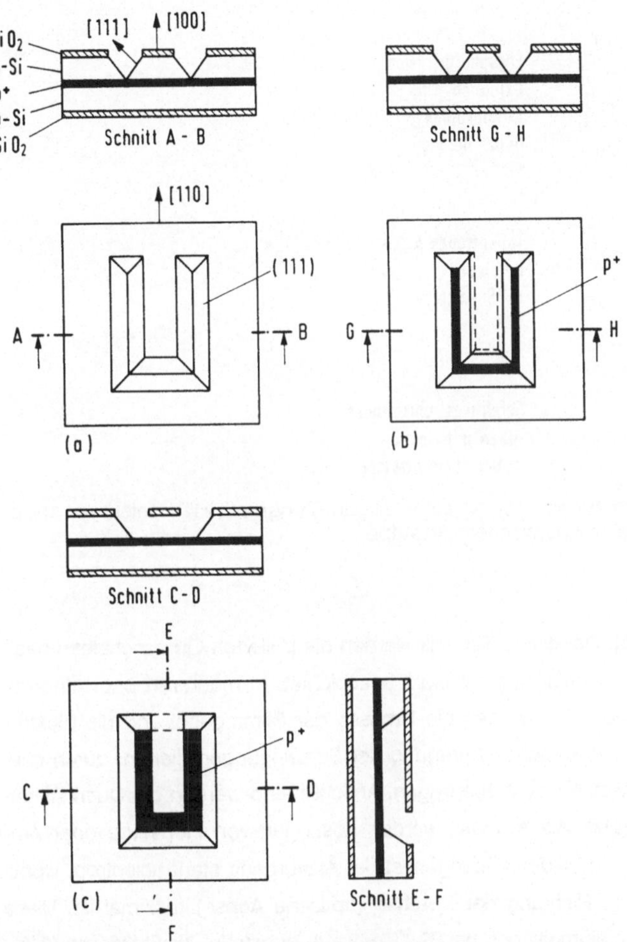

Bild 4.35 Ätzschritte zur Erzeugung einer Siliziumdioxid-Zunge. (a) Öffnen der Ätzgrube. (b) Unterätzen von den konvexen Ecken her. (c) Vollständige Unterätzung der SiO_2-Zunge

4.4.4 Naßchemisches Ätzen von Quarz und Verbindungshalbleitern

Ein anisotroper naßchemischer Ätzprozeß bildet auch die Grundlage bei der Herstellung von miniaturisierten Bauelementen aus einkristallinem Quarz, z.B. von Stimmga-

114

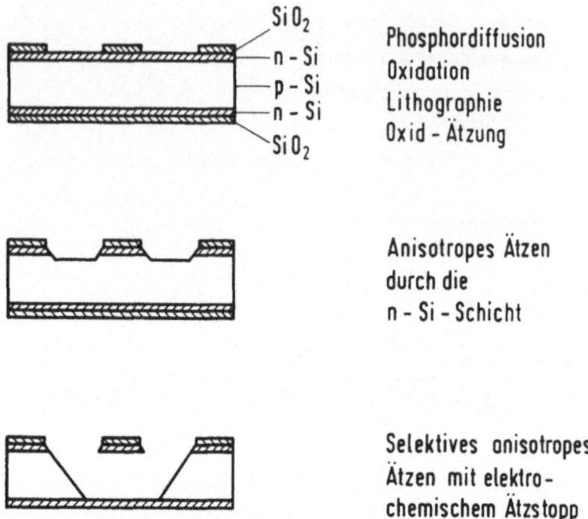

Bild 4.36 Prozeßschritte zur Erzeugung einer Silizium-Zunge mit Hilfe selektiver anisotroper Ätztechnik mit elektrochemischem Ätzstopp

belresonatoren [STA 73]. Bei dieser Technik werden die polierten Quarzscheiben nach einem Reinigungsvorgang beidseitig mit Gold beschichtet. In mehreren photolithographischen Prozessen (Bild 4.37) werden die Umrisse der Stimmgabel und die Elektrodenmuster, die zur piezoelektrischen Anregung der Schwingungen dienen, durch chemisches Ätzen auf die Metallschicht übertragen. Anschließend werden die Quarzstimmgabeln chemisch freigeätzt. Als Ätzmittel werden Lösungen von Flußsäure oder Ammoniumbifluorid benutzt. In beiden Lösungen ist der Ätzvorgang stark anisotrop, wobei die Ätzgeschwindigkeit in Richtung der Z-Achse (optische Achse) maximal ist. Diese Ätzrate beträgt für Ammoniumbifluorid bei 80 $^{\circ}$C etwa 1,3 μm/min, für Flußsäure (51%) bei 23 $^{\circ}$C etwa 0,3 μm/min [UED 85]. Aus Quarz können auch Membranen und andere Strukturen hergestellt werden, wobei die Dicke von Membranen und Zungen allerdings nicht über einen Ätzstoppmechanismus gesteuert werden kann, sondern über die Ätzzeit kontrolliert werden muß. Ebenen parallel zur Z-Achse werden von den Ätzlösungen kaum angegriffen [UED 87]. Bei Z-Schnitt-Substraten tritt daher nur eine sehr geringe Unterätzung der Maskierschicht auf, so daß Strukturen mit steilen Flanken hergestellt werden können.

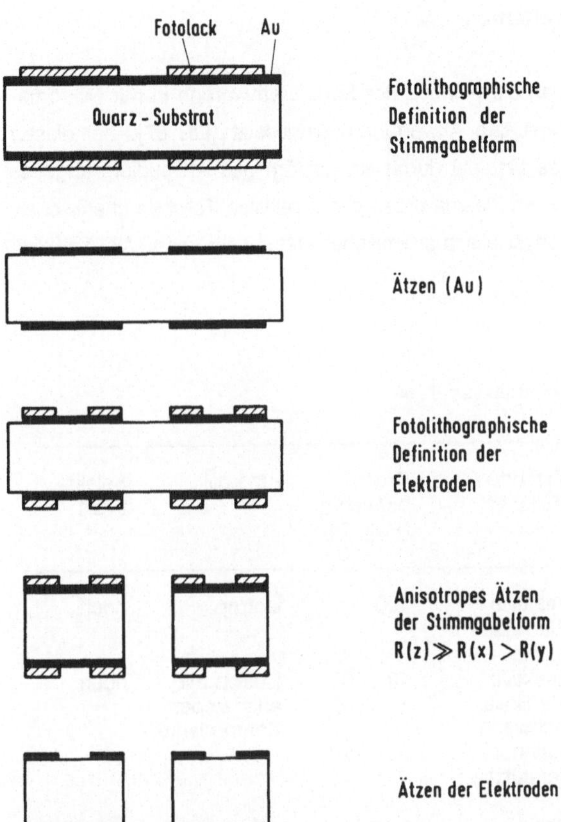

Bild 4.37 Prozeßschritte zur Erzeugung einer Quarzstimmgabel mittels photolithographischer Ätztechnik. R(x), R(y) und R(z) sind die Ätzraten in x-, y- bzw. z-Richtung

Für GaAs und GaP sind ebenfalls anisotrope Ätzlösungen bekannt [KER 78]. Für GaAs sind dies unter anderem Methanol (CH_3OH) mit einer geringen Beimischung (kleiner 3 Gew.%) Brom (Br_2), eine Mischung aus H_2SO_4, H_2O_2 und H_2O und eine wässrige Lösung von NH_4OH und H_2O_2. GaP kann anisotrop z.B. mit Königswasser oder mit heißer konzentrierter Phosphorsäure geätzt werden.

4.4.5 Plasmaunterstützte Ätzverfahren

Mit steigenden Anforderungen an die Feinheit der Strukturen werden in der Mikrome-chanik zunehmend plasmaunterstützte Ätzverfahren eingesetzt [LIE 87]. Bei diesen trockenen Ätzverfahren wird das Material durch ein gasförmiges Ätzmedium abgetra-gen, wobei der Angriff der in einem Plasma erzeugten ätzaktiven Teilchen chemischer, physikalischer oder gemischt physikalisch-chemischer Natur sein kann. Als ätzaktive Teilchen kommen in Betracht:

Tabelle 4.7 Übersicht über Trockenätzverfahren

Ätzpro-zeß	Ätzmecha-nismus	ätzende Teilchen	Druck-bereich [Pa]	Ätzprofil	Selekti-tivität
Barrel Etching	rein chemisch	reaktive Radikale	100	isotrop	hoch
Plasma Etching	phys./chem.	reaktive Radikale, schwach ionenun-terstützt	10 - 100	isotrop mit anisotroper Komponente	hoch
Reactive Ion Etching	phys./chem.	reaktive Radikale, stark ionen-unterstützt mit reaktiven Ionen	1 - 10	anisotrop mit isotro-per Kompo-nente	aus-reichend bis hoch
Reactive Ion Beam Etching	phys./chem.	reaktive Ionen	≤ 0,01	anisotrop mit isotro-per Kompo-nente	aus-reichend bis hoch
Sputter Etching	rein phy-sikalisch	inerte Ionen	1 - 10	anisotrop	gering
Ion Beam Etching	rein phy-sikalisch	inerte Ionen	≤ 0,01	anisotrop	gering

- inerte Ionen (z.B. Ar^+),
- reaktive Ionen (z.B. CF_3^+),
- reaktive Radikale (z.B. F^*, O^*, CF_3^*).

Durch Wahl geeigneter Verfahrensvarianten lassen sich Ätzgeschwindigkeit, Selektivität und Anisotropie in einem weiten Bereich variieren und optimal anpassen.

Man kann zwei Gruppen von Verfahren unterscheiden: Methoden, bei denen das Plasma in der Vakuumkammer, in der sich die Substrate befinden, erzeugt wird, und Ionenstrahlmethoden, bei denen das Plasma in einer separaten Kammer erzeugt wird, aus der die Ionen extrahiert und auf das Substrat gelenkt werden. In Tabelle 4.7 sind die derzeit gebräuchlichsten Trockenätzverfahren zusammengestellt:

- **Barrel Etching**. Barrel Etching ist ein rein chemischer Ätzprozeß. Der Barrel-Reaktor (Bild 4.38a) besteht aus einer zylindrischen Vakuumkammer mit Gaseinlaß und Vakuumsystem. Die zu ätzenden Substrate befinden sich in der Mitte der Kammer auf einer geeigneten Halterung (Boot). Mit Hilfe einer hochfrequenten Wechselspannung wird bei einem Druck in der Größenordnung von 100 Pa eine Gasentladung gezündet, die durch einen perforierten Metallzylinder (Tunnel) von den zu ätzenden Substraten ferngehalten wird. In der Gasentladung werden reaktive Radikale erzeugt, die durch Diffusion zur Substratoberfläche gelangen und diese abtragen. Wichtigstes Einsatzgebiet des Barrel Etching ist die Entfernung von Photoresists im O_2-Plasma.

- **Sputter Etching** und **Ion Beam Etching** (Ion Milling). Sowohl beim Sputterätzen wie auch beim Ionenstrahlätzen erfolgt der Abtrag des Substratmaterials rein physikalisch, indem die Oberfläche mit Edelgasionen (Energie größer 500 eV) beschossen wird. Dies führt durch Impulsübertrag der einfallenden Ionen auf die Substratatome zu einer Zerstäubung der Oberfläche. Sputterätzen wird im allgemeinen in einem planaren Reaktor (Bild 4.38b) durchgeführt.

Die beim Ionenstrahlätzen verwendete Anordnung ist in Bild 4.38c dargestellt. Die zu ätzenden Substrate befinden sich in einer Hochvakuumkammer. In einer Ionenquelle werden Ar^+-Ionen erzeugt, die in Form eines breiten Strahls auf die Oberfläche der Substrate beschleunigt werden. Der Substrathalter ist dreh- und kippbar, so daß die Substrate unter einem beliebigen Winkel zum Ionenstrahl orientiert werden können.

Die Ionenquelle wird häufig als **Kaufmann-Ionenquelle** ausgeführt, bei der eine magnetisch unterstützte Gasentladung verwendet wird. Durch Anlegen einer Spannung an eine Anordnung aus zwei Beschleunigungsgittern werden die Ionen extrahiert und auf das Substrat beschleunigt. Um eine Aufweitung des Ionenstrahls und eine Aufladung der Substrate zu verhindern, wird der Ionenstrahl nach der Beschleunigungszone mit Elektronen, die von einer Metallwendel emittiert werden, neutralisiert.

Beim Ionenstrahlätzen mit einer Kaufmann-Ionenquelle mit Zwei-Gitter-Beschleunigung können im Gegensatz zum Sputterätzen mit einer Parallel-Plattenanordnung die Stromdichte des Ionenstrahls und die Ionenenergie unabhängig voneinander variiert werden. Außerdem besitzt das Ionenstrahlätzen den Vorteil, daß eine Kontamination der Substrate durch Absputtern fremder Oberflächen vernachlässigt werden kann.

- **Plasma Etching**. Bei gemischt physikalisch-chemischen Ätzprozessen wird der chemische Ätzvorgang im allgemeinen in Richtung des Teilchenbeschusses (physikalische Komponente) verstärkt. Beim Plasmaätzen überwiegt die chemische Komponente. Der Angriff des ätzaktiven reaktiven Gases führt schon ohne Teilchenbeschuß zu einem Ätzvorgang. Die Verstärkung in Richtung des Teilchenbeschusses ist durch folgende Mechanismen möglich: (i) Beseitigung einer ätzhemmenden Oberflächenschicht durch Absputtern, (ii) Aufbrechen von atomaren Bindungen in der Substratoberfläche, (iii) Erhöhung der Reaktionsrate durch lokale Aufheizung der Oberfläche.

Beim Plasmaätzen wird ein planarer Reaktor verwendet. Die Hochfrequenzspannung wird kapazitiv an die Anode gekoppelt, während die Kathode (Substrathalter) mit dem Rezipienten verbunden und geerdet wird (Bild 4.38b). Die Anode lädt sich als geometrisch kleinere Elektrode negativer auf als die Kathode (Abschn. 4.2.2), so daß die auf das Substrat auftreffenden Ionen eine relativ geringe kinetische Energie haben. Als Prozeßgas wird ein Gas benutzt, das in der Gasentladung durch Elektronenstoß die gewünschten reaktiven Radikale erzeugt (z.B. $CF_4 + e^- \rightarrow CF_3^* + F^* + e^-$). Der Gasdruck wird relativ hoch gewählt (10 - 100 Pa); dies führt zu einer weiteren Verringerung der Ionenenergie.

Das Überwiegen der chemischen Komponente und der hohe Prozeßgasdruck führen zu einem vorwiegend isotropen Ätzprofil mit anisotroper Komponente bei gleichzeitig hoher Selektivität.

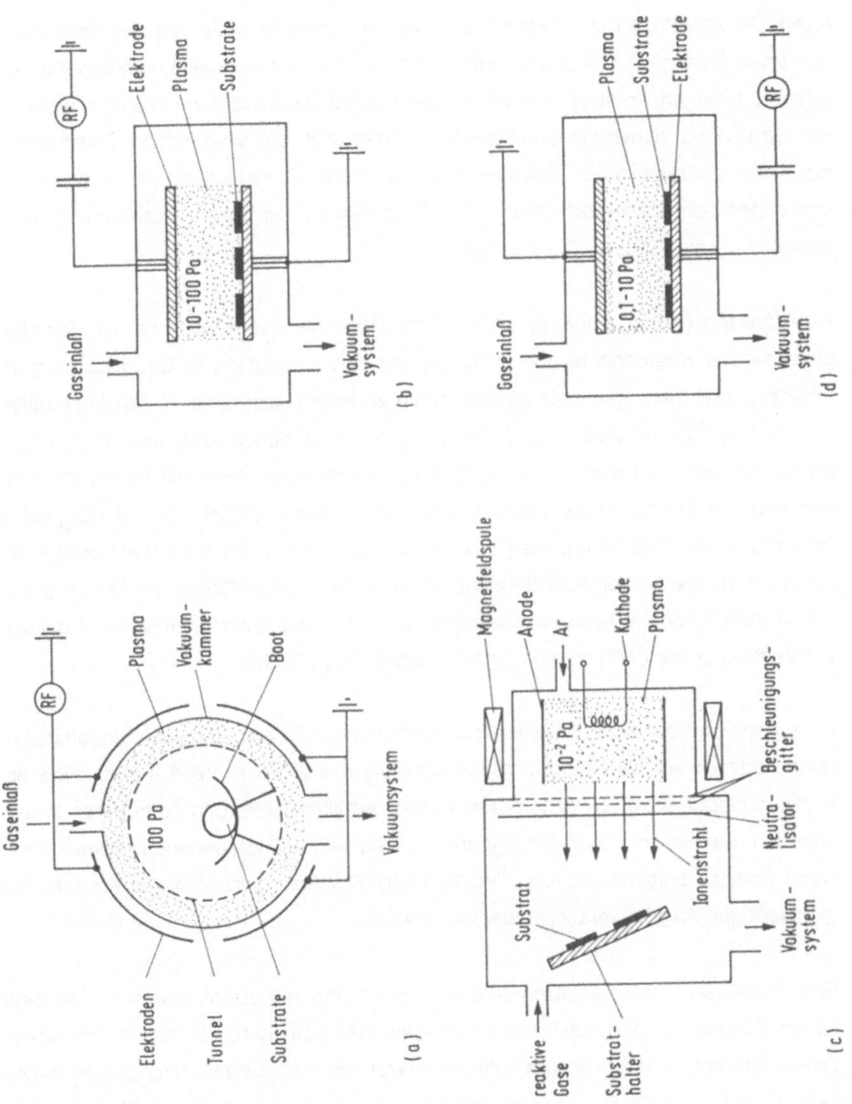

Bild 4.38 Prinzipieller Aufbau von Anlagen zum Trockenätzen. (a) Barrel-Reaktor. (b) Planarer Reaktor, anodisch gekoppelt. (c) Ionenstrahlätzanlage. (d) Reaktor zum reaktiven Ionenätzen, kathodisch gekoppelt

Die Technik ätzhemmender Oberflächenschichten erlaubt jedoch auch anisotropes Ätzen. Die Anisotropie wird dadurch erreicht, daß diese Schichten an den Seitenwänden einen Ätzangriff unterbinden, während die Zonen, die dem senkrechten Ionenbeschuß unterliegen, kontinuierlich von diesen Oberflächenschichten gesäubert werden. Für die Bildung ätzhemmender Schichten kommt z.B. der Vorgang der Plasmapolymerisation in Frage: durch Polymerisation der in der Gasentladung gebildeten Radikale bilden sich Polymerschichten, z.B. $(CF_2)_n$-Ketten, die bei der Verwendung fluorhaltiger Ätzgase (CF_4, CHF_3) entstehen.

- **Reactive Ion (Beam) Etching**. Wesentliches Merkmal dieser Verfahren ist, daß eine physikalische Komponente notwendig ist, um den Ätzvorgang in Gang zu bringen. Ionenbeschuß führt über zwei Mechanismen zu einem Ätzprozeß: (i) Die Substratfläche wird vom Ätzgas zwar angegriffen, Endprodukt ist jedoch ein locker an die Oberfläche gebundenes Produkt, das durch Ionenbeschuß mit hoher Effektivität abgetragen wird. Ein Beispiel ist das Ätzen von Silizium mit Chlor, wobei SiCl und $SiCl_2$ gebildet werden, deren Bindungsenergie an die Silizium-Oberfläche nur 0,3 eV beträgt, im Vergleich zu 8 eV Oberflächenbindungsenergie der Silizium-Atome. (ii) Der Ionenbeschuß stellt lokal die Aktivierungsenergie für den Ablauf einer chemischen Reaktion zur Verfügung, die dann zu einem gasförmigen Produkt führt.

Beim reaktiven Ionenätzen in einem planaren Reaktor, in dem die Hochfrequenzspannung kapazitiv an die Kathode (Substrathalter) gekoppelt ist (Bild 4.38d), wird ein relativ niedriger Gasdruck (0,1 - 1 Pa) aufrechterhalten. Dies führt zu höheren Ionenenergien. Die Gasentladung erzeugt sowohl reaktive Radikale wie auch reaktive und - wenn Edelgas beigemischt wird - inerte Ionen. Die Ätzung ist also das Produkt des gleichzeitigen Angriffs verschiedener Gasspezies.

Beim reaktiven Ionenstrahlätzen wird die Ionenquelle mit einem reaktiven Gas oder einem Gasgemisch aus reaktivem und inertem Gas betrieben, während in der eigentlichen Ätzkammer Hochvakuum aufrechterhalten wird. Kaufmann-Ionenquellen haben beim Einsatz in reaktiven Ionenstrahlätzanlagen eine begrenzte Lebensdauer, da die Heizwendel (Filament) von den reaktiven Gasen angegriffen wird. Daher werden zunehmend filamentlose Ionen- und Plasmaquellen eingesetzt. Plasmaquellen liefern im Gegensatz zu Ionenquellen einen Plasmastrahl, der aus Ionen und Elektronen besteht. Besondere Bedeutung kommt den **ECR-Quellen** (ECR = Electron Cyclotron

Resonance) zu. Durch das Zusammenwirken eines Mikrowellenfeldes (2,45 GHz) mit einem Permanentmagnetfeld (87,5 mT)) wird eine Elektronenresonanz hervorgerufen und ein Plasma hoher Dichte erzeugt. Aus dem Plasma wird entweder ein Ionenstrahl extrahiert, dessen kinetische Energie durch die Extraktionsspannung bestimmt ist, oder durch einen Gradienten des ECR-Feldes ein weicher, neutraler Plasmastrom (kinetische Energie $\approx$ 100 eV) erzeugt (s. z.B. [TEC 90]). Tabelle 4.8 gibt eine Zusammenstellung häufig verwendeter Ätzgase.

Tabelle 4.8 Zusammenstellung häufig verwendeter Ätzgase [WID 88]

zu ätzendes Material	Ätzgase
Si	$CF_4 + O_2$, SF_6, $CCl_2F_2 + O_2$, NF_3, $BCl_3 + Cl_2$, CCl_4
SiO_2	$CF_4 + H_2$, CHF_3, C_2F_6, C_3F_8
Si_3N_4	$CF_4 + H_2$, $CF_4 + O_2$, NF_3
Al	CCl_4, $SiCl_4$, BCl_3, $BCl_3 + Cl_2$
Cr	CCl_4
Au	$C_2Cl_2F_4$
Mo	$CCl_4 + O_2$, $CBrF_3$
W	$CF_4 + O_2$
Pt	$CBrF_3$
Ti	CF_4
organisches Photoresist	O_2

4.4.6 Teilchenspur-Ätztechnik

Eine wichtige Anwendung von Ionenstrahlen in der Mikromechanik ist die Teilchenspur-Ätztechnik [SPO 90]. Durch Beschuß mit schweren Ionen hoher Energie (Beschleunigungsspannungen bis 100 MV je nach gewünschter Eindringtiefe) entstehen in der Umgebung der Spur des eindringenden Ions positiv geladene Ionen. In Metallen wird durch die frei beweglichen Elektronen die Raumladung sehr schnell wieder neutralisiert. In Nichtleitern bleiben die positiven Ionen erhalten, sie stoßen sich auf Grund ihrer gleichen Ladungen gegenseitig ab und verlassen ihre Plätze. Dadurch ergibt sich eine Kaskade von Atomstößen. Das Material trägt ein latentes Bild der Ionenbahnen in sich, deren Kern einen Durchmesser von etwa 10 nm hat. Dieses latente Bild kann durch einen naßchemischen Ätzprozeß, der die angeregten Teilchenspuren deutlich schneller ätzt als das übrige Material, sichtbar gemacht werden.

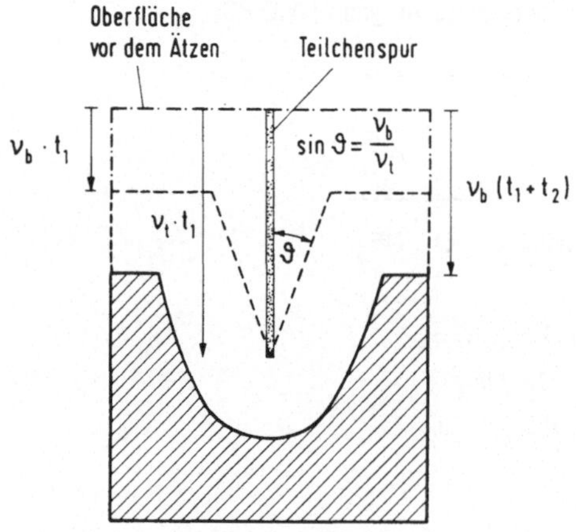

Bild 4.39   Form einer geätzten Teilchenspur für isotropes Material und ein Ätzratenverhältnis von 0,33. Nach der Zeit t_1 hat die Ätzlösung das Ende der latenten Teilchenspur erreicht (konische Form).   Weiteres Ätzen erfolgt isotrop. Nach der Zeit $t_1 + t_2$ hat die geätzte Vertiefung die Form eines gerundeten Kegels

Die Ätzgruben haben in isotropen Materialien zunächst konische Form bis das Ende der Teilchenspur erreicht ist. Ätzt man weiter, so erhält man nach einer Übergangsphase schließlich Ätzgruben in Form von Kugelsegmenten (Bild 4.39). Die Selektivität des Ätzprozesses wird durch das Verhältnis v_t/v_b der Ätzraten in Richtung der latenten Teilchenspur v_t zur Ätzrate des ungestörten Materials v_b beschrieben. Bei Gläsern liegen die Ätzratenverhältnisse zwischen 2:1 und 100:1, während bei Kristallen und organischen Polymeren Ätzratenverhältnisse bis zu 10^5:1 vorkommen. Bild 4.40 zeigt Grundformen der Teilchenspur-Ätztechnik.

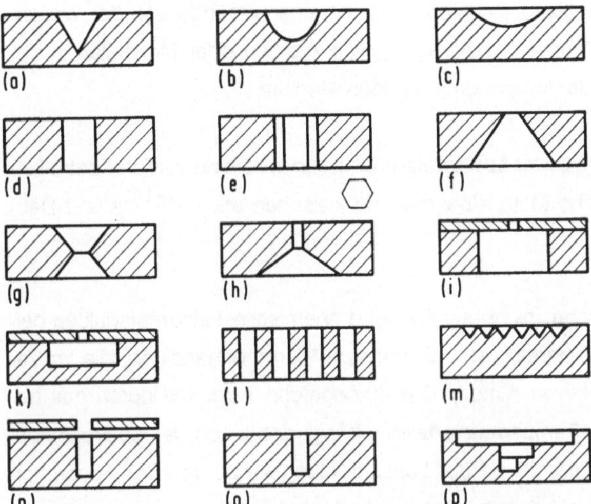

Bild 4.40 Grundformen der Teilchenspurätztechnik [FIS 88]. Einzelspuren: (a) Kegel, (b) gerundeter Kegel, (c) Kugelsegment, (d) Zylinder, (e) Prisma mit sechseckigem Querschnitt (anisotroper Kristall), (f) Kegelabschnitt, (g) Doppelkegel (zweiseitiges Ätzen), (h) Trichter (zweiseitiges Ätzen mit unterschiedlichen Ätzlösungen). Einzelspuren in Zweilagensubstraten: (i) Zweistufiger Zylinder, (k) Hohlraum mit Öffnung. Mehrere nicht überlappende Spuren: (l) ausgerichtete Kanäle, (m) kegelförmige Trichter. Überlappende Spuren: (n) Maskenprojektion, (o) direktes Schreiben, (p) direktes Schreiben und Variation der Ionenenergie

4.5 Mikromaterialbearbeitung mit Laserstrahlen

4.5.1 Übersicht über laserinduzierte Verfahren

Die vielfältigen Möglichkeiten der Mikromaterialbearbeitung mit Lasern beruhen auf den einzigartigen Eigenschaften von Laserstrahlung:

- **Räumliche Kohärenz.** Sie erlaubt eine extreme Fokussierbarkeit der Laserstrahlung und damit die Erzeugung sehr hoher Leistungsdichten. Dies kann zu einer lokalen Wärme- oder chemischen Behandlung von Materialien mit einer Auflösung von kleiner als 1 μm ausgenutzt werden.

- **Monochromasie**. Sie ermöglicht - in Verbindung mit einer Veränderung der Wellenlänge - die selektive, nicht-thermische Anregung von Atomen oder Molekülen in der Oberfläche des Substrats oder in dem umgebenden Medium.

- Erzeugung kurzer, exakt definierter **Laserpulse**. Dadurch wird eine zeitlich kontrollierte thermische oder chemische Materialbearbeitung zwischen etwa 10^{-14} s und Dauerstrichbetrieb möglich.

Man unterscheidet physikalische (nicht-reaktive) und chemische Lasermaterialbearbeitung. Bei der ersten Methode handelt es sich um eine Wärmebehandlung, die im Vakuum oder in einer nicht-reaktiven Atmosphäre durchgeführt wird. Die durch das absorbierte Laserlicht induzierte Temperaturverteilung hängt dabei von der Bestrahlungszeit, der Intensität und der Wellenlänge der Laserstrahlung sowie von der Absorption und der Temperaturleitfähigkeit des zu bearbeitenden Materials ab.

Etablierte Prozesse mittels thermischer, nicht-reaktiver Lasermaterialbearbeitung sind das Bohren, Schneiden, Schweißen, Löten, Trimmen. Für die thermische Materialbearbeitung werden vorwiegend CO_2- und Nd:YAG-Laser eingesetzt, CO_2-Laser mit einer vergleichsweise hohen mittleren Ausgangsleistung vor allem bei größeren Werkstückgeometrien, Nd:YAG-Laser wegen ihrer besseren Fokussierbarkeit und der geringeren mittleren Ausgangsleistung im allgemeinen bei kleineren Geometrien. Neben diesen klassischen Prozessen sind in der Mikrostrukturtechnik laserinduzierte strukturelle Umwandlungen in Materialoberflächen und dünnen Schichten von Bedeutung: Defektausheilung, Rekristallisation, Glasbildung, Härten, Legieren.

Bei der chemischen Materialbearbeitung wird durch pyrolytische oder photolytische Reaktionen ein chemischer Prozeß aktiviert bzw. seine Reaktionsgeschwindigkeit erhöht. Laserpyrolyse ist ein thermisch aktivierter Prozeß. Die chemische Reaktion erfolgt im Bereich des heißen Flecks, der durch die absorbierte Laserstrahlung erzeugt wird.

Die Laserphotolyse ist ein nicht-thermischer Prozeß. Durch die Laserstrahlung werden direkt chemische Bindungen im Substrat oder im umgebenden Medium aufgebrochen. Dies geschieht durch Anregung dissoziativer elektronischer Übergänge (für die meisten Moleküle im ultravioletten Spektralbereich) oder durch selektive Multiphoton-Schwingungsanregung im infraroten Spektralbereich.

Chemische Lasermaterialbearbeitung kann sowohl großflächig (z.B. mit strichförmig fokussiertem und bewegtem oder mit parallel zur Substratoberfläche verlaufendem Strahl) wie auch lokalisiert (mit fokussiertem Strahl oder mittels Maskenprojektion) erfolgen (Bild 4.41). Die lokale Bearbeitung erlaubt direktes Schreiben von Strukturen mit lateralen Abmessungen bis in den Sub-μm-Bereich. Die Nichtlinearität laserinduzierter chemischer Reaktionen erlaubt außerdem die Erzeugung von Strukturen, deren laterale Abmessungen kleiner sind als der beugungsbegrenzte Durchmesser des Laserfokus. Dabei ist die thermische Belastung des bearbeiteten Substrats relativ gering, so daß auch temperaturempfindliche Materialien bearbeitet werden können, z.B. III/V-Halbleiter (GaAs, InP) oder bereits prozessierte Substrate, die keinen hohen Temperaturen mehr ausgesetzt werden dürfen.

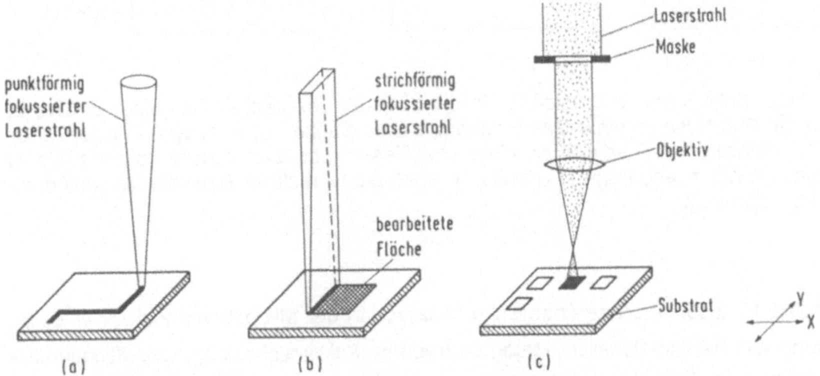

Bild 4.41 Optische Anordnungen zur Mikromaterialbearbeitung. (a) Lokalisierte Bearbeitung. (b) Großflächige Bearbeitung. (c) Bearbeitung mittels Maskenprojektion

Chemische Lasermaterialbearbeitung kann erfolgen in adsorbierten Schichten, an Gas/Festkörper- und Flüssigkeit/Festkörper-Grenzflächen oder in der Oberfläche des Materials selbst (Bild 4.42). Eine laserinduzierte chemische Reaktion besteht generell aus den folgenden Schritten, von denen der eine oder andere bei einem bestimmten Prozeß auch fehlen kann:

- Transport der Reagenzien in das Reaktionsvolumen,
- Adsorption von Reagenzien an der Substratoberfläche,

- Pyrolytische oder photolytische Aktivierung von Molekülen in der Nähe oder auf der Substratoberfläche, Erzeugung reaktiver Radikale,
- Transport der reaktiven Radikale zur Substratoberfläche, ggf. Rekombination auf diesem Weg,
- Adsorption und Reaktionen auf der Substratoberfläche,
- Desorption der Reaktionsprodukte von der Substratoberfläche,
- Transport der Reaktionsprodukte aus dem Reaktionsvolumen.

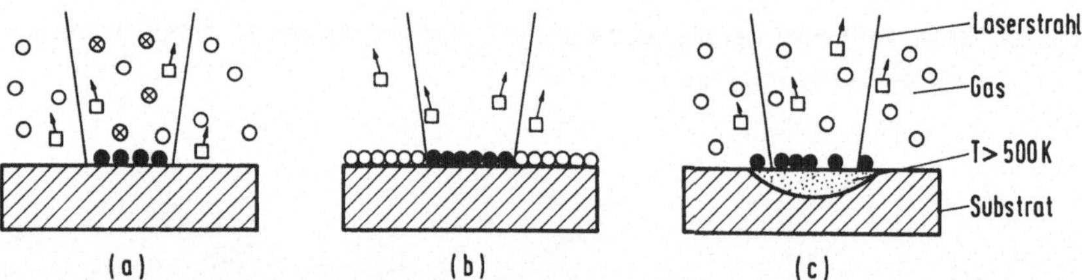

Bild 4.42 Schematische Darstellung laserinduzierter chemischer Prozesse an Oberflächen. (a) Photolyse an einer Gas/Festkörper-Grenzfläche. (b) Photolyse in einer adsorbierten Schicht. (c) Pyrolyse an einer Gas/Festkörper-Grenzschicht. o Moleküle im Grundzustand, ⊗ angeregte Moleküle, ● adsorbierte reaktive Radikale, □ gasförmige Reaktionsprodukte

Beispiele für laserinduzierte chemische Prozesse in der Mikrostrukturtechnik sind: Belichtung von Resistmaterialien, Materialabtragung und -abscheidung, Oberflächenmodifikation (z.B. Oxidation, Reduktion), Dotieren.

4.5.2 Experimentelle Techniken

Chemische Lasermaterialbearbeitung kann mit senkrecht auf das Substrat einfallendem Laserstrahl, in vielen Fällen jedoch auch mit parallel zur Substratoberfläche verlaufendem Laserstrahl durchgeführt werden. Bild 4.43 zeigt schematisch den generellen experimentellen Aufbau zur Lasermikromaterialbearbeitung, der an die meisten pyrolytischen und photolytischen Prozesse angepaßt werden kann.

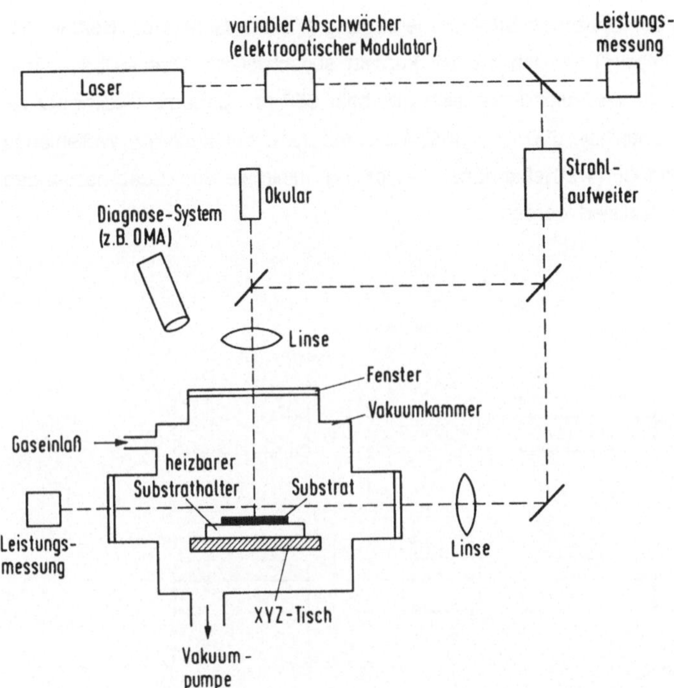

Bild 4.43 Schematischer Aufbau zur chemischen Lasermaterialbearbeitung

4.5.3 Laserinduzierte Prozesse in der Mikromechanik

Bild 4.44 gibt einen Überblick über wichtige laserinduzierte Prozesse in der Mikrostrukturtechnik [BÄU 86, BOY 87]:

- **Rekristallisation**: Ein Verfahren zur Herstellung einkristalliner Siliziumschichten über
einem Isolator (SOI-Technik) ist das Zonenschmelzverfahren. Auf einer Siliziumscheibe mit thermischem Oxid wird polykristallines Silizium im LPCVD-Verfahren abgeschieden. Bei linienförmigem Überstreichen der Schicht mit einem Laserstrahl
schmilzt das Silizium auf und rekristallisiert unter Bildung großflächiger einkristalliner
Bereiche. Die SOI-Technik erlaubt unter anderem eine vertikale Integration elektronischer Funktionen [KAH 87].

- **Lithographie**: In der optischen Strukturübertragung (Pattern-Generator, Kontakt-Belichtung, Wafer Stepper) wurden bis vor kurzem ausschließlich Quecksilberlampen mit Spektrallinien im Wellenlängenbereich oberhalb 350 nm benutzt. Excimer-Laser mit Wellenlängen unterhalb 300 nm ermöglichen aufgrund der kürzeren Wellenlänge (vergl. Gl. (4.1) und Gl. (4.2)) eine höhere Auflösung; minimale Strukturabmessungen < 0,5 μm können realisiert werden.

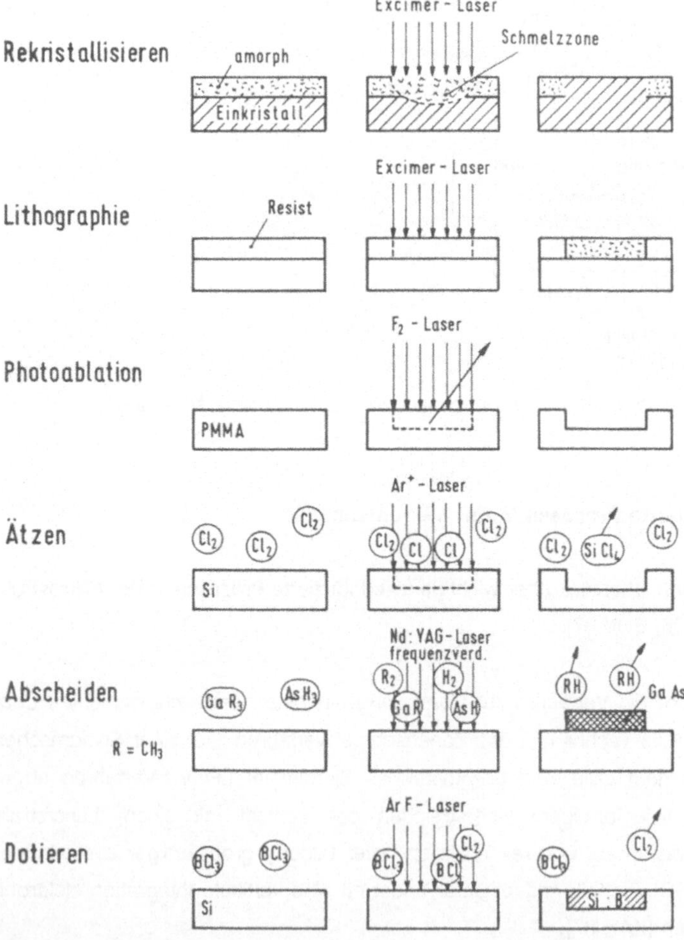

Bild 4.44 Wichtige laserinduzierte Prozesse in der Mikromechanik

Tabelle 4.9 Beispiele für laserinduziertes Abscheiden aus der Gasphase [BÄU 86]

Abgeschiedene Schicht	Substrate	Reaktionsgase	Laser (Wellenlänge [μm])
Si	Si, SiO_2	SiH_4	Ar^+ (0,488) CO_2(10,6) Kr^+ (0,531) KrF(0,248)
SiO_2	Si	SiH_4, N_2O	ArF(0,193)
Al	Si, SiO_2	$Al_2(CH_3)_6$	Ar^+ (0,257) ArF(0,193)
Cr	Si, SiO_2 SiO_2	$Cr(CO)_6$ $Cr(C_6H_6)_2$	Dye(0,28-0,35) Ar^+ (0,488)
Al_2O_3	Si	$Al_2(CH_3)_6$, N_2O	ArF(0,193) KrF(0,248)
GaAs	GaAs, Si	$Ga(CH_3)_3$, AsH_3	Ar^+ (0,458-0,515)
ZnO	Si, SiO_2	$Zn(CH_3)_2$, N_2O	ArF (0,193) KrF (0,248)

- **Photoablation**: Laserinduziertes Ätzen von organischen Polymeren und biologischen Materialien wird im Vakuum oder in nicht-reaktiver Atmosphäre durchgeführt. Dabei werden chemische Bindungen durch UV-Laserstrahlung direkt in der Materialoberfläche aufgebrochen. Es können hohe Leistungsdichten verwendet werden; dadurch erzielt man hohe Ätzraten (0,1 μm/Laserpuls). Der Ätzprozeß ist vorwiegend photolytischer Natur; dies ermöglicht große Strukturhöhen der auf diese Weise erzeugten Mikrostrukturen.

- **Laserinduziertes Ätzen und Abscheiden aus der Gasphase** kann direkt, d.h. ohne Maskierschicht, erfolgen. Die Tabellen 4.9 und 4.10 zeigen einige Beispiele für laserinduzierte chemische Reaktionen.

Eine wichtige Anwendung der laserinduzierten Mikromaterialbearbeitung ist die Reparatur von Masken für die Photolithographie. Durch lokale Abscheidung von Absorbermaterial aus der Gasphase (z.B. Chrom) können klare Defekte beseitigt werden. Opake Defekte können durch lokale Verdampfung von Absorbermaterial mit Hilfe von Laserstrahlung repariert werden.

Diese Technik läßt sich auch auf das Trimmen resonanter mikromechanischer Resonatorstrukturen (Abschn. 6.1) anwenden. Die exakte Abstimmung von Quarzresonatoren, Siliziumbrücken und -biegebalken und anderen Strukturen auf die Resonanzfrequenz kann durch lokalisiertes nachträgliches Ätzen oder Verdampfen bzw. Abscheiden von Material erfolgen.

Tabelle 4.10 Beispiele für laserinduziertes Ätzen [BÄU 86]

Geätztes Material	Ätzgas	Laser (Wellenlänge [μm])
Al	Cl_2	XeCl(0,308), N_2(0,337)
Al_2O_3	CF_4	XeCl(0,308)
GaAs	Cl_2	Ar^+(0,515)
Ni	Cl_2	N_2(0,337)
Si	Cl_2	XeCl(0,308), N_2(0,337)
	SF_6	CO_2(10,6)
SiO_2	CF_2Cl_2	KrF(0,248)
	Cl_2	Ar^+(0,458)

4.6 Abformung von Mikrostrukturen

Mikrostrukturen aus Kunststoff mit hohen Aspektverhältnissen und großen Strukturhöhen können mittels Tiefenlithographie mit Synchrotronstrahlung hergestellt werden
(Abschn. 4.1.3). Durch galvanische Abscheidung von Metallschichten in diese Kunststoffstrukturen (Abschn. 4.2.4) entstehen Metallstrukturen mit entsprechend hohen
Aspektverhältnissen. Da die tiefenlithographische Herstellung der Kunststoffstrukturen
relativ aufwendig ist, wurde ein Verfahren entwickelt, um sekundäre Kunststoffmikro-
strukturen durch Abformung zu gewinnen, wobei die durch Galvanoformung erzeugten
metallischen Strukturen als Werkzeug dienen. Die Prozeßschritte dieses Verfahrens
(LIGA-Verfahren) sind [BEC 86]:

- **Lithographie**: Das auf einer Grundplatte aufgebrachte Röntgenresist (z.B. PMMA)
  wird über eine Röntgenmaske mit Synchrotronstrahlung belichtet und anschließend
  entwickelt (Bild 4.8).

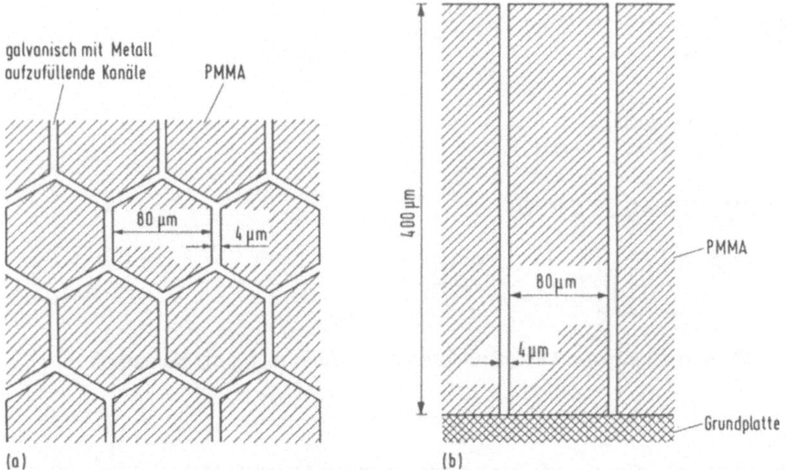

Bild 4.45   (a) Ausschnitt aus tiefenlithographisch hergestellten PMMA-Sechskantpris-
men [BEC 86]. (b) Aspektverhältnis dieser Struktur

- **Galvanoformung**: In die durch die Entwicklung entstandenen Zwischenräume der Resiststruktur wird galvanisch Metall abgeschieden. Dabei dient die Grundplatte als Kathode. Bild 4.45 zeigt die geometrischen Verhältnisse einer typischen mittels Tiefenlithographie hergestellten PMMA-Struktur. Die gleichmäßige und defektfreie Metallabscheidung in solche engen und tiefen Kanäle ist ein entscheidendes Problem. Besonders bewährt hat sich die Galvanoformung mit Nickel, das aus einem Nickelsulfamatbad bei Stromdichten von ca. 10 mA/cm^2 abgeschieden wird. Zur Verhütung von Poren in der Metallschicht und zur Benetzung der PMMA-Oberfläche, insbesondere in den Kanälen der Strukturen, wird dem Elektrolyten ein Netzmittel zugegeben. Nach Abschluß der Metallabscheidung und dem Überschleifen der Metallstruktur wird der Kunststoff mit Lösungsmitteln herausgelöst.

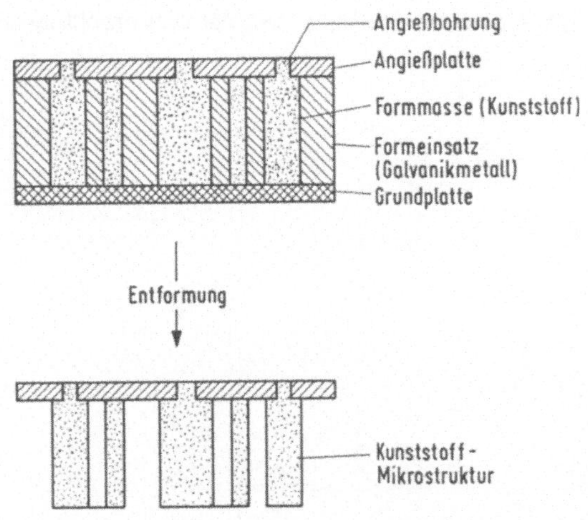

Bild 4.46 Herstellung von Mikrostrukturen durch Abformung mit Kunststoff

- **Abformung mit Kunststoff**: Die so entstandenen Metallstrukturen dienen als Formeinsatz zur Abformung mit Kunststoff. Sie werden zunächst mit einer Angießplatte abgedeckt. Die Formmasse wird über Angießbohrungen zugeführt. Nach deren Verfestigung wird das so erzeugte Kunststoffteil entformt (Bild 4.46). Untersuchungen mit verschiedenen Gießharzen haben gezeigt, daß zur Abformung von Mikrostrukturen Gießharze auf Methacrylat-Basis gut geeignet sind, da sie gutes Formfüllvermögen und gute Formstabilität im ausgehärteten Zustand besitzen. Zur Verringerung der Haftung zwischen Formteil und innerer Formoberfläche wird ein internes Trennmittel zugesetzt. Zur Vermeidung von Lunkern und Schwundstellen muß der Aushärtungsvorgang bei einem Druck größer 0,2 MPa erfolgen.

4.7 Aufbau- und Verbindungstechniken

4.7.1 Bedeutung der Aufbau- und Verbindungstechniken für die Mikromechanik

Bei der Herstellung mikromechanischer Strukturen in einem Batchprozeß werden viele Bauelemente gleichzeitig auf einem Substrat erzeugt. Die Teilung in einzelne Chips erfolgt durch Ritzen und Brechen, durch Trennen mit einer Diamant-Säge oder durch Schneiden mit Laser. Unter Aufbau- und Verbindungstechnik versteht man die sich anschließenden Schritte Montage, Kontaktierung und Gehäusung der Chips.

Die in der Mikroelektronik üblichen Aufbau- und Verbindungstechniken können zum Teil auch in der Mikromechanik angewendet werden; im Gegensatz zu integrierten Schaltungen stehen mikromechanische Bauelemente jedoch häufig in direktem Kontakt mit der Umgebung, z.B. Mikrosensoren zur Erfassung chemischer Größen oder Mikroventile zur Dosierung von Gasen oder Flüssigkeiten. An die Aufbau- und Verbindungstechniken für mikromechanische Bauelemente sind daher besondere Anforderungen zu stellen sowohl bezüglich der Auswahl von Materialien (z.B. Bio- oder Prozeßkompatibilität) wie auch bezüglich der Technologie (z.B. Sensormontagetechnik, die keine zusätzlichen Störeinflüsse verursacht).

Zur Herstellung mikroelektronik-kompatibler Sensoren und Aktoren ist es häufig notwendig, das mikromechanische Sensor- bzw. Aktorelement mit einer mikroelektronischen Signalvorverarbeitung in einer Mikrostruktur zu integrieren. Die Anwendung der Siliziumtechnologie ermöglicht eine monolithische Integration, bei der die Zahl der externen elektrischen Verbindungen erheblich reduziert und dadurch die Zuverlässigkeit gesteigert wird. Voraussetzung für eine monolithische Integration ist allerdings die Kompatibilität der Technologie zur Herstellung des mikromechanischen Bauelements und des integrierten Schaltkreises. Diese Voraussetzung ist nicht immer erfüllt. Auch wirtschaftliche Gesichtspunkte können gegen eine monolithische Integration sprechen, wenn z.B. die Ausbeute des integrierten Bauelements zu gering ist oder wenn nur kleine Stückzahlen herzustellen sind. Darüberhinaus existieren viele Anwendungen, bei denen andere Werkstoffe als Silizium für mikromechanische Funktionen eingesetzt werden, so daß eine hybride Integration mikromechanischer und mikroelektronischer Funktionen notwendig ist. Dies erfordert entsprechende Aufbau- und Verbindungstechniken, wobei die Mikromechanik selbst eine Reihe wichtiger Verfahren bietet, die für eine hybride Aufbau- und Verbindungstechnik genutzt werden können [REI 88].

4.7.2 Verbindungstechniken

Die Verbindung mikromechanischer Bauelemente mit einem Metall-, Kunstoff-, Keramik-, Glas- oder Siliziumträgersubstrat hat außer der mechanischen Befestigung auch die Aufgabe der thermischen Kopplung oder Entkopplung und der elektrischen Kontaktierung oder galvanischen Trennung. Das größte Problem bei der Montage der Bauelemente stellen mechanische Spannungen dar, die durch Temperaturgradienten und unterschiedliche thermische Ausdehnungskoeffizienten der verwendeten Werkstoffe induziert werden. Eine Lösung ist durch Verwendung von Substratmaterialien mit angepaßten Ausdehnungskoeffizienten oder von elastischen Verbindungswerkstoffen möglich. Die wichtigsten Verbindungsverfahren sind [POL 89]:

- **Kleben**. Es werden vorwiegend Epoxidharze und Polyimide verwendet, die mittels Dispenser oder im Siebdruckverfahren auf das Trägersubstrat aufgebracht werden. Die Schichtdicke liegt in der Größenordnung von 25 μm. Die Aushärtung erfolgt bei ca. 150 ^{O}C im Trockenofen. Ein Vorteil ist die niedrige Verarbeitungstemperatur. Die mechanische Festigkeit nimmt allerdings bei höheren Temperaturen stark ab. Auch die chemische Beständigkeit ist vergleichsweise niedrig.

- **Eutektisches Bonden**. Siliziumchips mit kleinen Flächen lassen sich auf Metall- und Keramikwerkstoffe löten. Die Verbindung zwischen Silizium-Chip und Substrat erfolgt meistens über eine Gold-Silizium-Legierung. Bei einer Temperatur von ca. 400 ^{O}C wird der Siliziumchip mit reibender Bewegung auf das mit Gold beschichtete Substrat gedrückt. Die Goldatome diffundieren in das Silizium bis der eutektische Punkt

(31 At.-% Si, 370 ^{O}C [MÜN 89]) erreicht wird und sich eine flüssige Zwischenschicht bildet. Die Mischung erstarrt, wenn die Temperatur unter den eutektischen Punkt absinkt oder eine der beiden Substanzen aufgebraucht ist. Eine Goldmetallisierung der Rückseite des Siliziumchips verkürzt die Diffusionszeit und verhindert gleichzeitig die Oxidation des Siliziums. Häufig befindet sich zusätzlich eine 20 - 40 μm dünne Lötfolie (Preform) aus der eutektischen Legierung zwischen Chip und Substrat.

Zum Bonden von Silizium auf Silizium kann auch das System Al/Si (Arbeitstemperatur ca. 600 ^{O}C) angewendet werden. Eutektisch gebondete Verbindungen sind mechanisch fest und weisen hohe thermische und chemische Beständigkeit auf. Nachteilig ist die hohe Arbeitstemperatur, die wegen der unterschiedlichen thermischen Ausdehnungskoeffizienten mechanische Spannungen im Chip induziert. Bei großen Chipflächen kann das Verfahren deshalb nicht angewendet werden.

- **Glas Sealing**. Beim Glas Sealing wird der Chip in ein aufgeschmolzenes Glaslot gedrückt. Die Arbeitstemperaturen liegen je nach Glassorte zwischen 400 und 650 ^{O}C. Das Aufbringen des Lotes auf die Bondfläche erfolgt durch Siebdruck mit einer Glaspulver-Alkohol-Suspension oder durch Sputtern. Die Schichtdicken des Lotes nach dem Abkühlen liegen in der Größenordnung von 1 μm bei aufgesputtertem Glas und von 10 μm beim Siebdruckverfahren. Es entstehen mechanisch stabile Verbindungen mit guter thermischer und chemischer Beständigkeit. Die hohe Arbeitstemperatur führt beim Abkühlen zu mechanischen Spannungen.

- **Anodisches Bonden**. Anodisches Bonden ist die wichtigste Methode zur Verbindung von Metallen oder Halbleitern mit Glassubstraten [WAL 69]. Dabei werden Metall- oder Halbleiterscheiben mit dem Glassubstrat durch elektrostatische Kräfte, hervorgerufen durch Migration von Natrium-Ionen im Glas bei erhöhten Temperaturen und angelegter elektrischer Gleichspannung, in innigen Kontakt gebracht und dadurch chemisch verbunden. Voraussetzung für dieses Verfahren sind polierte und frisch gereinigte Oberflächen.

Beim Bonden von Silizium mit Glas wird als Glassubstrat z.B. Pyrexglas #7740 (80% SiO_2, 14% B_2O_3, 4% Na_2O, 1% Al_2O_3), das einen ähnlichen thermischen Ausdehnungskoeffizient ($3,3 \cdot 10^{-6}$ K^{-1}) wie Silizium hat, verwendet. Anodisches Bonden kann auch zur Verbindung von zwei Siliziumscheiben angewendet werden. Dazu wird eine ca. 4 μm dicke Pyrexglasschicht auf eine Siliziumscheibe aufgesputtert. Bild 4.47 zeigt die prinzipielle Anordnung beim Anodischen Bonden. Die Verbindungen sind hermetisch dicht und äußerst haftfest und besitzen eine gute thermische und chemische Beständigkeit.

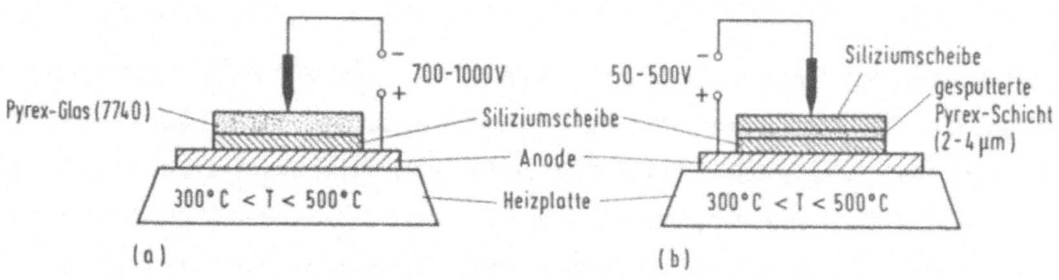

Bild 4.47   Schematischer Aufbau zum Anodischen Bonden. (a) Pyrex-Glas auf Silizium. (b) Silzium auf Silizium

- **Silicon Direct Bonding (SDB)**. Silizium-Waferbonding ist ein Verfahren zur Verbindung von Siliziumscheiben, das auf einer chemischen Behandlung der Scheibenoberfläche beruht [LIN 89b]. Polierte Scheiben werden nach einem Reinigungsprozeß hydrophiliert, d.h. es werden freie OH-Bindungen erzeugt. Dies erfolgt z.B. durch Behandlung in einer Mischung aus NH_4OH, H_2O_2 und H_2O bei einer Temperatur von 50 - 60 $^{\circ}$C. Die so behandelten Scheiben werden in Kontakt gebracht und bei 1050 $^{\circ}$C für 60 Minuten getempert. Dabei entsteht eine chemische Si-Si-Bindung. Der SDB-Prozeß funktioniert auch mit Si-SiO_2 (SOI-Technik). Die Herstellung von Heteroverbindungen, z.B. Si-GaAs oder Si-SiC ist Gegenstand der aktuellen Forschung.

4.7.3 Kontaktierungsverfahren

a) Drahtbonden

Die elektrische Verbindung zwischen den metallischen Kontaktflächen (Bondpads) der Bauelemente und den metallischen Kontakten des Substrats wird meistens mit Drähten aus Gold oder Aluminium (Durchmesser 10 - 250 μm) hergestellt. Die Befestigung der Drähte an den Kontaktflächen erfolgt im wesentlichen mit der Thermosonic-Ball-Bond- oder der Ultraschall-Wedge-Bond-Technik.

- **Thermosonic-Ball-Bond-Technik**. Ein Golddraht wird durch eine Kapillare aus Wolframkarbid geführt, die sich am Ende zu einer Düse verjüngt. Durch eine kleine Knallgasflamme oder durch eine piezoelektrische Entladung wird am Ende des Golddrahtes ein Kügelchen geschmolzen. Chip und Substrat werden auf ca. 150 $^{\circ}$C erwärmt. Unter Einwirkung einer vertikalen Kraft bei gleichzeitiger Ultraschallanregung wird eine Verbindung zwischen Draht und Chip hergestellt.

- **Ultraschall-Wedge-Bond-Verfahren**. Der Bonddraht wird mit einer Schneide, die in horizontaler Richtung vibriert, auf die Kontaktflächen aufgerieben. Durch die Aufnahme der Ultraschallenergie wird der Draht weich und fließt unter dem Druck der Schneide. Dabei wird die Oxidschicht der Oberfläche aufgebrochen und es entsteht eine kalte Schweißverbindung der blanken Metallflächen.

Bei Golddrähten wird typischerweise Ball-Wedge-Bonden (Ball-Bonden auf dem Chip, Wedge-Bonden auf dem Substrat), bei Aluminiumdrähten Wedge-Wedge-Bonden angewendet.

Nachteilig wirkt sich beim Drahtbonden aus, daß wegen der seriellen Durchführung bei einer großen Zahl von Anschlüssen der Zeitaufwand hoch ist, daß die Zahl der möglichen Anschlüsse begrenzt ist, weil die Bondpads eine bestimmte Größe nicht unterschreiten dürfen, und daß bei hohen Signalfrequenzen Verzerrungen infolge der Induktivitäten der Bonddrähte auftreten. Diese Nachteile vermeidet sowohl die Technik des Tape-Automated-Bonding wie auch die Flip-Chip-Technik.

b) Tape-Automated-Bonding (TAB)-Technik

Bei der TAB-Technik (Bild 4.48a) werden durch Ätzen hergestellte Kupferkämme, die sich auf einem Kunststoffträger (Tape) befinden, mittels Thermokompression gleichzeitig mit allen Kontaktflächen des Chips verbunden (Inner Lead Bond). Voraussetzung für eine gute Verbindung ist die Herstellung sogenannter Bumps auf dem Chip. Unter einem Bump versteht man die Erhöhung der Kontaktflächen durch eine galvanisch abgeschiedene Goldschicht. Dabei sind zwischen den Aluminiumpads und den Goldbumps Zwischenschichten vorzusehen, um die Bildung intermetallischer Verbindungen und die damit verbundenen mechanischen Instabilitäten und Kontaktwiderstände zu vermeiden. Das Thermokompressionsbonden von goldbeschichtetem Kupfertape und Goldbumps erfolgt durch kurzzeitiges Zusammenpressen bei erhöhter Temperatur (ca.

500 ^{O}C). Die äußere Kontaktierung (Outer Lead Bond) des Kupferkamms mit einem Substrat erfolgt meistens mit einem Weichlot.

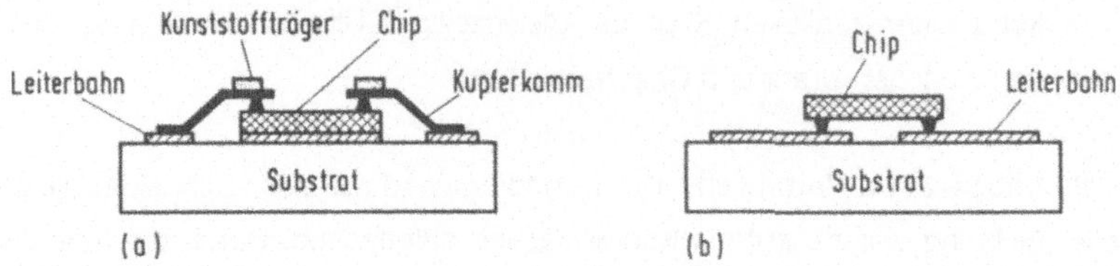

Bild 4.48 Prinzipielle Darstellung von Chipmontagetechniken. (a) TAB-Technik. (b) Flip-Chip-Technik

c) Flip-Chip-Technik

Auch bei der Flip-Chip-Technik (Bild 4.48b) werden alle Verbindungen zwischen Chip und Substrat gleichzeitig hergestellt. Im Gegensatz zur TAB-Technik wird der Chip direkt ohne Zwischensubstrat (Tape) mit dem Substrat verbunden. Die Bumps bestehen aus einem Weichlot, z.B. einer PbSn-Legierung. Die Verbindung von Chip und Substrat erfolgt bei einer Erwärmung des ganzen Substrats auf ca. 230 - 330 ^{O}C. Vorteile der Flip-Chip-Technik sind die kurzen Verbindungswege zwischen Chip und Substrat (geringe Induktivität), die Möglichkeit einer flächenhaften Anordnung der Bondpads und die niedrige Prozeßtemperatur.

4.7.4 Aufbautechniken

Für den Aufbau und die hybride Integration mikromechanischer Bauelemente mit integrierten Schaltungen werden die folgenden Verfahren angewendet:

a) Surface-Mount-Technology (SMT)

Bei der Oberflächenmontage werden die gehäusten Bauelemente direkt auf die Oberfläche der Leiterbahnseite einer Leiterplatte montiert. Bestückungslöcher wie bei der herkömmlichen Leiterplattentechnik werden nicht benötigt. Üblich sind Leiterbahnbreiten größer 250 μm. Mit SMT können z.B. elektronische Schaltungsteile im Gehäuse eines mikromechanischen Sensors oder Aktors untergebracht werden. Zur

Kontaktierung der Bauelemente existieren zwei Verfahren. Bei der Klebetechnik erfolgt die mechanische Befestigung des Bauelements mit der Leiterplatte mit einem Kleber. Zur Herstellung der elektrischen Verbindung wird die Leiterplatte anschließend im Schwallbad gelötet. Beim Lötpastenaufdruck erfolgt die elektrische und mechanische Verbindung der Bauelemente mit der Leiterplatte mit Hilfe einer Lötpaste, die im Siebdruck oder mit einem Dispenser aufgebracht wird. Die Bauelemente werden in die Lötpaste gedrückt. Zur Herstellung der Lötverbindung werden Reflow-Lötverfahren eingesetzt, die sich hauptsächlich durch die Art der Wärmeerzeugung und der Wärmeübertragung unterscheiden:

- **Stempellöten** ist ein Einzellötverfahren, bei dem ein Lötstempel mit definierter Kraft auf die Anschlußpins gedrückt und durch einen Stromimpuls für die Dauer des Lötvorgangs innerhalb des gewünschten Temperaturbereichs gehalten wird. Bei der Verwendung eines Bügels statt eines Stempels lassen sich bei geometrisch gleichartigen Lötstellen (z.B. IC-Anschlußpins) mehrere Verbindungen gleichzeitig herstellen. Die thermische Belastung der Bauelemente ist bei diesem Verfahren sehr gering.

- **Dampfphasenlöten** ist ein Simultanlötverfahren, bei dem die bestückten Leiterplatten in eine Zone mit heißem, gesättigten Dampf (Fluor-Kohlenstoff-Verbindung) gebracht werden. Der auf dem kälteren Substrat kondensierende Dampf gibt die zur Lotaufschmelzung benötigte Wärmeenergie ab. Die Verweilzeit der Leiterplatte in der Dampfzone beträgt etwa 30 - 90 s. Nachteilig wirken sich arbeitsphysiologische Probleme infolge der Entstehung toxischer Fluor-Verbindungen aus.

- **Infrarotlöten** ist ebenfalls ein Simultanlötverfahren. Die Leiterplatten werden in einem Durchlaufofen durch Infrarotstrahlung erhitzt und dadurch das Lot zum Schmelzen gebracht. Die thermische Belastung der Bauelemente und des Leiterplattenmaterials ist sehr hoch.

- **Laserlöten** ist ein punktuelles Lötverfahren [ALA 88]. Ein rechner-gesteuerter CO_2- oder Nd:YAG-Laser fährt die einzelnen Lötstellen ab. Durch Strahlaufweitung und Verwendung von flexiblen Lichtleitern zur Energieübertragung kann an verschiedenen Stellen gleichzeitig gelötet werden (multiposition processing). Vorteile des Laserlötens sind hohe Positioniergenauigkeit des Laserstrahls, berührungsloser Energietransfer in die Lötstelle, fein dosierbare Energiezufuhr durch Variation der Strahlungsleistung und der Lötzeit. Die thermische Belastung der Bauelemente und des Leiterplattenmaterials ist vernachlässigbar gering.

b) Chip-On-Board (COB)-Technik

Die Montage und Kontaktierung ungehäuster Chips auf organischen Substraten (Board) ist ein wirtschaftliches und platzsparendes Verfahren, das z.B. in Digitaluhren und Taschenrechnern angewendet wird. Der Chip wird durch Kleben auf dem Substrat befestigt, die elektrische Verbindung zwischen Chip und Board erfolgt mittels Drahtbonden.

c) Dickschichttechnik

Bei der Dickschichttechnik [REI 86] werden Leiterbahn-, Isolier- und Widerstandsschichten mit Hilfe von "Pasten" erzeugt, die aus Materialien (z.B. Metallpulver, Metalloxide) bestehen, die in einer Glasmatrix eingelagert sind. Typische minimale Strukturbreiten liegen bei 100 μm. Die Dickschichtstrukturen werden mittels Siebdruck auf die Substrate aufgebracht. Als Substratmaterialien werden vorwiegend Al_2O_3-Keramiken verwendet. Nach einem Trockenprozeß, in dem organische Bestandteile der Pasten ausgetrieben werden, werden sie in Durchlauföfen bei 600 - 1000 $^{\circ}$C gebrannt. Im Anschluß an das Brennen erfolgt das Trimmen der elektrischen Eigenschaften (z.B. der Widerstandswerte) durch bereichsweisen Abtrag der relevanten Schichten mittels Laserstrahl. Ungehäuste mikromechanische und mikroelektronische Bauelemente können in die Dickschichtschaltung integriert werden.

d) Dünnschichttechnik

Die Dünnschichttechnik nutzt die in Abschn. 4.2 beschriebenen Verfahren zur Herstellung von Leiterbahnen, Widerständen und dielektrischen Schichten mit Strukturabmessungen größer 10 μm. Die Strukturierung erfolgt mittels Photolithographie (Abschn. 4.1). Als Substratmaterialien kommen Al_2O_3-, BeO-, TiO_2- und $BaTi_4O_9$-Keramiken, Saphir und Gläser zur Anwendung. Löt- und bondbare Kontaktstellen sind herstellbar, so daß ungehäuste Chips integriert werden können.

e) Silizium-Motherboards

Motherboards dienen der Integration unterschiedlicher Chips (z.B. integrierte Schaltungen, integriert-optische Bauelemente, mikromechanische Komponenten) auf engstem Raum. Silizium eignet sich als Substratmaterial für eine solche hybride Integration besonders gut, da auf Silizium Leiterbahnen im μm-Bereich hergestellt werden können, die Ausdehnungskoeffizienten von Chip und Substrat gleich sind (für Silizium-Chips) und im Substrat selbst mikromechanische Strukturen erzeugt werden können. Außerdem können eine Reihe wichtiger Verfahren der Aufbau- und Verbindungstechnik auf Silizium-Motherboards angewendet werden. Dies sind insbesondere:

- **Anodisches Bonden** (Abschn. 4.7.2). Diese Technik kann u.a. zur Herstellung eines Chipkühlsystems (Bild 1.2b) angewendet werden. Die Verlustleistungen steigen bei zukünftigen integrierten Schaltungen auf über 100 W pro Chip. Diese Schaltkreise müssen bei Multichipsystemen mit hoher Chipdichte flüssigkeitsgekühlt werden. Mit Hilfe der anisotropen Ätztechnik können in der Rückseite eines Siliziumsubstrats, auf dessen Vorderseite sich der aktive Teil der integrierten Schaltung befindet, schmale Kanäle hergestellt werden. Durch die Verbindung mit einer Glasplatte oder einer mit einer Glasschicht besputterten Siliziumscheibe entstehen geschlossene Mikrokanäle, durch die eine Kühlflüssigkeit gepreßt wird. Mit Hilfe dieser Anordnung ist es möglich, bis zu 700 W Verlustleistung pro cm^2 Chipfläche abzuführen. Eine Erhöhung der Wärmeabfuhr aus der aktiven Zone eines Chips kann auch erreicht werden, wenn diese Kanäle mit Metall aufgefüllt und in Verbindung mit einer Wärmesenke gebracht werden.

- **Silizium Direct Bonding** (Abschn. 4.7.2).

- **Durchkontaktierungen**. Bild 4.49 zeigt zwei Möglichkeiten, Durchkontaktierungen mit Hilfe der anisotropen, selektiven Ätztechnik in Silizium herzustellen [REI 89].

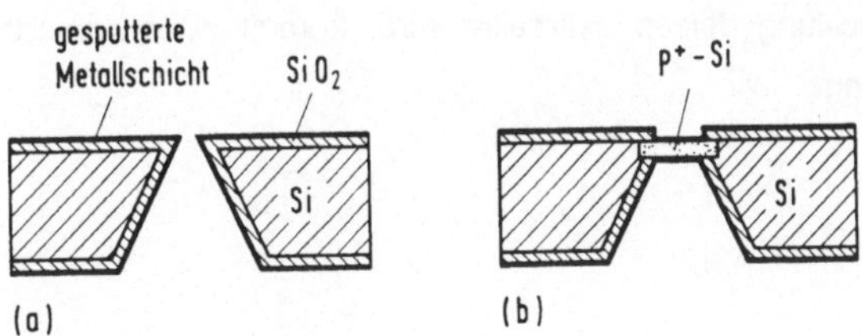

Bild 4.49 Möglichkeiten der Durchkontaktierung bei Siliziumsubstraten mit Hilfe der anisotropen Ätztechnik

- **Thermomigration** [CLI 76a,b,c]. Eine weitere Technik zur Herstellung von Durchkontaktierungen ist die Migration von Tropfen einer flüssigen eutektischen Al/Si-Legierung durch einkristallines Silizium. Bei hohen Temperaturen ($\approx$ 1100 ^{O}C) bildet Aluminium mit Silizium eine flüssige Legierung. Falls entlang der Dicke der Siliziumscheibe ein Temperaturgradient herrscht ($\approx$ 50 ^{O}C/cm), so wandert die flüssige Zone in Richtung der heißeren Waferseite. Dies kommt dadurch zustande, daß sich Silizium-Atome auf der heißen Seite der Schmelzzone lösen, durch die Zone diffundieren und sich an der kalten Seite ablagern. Dabei lagert sich zusammen mit dem Silizium auch etwas Aluminium entlang des Weges der flüssigen Legierung ab, so daß ein p-dotierter Kanal in einer n-dotierten Siliziumscheibe entsteht. Die Migrationsrate ist etwa 3 μm/min bei 1100 ^{O}C. Die laterale Diffusion ist dabei nur 3 - 5 μm über 300 μm Migrationsweg (Bild 4.50).

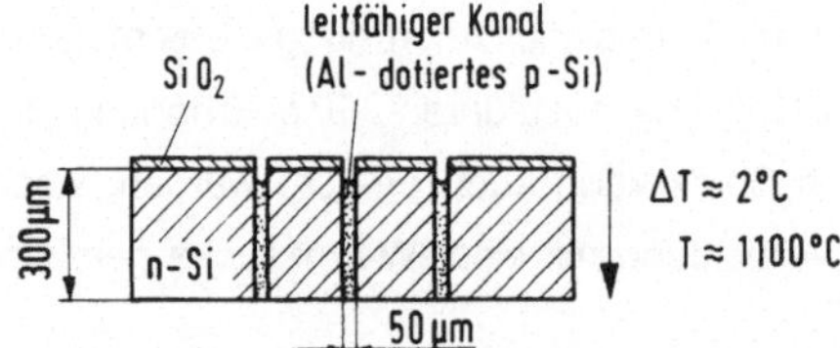

Bild 4.50 Durchkontaktierung mit Hilfe der Thermomigration

- **Einbettechnik**. Die anisotrope Ätztechnik in Silizium bietet die Möglichkeit, Chips planar in ein Substrat zu integrieren. Eine Mehrlagenverdrahtung erlaubt eine sehr geringe Entfernung zwischen den einzelnen eingebetteten Chips. Diese Form der Integration, an deren Entwicklung derzeit gearbeitet wird, kommt einer monolithischen Integration am nächsten.

4.7.5 Gehäusung

Bei der Montage ungehäuster mikromechanischer Bauelemente und integrierter Schaltungen ist oft ein Schutz vor Umwelteinflüssen notwendig. Dieser erfolgt durch Abdeckung mit Epoxidharzschichten.

Wie in Abschn. 4.7.1 dargelegt wurde, sind im allgemeinen anwendungsspezifische Lösungen bei der Gehäusung mikromechanischer Bauelemente erforderlich. Standard-IC- oder Transistor-Gehäuse können nur in wenigen Fällen benutzt werden. In Bild 6.7 ist die Gehäusung eines Beschleunigungssensors dargestellt [ROY 79], bei der Pyrex-Glas als Gehäusematerial dient. Die Befestigung und Abdichtung des Silizium-Sensors erfolgt mittels Anodischen Bondens.

5 Meßmethoden

Bei der Herstellung mikromechanischer Bauelemente müssen dünne Schichten mit bestimmten Eigenschaften reproduzierbar erzeugt werden. Dazu ist es einerseits notwendig, die Verfahrensparameter bei der Schichtabscheidung genau zu erfassen und zu kontrollieren. Andererseits müssen relevante Schichteigenschaften während bzw. im Anschluß an den Herstellungsprozeß gemessen werden. Häufig interessierende Schichteigenschaften sind:

- Schichtdicke,
- chemische Zusammensetzung,
- Topographie und kristalline Struktur,
- physikalische und mechanische Eigenschaften.

Eine Übersicht über geeignete Meßmethoden mit entsprechenden Literaturhinweisen findet sich in [FRE 87].

5.1 Messung von Schichtdicken

5.1.1 Tastschnitt-Verfahren

Zur direkten Bestimmung der geometrischen Dicke einer Schicht verwendet man elektrische Tastschnittgeräte, die die Kontur einer Oberfläche mit Hilfe einer Diamantnadel abtasten. Dabei wird die Gestalt der Oberfläche in analoge elektrische Signale umgewandelt. Zur Messung der Schichtdicke wird am Rande der Schicht die Stufenhöhe zum Substrat abgetastet (Bild 5.1). Die Stufe wird erzeugt, indem beim Beschichtungsprozeß ein Teil des Substrats abgeschattet wird, oder durch lokale Ätzung der Schicht im Anschluß an den Abscheideprozeß. Der Meßbereich des Tastschnitt-Verfahrens liegt zwischen ca. 10 nm und einigen 10 μm. Während diese direkte Methode der Schichtdickenmessung unabhängig von der Art der zu untersuchenden Schicht ist, eignen sich die im folgenden beschriebenen indirekten Methoden, bei denen die Schichtdicke aus einer physikalischen Eigenschaft der Schicht berechnet wird, jeweils nur für bestimmte Schichten.

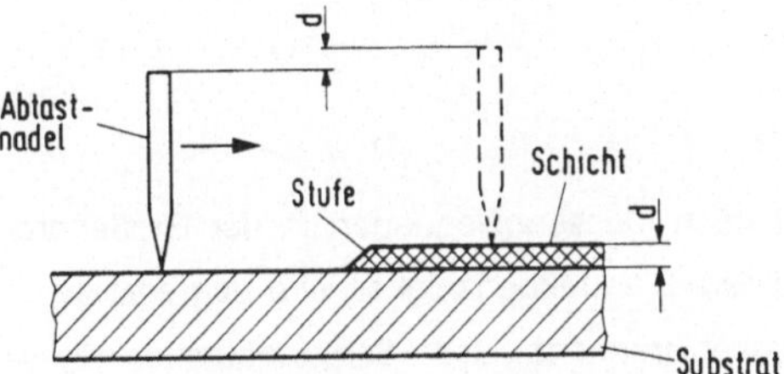

Bild 5.1 Prinzip eines Tastschnittgeräts

5.1.2 Mikrowägung

Aus der mittels Wägung bestimmten Masse m der Schicht wird nach

$$d = m/(A \cdot \rho) \tag{5.1}$$

die Dicke d berechnet. Die Genauigkeit hängt außer vom Wägefehler von der Kenntnis der Fläche A und der Dichte ρ der Schicht ab.

5.1.3 Schwingquarz-Methode

Dieses Verfahren beruht auf der Änderung Δf der Resonanzfrequenz f eines Schwingquarzes in Form eines Plättchens bei der Belegung mit einer Fremdschicht der Masse $m = \rho \cdot A \cdot d$ [SAU 59]. A ist die Fläche, die mit Schichtmaterial belegt ist. Die Frequenzänderung läßt sich für $\Delta f \ll f$ folgendermaßen ausdrücken:

$$\Delta f = -C \cdot (m/A), \tag{5.2a}$$

wobei

$$C = f \cdot (A/A_q)/(\rho_q \cdot d_q) \qquad (5.2b)$$

die Schichtwägeempfindlichkeit des Schwingquarzes ist. ρ_q, d_q und A_q sind Dichte, Dicke und Fläche des Quarzplättchens. Mit $m/A = \rho \cdot d$ folgt

$$d = -d_q \cdot (\rho_q/\rho) \cdot (A_q/A) \cdot (\Delta f/f). \qquad (5.2c)$$

Mit der Schwingquarz-Methode können noch Massenbelegungen in der Größenordnung von 10^{-8} g/cm^2 nachgewiesen werden. Die Meßgenauigkeit wird begrenzt durch die Temperaturabhängigkeit der Resonanzfrequenz des Schwingquarzes $ß = (\Delta f/f) \cdot (1/\Delta T)$. Für einen AT-Quarz gilt $ß \approx -1 \cdot 10^{-6}$ K^{-1}.

5.1.4 Elektrische Verfahren

Für elektrisch leitende Schichten, deren spezifischer Widerstand ρ bekannt ist, kann die Schichtdicke durch Messung ihres Widerstandes R bestimmt werden:

$$d = R \cdot (A/\rho). \qquad (5.3)$$

Analog zu dieser Methode kann die Dicke dielektrischer Schichten über eine Kapazitätsmessung, die Dicke von Nichteisenmetall-Schichten auf isolierenden Substraten mit der Wirbelstrommethode bestimmt werden. Beim letzteren Verfahren wird die Spannung an einer Hochfrequenzspule, die sich infolge von Wirbelströmen im Nichteisenmetall ändert, gemessen und daraus die Schichtdicke berechnet.

5.1.5 Interferenzverfahren

Die Dicke transparenter Schichten (Brechungsindex n) kann mit einer Interferenzmessung bestimmt werden. Bei der Zweistrahlinterferenz wird die Interferenz zwischen dem auf der Schichtoberfläche und dem auf der Substratoberfläche reflektierten Strahl beobachtet (Bild 5.2). Es ergeben sich Intensitätsmaxima, wenn der Gangunterschied der beiden reflektierten Strahlen $\Delta l = 2n \cdot d$ ein ganzzahliges Vielfaches der Wellenlänge ist, und Minima, wenn der Gangunterschied ein halbzahliges Vielfaches der Wellenlänge ist. Durch Abzählen der Extrema während des Schichtwachstums kann die Dicke der Schicht bestimmt werden:

$$d = k \cdot (\lambda/4n). \tag{5.4}$$

k ist die Zahl der durchlaufenen Extrema.

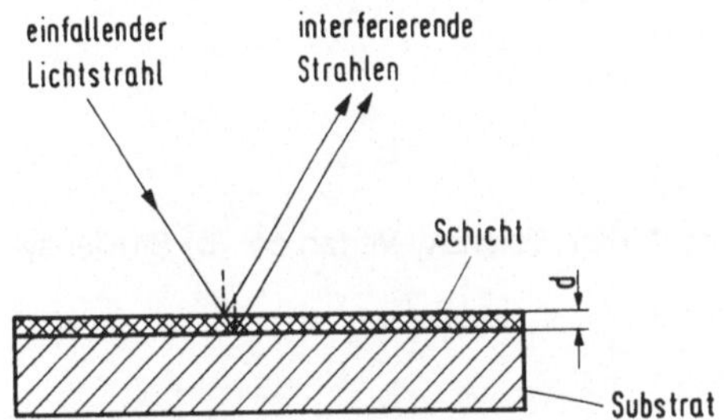

Bild 5.2 Messung von Schichtdicken mittels Zweistrahlinterferenz

Mit Vielstrahlinterferenzen, die wesentlich schärfer ausgebildet sind als Zweistrahlinterferenzen, läßt sich eine höhere Meßgenauigkeit erzielen. Bei der Anordnung nach Bild 5.2 entstehen keine Vielstrahlinterferenzen, da die Reflexion an den Grenzflächen typischer Schichten nur etwa 0,1 beträgt. Beim Interferenzmikroskop nach Tolansky wird deshalb das Objekt mit einer Schicht hoher Reflektivität (Aluminium, Chrom, Silber) versehen und Vielstrahlinterferenzen zwischen dem verspiegelten Objekt und einem darüber angeordneten, halbdurchlässigen Spiegel im auffallenden monochromatischen Licht der Wellenlänge λ beobachtet (Bild 5.3a). Bei einem ebenen Objekt entsteht ein System von parallelen Streifen als Interferenzmuster. Weist das Objekt eine Stufe auf, so ergibt sich dort eine Versetzung im Streifensystem. Diese Messung an Stufen setzt keine optische Transparenz der Schicht voraus. Die korrekte Zuordnung der gegeneinander versetzten Streifen ist bei senkrechten Stufen unter Umständen nicht eindeutig. Eine eindeutige Streifenzuordnung ist bei schrägen Kanten möglich (Bild 5.3b). Aus dem Streifenabstand L und der Versetzung ΔL ergibt sich die Schichtdicke zu

$$d = (\Delta L/L) \cdot (\lambda/2). \tag{5.5}$$

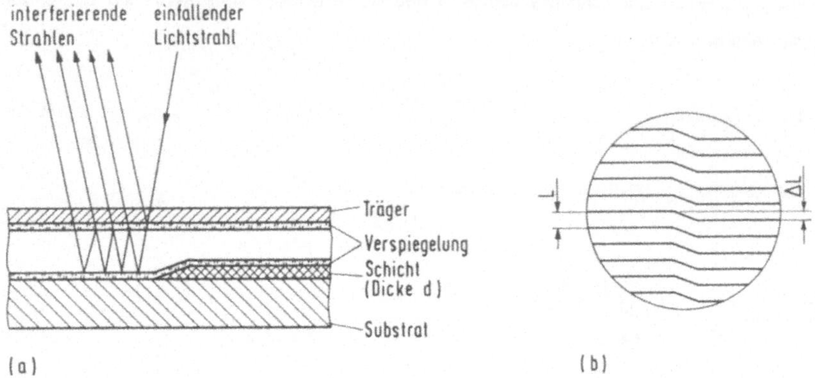

Bild 5.3 (a) Messung der Schichtdicken nach dem Tolansky-Verfahren. (b) Streifensystem der Vielstrahlinterferenzen

5.1.6 Ellipsometrie

Mit Ellipsometern können zerstörungsfrei Schichtdicken und Brechungsindizes von transparenten, dünnen Schichten bestimmt werden. Dazu wird die Änderung des Polarisationszustandes eines monochromatischen Lichtstrahls bei Vielfachreflexion an der Vorder- und Rückseite der dünnen Schicht gemessen. Bild 5.4 zeigt einen möglichen Aufbau und Strahlengang eines Ellipsometers. Ein unpolarisierter, kollimierter Strahl monochromatischen Lichts wird mit Hilfe eines Polarisators linear polarisiert. Durch einen dahinter befindlichen Kompensator ($\lambda/4$-Plättchen) entsteht aus dem linear polarisierten Licht elliptisch polarisiertes Licht. Bei Reflexion an der zu vermessenden Schicht ändern sich Elliptizität und Lage der Ellipse. Der reflektierte Strahl wird nach dem Durchgang durch einen Analysator mit einem Photodetektor nachgewiesen. Polarisator und Kompensator werden so eingestellt, daß das reflektierte Licht linear polarisiert ist (Bild 5.4). Das reflektierte Licht kann dann durch entsprechende Einstellung des Analysators vollständig ausgelöscht werden. Aus den jeweiligen Stellungen von Polarisator, Kompensator und Analysator können Dicke und Brechungsindex der Schicht entweder empirisch durch Eichung mit Proben bekannter Eigenschaften oder numerisch mit Hilfe eines EDV-Systems bestimmt werden.

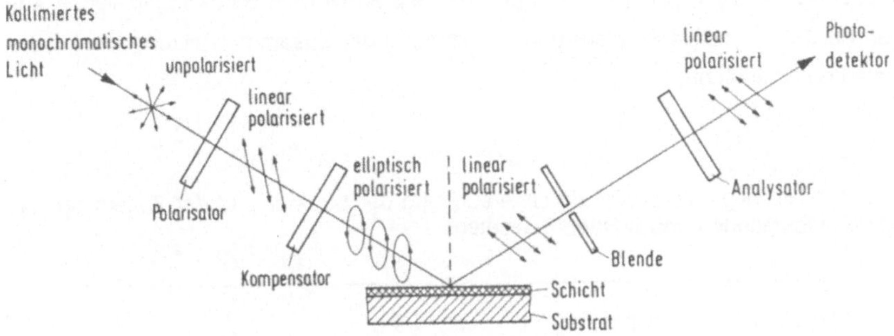

Bild 5.4 Schematischer Aufbau eines Ellipsometers

5.2 Oberflächenanalytik

Zur Bestimmung der chemischen Zusammensetzung von dünnen Schichten werden Oberflächenanalyseverfahren in vielfältiger Form eingesetzt [OEC 85, GRA 86]. Ihr gemeinsames Merkmal besteht darin, daß die Probe mit Primärteilchen (Photonen, Elektronen, Ionen) beschossen wird und die dabei ausgelösten Sekundärteilchen Aufschlüsse über die chemische Zusammensetzung der oberflächennahen Schichten liefern.

Während der chemischen Analyse der Oberfläche müssen Veränderungen durch Gasmoleküle aus der Umgebung der Probe gering bleiben, d.h. die Analysen müssen im Ultrahochvakuum durchgeführt werden. Untersuchungen an reinen Oberflächen sind nur nach Reinigung, z.B. durch Sputtern, möglich.

Bei der Messung der chemischen Zusammensetzung der Oberfläche unterscheidet man zwei Gruppen von Verfahren: Methoden, bei denen Oberflächenatome bzw. -moleküle zur Emission von Photonen oder Elektronen angeregt werden, und Methoden, bei denen aus der Oberfläche ausgelöste Atome oder Moleküle massenspektrometrisch nachgewiesen werden.

Information über die Elementverteilung in die Tiefe erhält man durch kontrolliertes Abtragen der Probe mittels Sputtern und Bestimmung der Zusammensetzung der jeweils freigelegten Oberfläche.

Tabelle 5.1 Wichtige Verfahren zur Untersuchung der Struktur und der Zusammensetzung von Oberflächen und dünnen Schichten

Information durch	Anregung durch			
	Photonen	Elektronen	Ionen	Elektrisches Feld
Photonen	Röntgen-beugung	EPM		
Elektronen	UPS XPS	SEM AES LEED RHEED		STM
Ionen und Neutralteilchen			SIMS SNMS	

In Tabelle 5.1 sind wichtige Verfahren zur Untersuchung von Oberflächen und dünnen Schichten hinsichtlich ihrer Anregungsart und der zur Information benutzten Sekundärteilchen geordnet. Im folgenden sollen die Grundprinzipien einiger wichtiger Verfahren erläutert werden.

5.2.1 Photoelektronenspektroskopie

Die zu untersuchende Oberfläche wird mit monochromatischen Photonen bestrahlt und die ausgelösten Photoelektronen bezüglich ihrer Energie analysiert (Bild 5.5a). Je nach Energie der einfallenden Photonen unterscheidet man zwischen **UPS** (Ultraviolet Photoelectron Spectroscopy) und **XPS** (X-ray Photoelectron Spectroscopy). Die kinetische Energie E_{kin} der ausgelösten Elektronen ist gegeben durch $E_{kin} = hn - E_B - \Phi$, wobei E_B

die Bindungsenergie und Φ die Austrittsarbeit der Elektronen ist. Mit UPS werden ausschließlich Valenzelektronen, mit XPS auch Rumpfelektronen erfaßt. Aus der Messung der pro Zeiteinheit emittierten Elektronen als Funktion von E_{kin} lassen sich mit Hilfe der bekannten Energieterme der Atome die Konzentrationen der einzelnen Atomarten in der Probe ermitteln. Die charakteristischen Peaks im Photoelektronen-Spektrum sind überlagert von einem Untergrund von Sekundärelektronen, die durch inelastische Streuprozesse beim Austritt aus dem Festkörper Energie verloren haben. Da inelastisch gestreute Elektronen nicht zum Nutzsignal beitragen, ist die Oberflächenempfindlichkeit der Photoelektronenspektroskopie sehr groß; denn Photoelektronen wie auch Augerelektronen, die in einer Tiefe größer als einige nm gebildet werden, haben nur eine sehr geringe Wahrscheinlichkeit, mit charakteristischer kinetischer Energie aus dem Festkörper auszutreten.

Mit Photoelektronenspektroskopie lassen sich außer der Elementzusammensetzung auch chemische Informationen über die Probe gewinnen, da die Bindungsenergie der Elektronen und damit auch die kinetischen Energie der Photoelektronen um einige eV in Abhängigkeit vom chemischen Zustand variieren.

Als Lichtquelle für UPS werden Gasentladungslampen (He: 21,2 eV und 40,8 eV; Ne: 16,8 eV), für XPS Röntgenröhren (Al: 1486 eV; Mg: 1253 eV) benutzt. Eine wichtige Strahlungsquelle ist Synchrotronstrahlung, bei der die Photonenenergie mit Hilfe von Monochromatoren kontinuierlich variiert werden kann.

5.2.2 Augerelektronenspektroskopie (AES)

Die zu untersuchende Probe wird mit Elektronen von einigen keV beschossen. Dadurch werden Probenatome in einem ihrer tiefliegenden Energieniveaus ionisiert (Bild 5.5b). Die beim anschließenden Auffüllen des primär erzeugten Loches frei werdende Energie wird entweder als charakteristische Röntgenstrahlung abgestrahlt oder strahlungslos an ein Elektron eines höheren Energieniveaus übertragen, das als Augerelektron mit einer charakteristischen kinetischen Energie emittiert wird (Bild 5.5d).

Es ist üblich, die AES-Spektren elektronisch zu differenzieren (Lock-in-Technik), um den sehr hohen Untergrund inelastisch gestreuter Elektronen zu unterdrücken. Ver-

152

wendet man zur Anregung einen fein fokussierten Elektronenstrahl und rastert diesen über die Probenfläche, so kann man Elementverteilungen dadurch bestimmen, daß man die Intensität elementspezifischer Augerlinien als Funktion der Position des Elektronenstrahls ermittelt (SAM = Scanning Auger Microscopy).

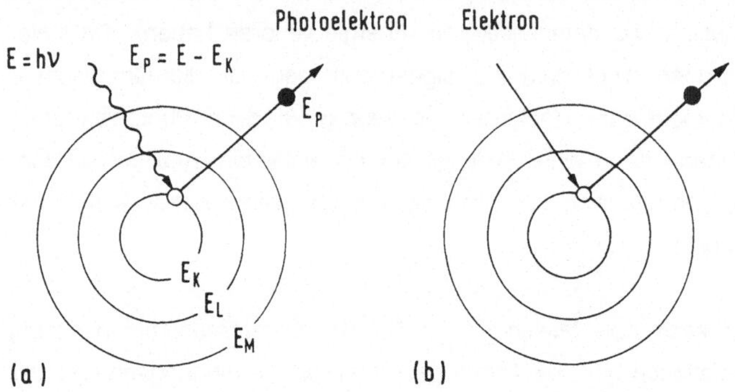

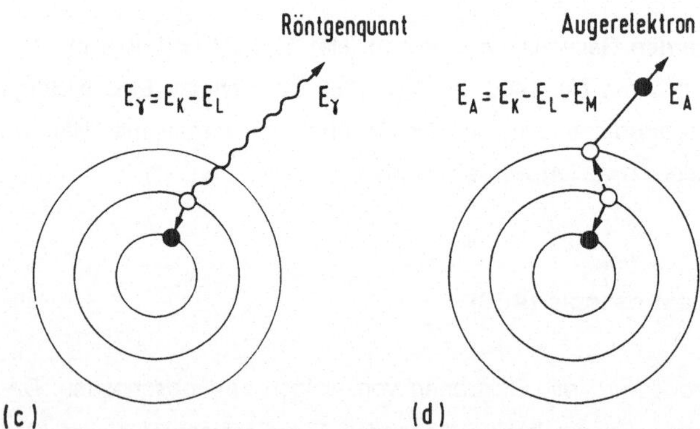

Bild 5.5 Schematische Darstellung der Vorgänge bei der Erzeugung von Photo- und Augerelektronen. (a) Erzeugung von Photoelektronen durch Photonenanregung. (b) Ionisation durch Elektronenanregung. (c) Emission von Röntgenstrahlung. (d) Emission von Augerelektronen. Die Vorgänge (c) und (d) sind konkurrierende Prozesse, deren relativer Anteil von der Ordnungszahl der Targetatome abhängt

5.2.3 Sekundärteilchen-Massenspektrometrie

Beim Beschuß einer Oberfläche mit Ionen von einigen keV dringen diese in den Festkörper ein und lösen dabei innerhalb des Eindringvolumens Stoßkaskaden aus, von denen einige wieder die Oberfläche erreichen, so daß aus oberflächennahen Atomlagen neutrale Teilchen, Ionen oder Cluster ausgelöst werden können. Die emittierten Sekundärteilchen werden massenspektrometrisch nachgewiesen. Sie haben im allgemeinen Energien von einigen eV, so daß ihre Austrittstiefe erheblich kleiner ist als die Eintrittstiefe der Primärionen.

Bei der **Sekundärionen-Massenspektrometrie (SIMS)** werden die emittierten geladenen Sekundärteilchen in einem Massenspektrometer nachgewiesen. SIMS erlaubt die Bestimmung der Elementzusammensetzung oberflächennaher Schichten. Die erzielbaren Nachweisgrenzen werden durch die Wahrscheinlichkeit, mit der Ionen von der Oberfläche emittiert werden, bestimmt. Diese Wahrscheinlichkeit hängt sehr stark vom Ionisationspotential des Elementes und von seiner chemischen Umgebung (Matrixeffekte) ab. Es existieren Unterschiede in der Ionisationswahrscheinlichkeit von einigen Größenordnungen. Die Intensitäten der Linien des Massenspektrums geben daher nicht direkt die Zusammensetzung der Oberfläche wieder, sondern es bedarf einer Eichung mit Proben bekannter Elementzusammensetzung, um zu quantitativen Aussagen zu gelangen.

Um die Quantifizierungsprobleme von SIMS zu umgehen, wurde die **Sekundärneutralteilchen-Massenspektrometrie (SNMS)** entwickelt. Dieses Verfahren bietet eine Genauigkeit bis in den Prozentbereich. Es beruht auf der Tatsache, daß der Hauptteil der gesputterten Teilchen aus neutralen Partikeln besteht, die direkt die Zusammensetzung der Probenoberflächen widerspiegeln. Die Neutralteilchen werden entweder in einer Niederdruckentladung oder durch Elektronenstoß ionisiert und anschließend massenspektrometrisch nachgewiesen. SNMS vermeidet daher den Einfluß von Matrixeffekten bei den Ionisationswahrscheinlichkeiten, und es müssen nur Unterschiede im Ionisationspotential berücksichtigt werden.

Bei SIMS und SNMS erfolgt durch den Sputterprozeß eine Abtragung von Probenmaterial. Verfolgt man daher die Intensitäten einzelner Massen als Funktion der Zeit, so erhält man Informationen über die Tiefenverteilung der Elemente.

5.2.4 Elektronenstrahl-Mikroanalyse (EPM)

Beim Beschuß eines Festkörpers mit Elektronen von einigen keV tritt als Konkurrenz-
prozeß zur Emission von Augerelektronen Emission charakteristischer Röntgenstrahlung auf (Bild 5.5c). Diese kann zur Elementanalyse der Probe herangezogen werden.
Augerelektronen können nur aus oberflächennahen Schichten austreten. Röntgenstrahlung besitzt - bei vergleichbarer Energie - eine größere Reichweite als Elektronen,
d.h. auch die in größerer Tiefe entstandene charakteristische Röntgenstrahlung kann
die Probe verlassen. EPM (Electron Probe Microanalysis)-Untersuchungen können
quantitativ und mit hoher Genauigkeit Elementzusammensetzungen liefern, da störende

Tabelle 5.2 Vergleich der Leistungsdaten einiger Oberflächenanalyseverfahren

Methode	EPM	XPS	AES	SIMS	SNMS
Nachweisbare Elemente	$Z \geq 6$	$Z \geq 3$	$Z \geq 3$	$Z \geq 1$	$Z \geq 1$
Information über chem. Bindung	nein	ja	ja	nein	nein
Informationstiefe	$1\ \mu m$	$< 10\ nm$	$< 5\ nm$	$< 2\ nm$	$< 2\ nm$
laterale Auflösung[a]	$1\ \mu m$	$10\ \mu m$ - $3000\ \mu m$	$20\ nm$ - $200\ nm$	$50\ nm$ - $100\ \mu m$	$5\ \mu m$ - $1\ mm$
Tiefenverteilung	ja[b]	ja[c]	ja[c]	ja[c]	ja[c]
Nachweisgrenze [ppm]	$< 10^3$	$w\ 10^3$	$w\ 10^3$	$< 0,1$	< 1
Quantifizierbarkeit	gut	gut, jedoch schwierig bei steilen Konzentrationsprofilen		schlecht	gut

a) in kommerziellen Geräten realisierte, optimale Werte [MUE 89b]
b) in Form einer Verteilungsanalyse an einem Schrägschliff
c) in Kombination mit Ionensputtern

Einflüsse mathematisch gut berücksichtigt werden können. Das Verfahren wird wegen seiner vergleichsweise großen Informationstiefe oft zur zerstörungsfreien Analyse benutzt.

Tabelle 5.2 faßt die Leistungsdaten der vorgestellten Methoden zusammen. Im allgemeinen wird eine einzelne Methode nicht zur umfassenden Charakterisierung eines Materials ausreichen, sondern es müssen verschiedene Verfahren kombiniert werden.

5.3 Untersuchung der Topographie und der kristallinen Struktur

5.3.1 Rasterelektronenmikroskopie

Für Untersuchungen der geometrischen Struktur im Mikrometer- und Submikrometerbereich wird vor allem das Rasterelektronenmikroskop eingesetzt [SCH 86]. Rasterelektronenmikroskopie (SEM = Scanning Electron Microscopy) erlaubt im Vergleich zur Lichtmikroskopie wesentlich höhere Vergrößerungen bei größerer Schärfentiefe. Mit dem Rasterelektronenmikroskop kann die Topographie (Strukturbreite, Strukturhöhe, Oberflächenrauhigkeit) von Mikrostrukturen kontrolliert werden.

Die aus der Kathode des Elektronenmikroskops emittierten Elektronen werden durch eine Anodenspannung von 0,5 - 50 kV beschleunigt. Der Elektronenstrahl wird durch Linsen fokussiert, so daß er auf der Probe einen Durchmesser von 5 - 20 nm hat. Ein Rastergenerator steuert die zeilenförmige Abrasterung der Probe durch den Elektronenstrahl und die synchrone Aufzeichnung des Bildes. Die von der Probe emittierten Sekundärelektronen werden von einem Detektor erfaßt; die Intensität der Sekundärelektronen steuert die Helligkeitsmodulation der Bildröhre. Aus einer Vertiefung gelangen z.B. weniger Sekundärelektronen zum Detektor als von der Probenoberfläche. Ebenso gelangen von der Rückseite der Probe weniger Sekundärelektronen zum Detektor als von der dem Detektor zugewandten Seite. Es bildet sich daher ein Bild mit Grautönen und Schatten aus. Dadurch entsteht ein plastischer Eindruck der dreidimensionalen Struktur der Probe.

Mit dem Rasterelektronenmikroskop wird häufig eine Röntgenmikrosonde in Form eines energiedispersiven Halbleiterspektrometers kombiniert (EPM).

5.3.2 Röntgenbeugung

Die Eigenschaften von Schwingquarzen, z.B. die Frequenz-Temperatur-Charakteristik, hängen zum Teil sehr empfindlich von der Kristallorientierung ab. Daher muß die Schnittorientierung der Schwingquarze sehr genau erfolgen. Dies geschieht mit Hilfe der Röntgenbeugung.

Ein Röntgenstrahl wird - anders als Licht - nicht an der Oberfläche, sondern an den Gitterebenen eines Kristalls reflektiert. Reflexion tritt auf, wenn der Einfallswinkel Θ_B die Bragg-Bedingung

$$\sin \Theta_B = n \cdot \lambda/2d_{(hk.l)}, \quad n = 1,2,3,\dots \tag{5.6}$$

erfüllt. λ ist die Wellenlänge der Röntgenstrahlung, $d_{(hk.l)}$ der Gitterebenenabstand. n ist die Reflexionsordnung; im allgemeinen arbeitet man in erster Ordnung, d.h. n = 1. Der Abstand der Gitterebenen (hk.l) im Quarzkristall ist gegeben durch

$$d_{(hk.l)} = a \cdot [4(h^2 + hk + k^2)/3 + (al/c)^2]^{-1/2}. \tag{5.7}$$

a und c sind die Gitterkonstanten (Abschn. 2.4). Aus Gl. (5.7) lassen sich die Braggwinkel berechnen.

Bei der Schnittorientierung von Quarzblanks wird der Winkel zwischen der Kristalloberfläche und einer bestimmten Gitterebenenschar gemessen. In Tabelle 5.3 sind einige Kristallebenen und zugehörige Braggwinkel für $CuK_{\alpha 1}$-Strahlung (λ = 0,15374 nm) angegeben, die bei der Orientierung benutzt werden. Ein einfacher Aufbau eines Röntgendiffraktometers ist in Bild 5.6 wiedergegeben. Es besteht im wesentlichen aus einer Röntgenröhre, einem Nickelfilter, der CuK_β-Strahlung absorbiert, CuK_α-Strahlung hingegen durchläßt, zwei Kollimatoren, einem Goniometer, einem Vakuumchuck zur Halterung der Probe und dem Detektor. Die reflektierende Kristalloberfläche liegt dabei in der Goniometerachse. Je nachdem, ob es sich um einen einfach oder zweifach gedrehten Kristallschnitt handelt werden unterschiedliche Meßverfahren angewendet, die z.B. in [BOT 82] detailliert beschrieben werden.

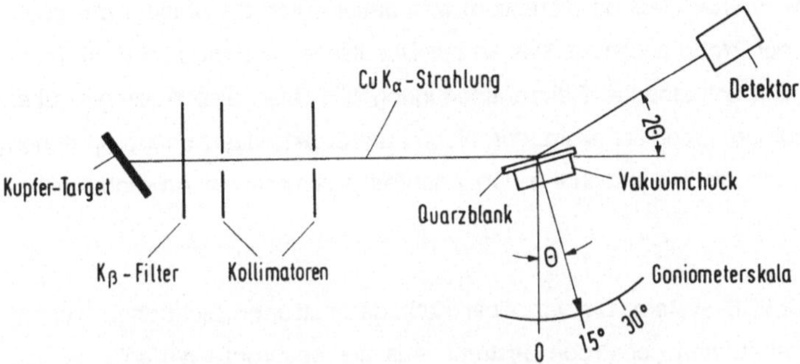

Bild 5.6 Schematischer Aufbau eines Röntgendiffraktometers

Tabelle 5.3   Kristallebenen, die bei der Schnittorientierung von Quarzblanks benutzt werden. Die Braggwinkel gelten für CuK$_\alpha$-Strahlung [BOT 82]

Kristallebene (Bravais-Miller-Indizes)	benutzt zur Orientierung von	Braggwinkel
(11.0)	X-Schnitt (XY)	18°18'
(10.0)	Y-Schnitt (YX)	10°26'
(10.1)	AT-Schnitt (YXl)-35°	13°19'
(20.3)	BT-Schnitt (YXl)49°	34°03'

5.3.3 Elektronenbeugung

Die Struktur von Kristallgittern läßt sich mit Beugungsexperimenten untersuchen. Die

Wellenlänge der dazu benutzten Strahlung muß in einem Bereich liegen, der die Erzeugung von Bragg-Reflexen (Gl. 5.6.) erlaubt. Diese Bedingung ist z.B. für langsame Elektronen (10 eV - 1 keV) erfüllt. Solche Elektronen werden nur innerhalb einer Tiefe von ca. 1 nm elastisch gestreut. Die Beugung elastisch reflektierter langsamer Elektronen (LEED = Low Energy Electron Diffraction) wird daher durch die Struktur der obersten Netzebenen der Probe bestimmt. Das an der Oberfläche mit periodischer Atomanordnung in Reflexion entstehende Elektronenbeugungsbild liefert also Aussagen über die zugehörige atomare Oberflächenstruktur. Neben der Strukturbestimmung an reinen Oberflächen ist auch die Untersuchung von Adsorbatstrukturen ein Anwendungsbereich von LEED.

Bild 5.7 zeigt ein LEED-System. Die von einer Kathode emittierten Elektronen werden an den Oberflächenatomen der Probe gestreut. Aus der de Broglie-Wellenlänge und den Atomabständen ergeben sich nach dem Huyghensschen Prinzip die Richtungen, in die sie vorzugsweise reflektiert werden. Die gestreuten Elektronen werden nachbeschleunigt und erscheinen als Reflexe auf dem Leuchtschirm. Inelastisch gestreute Elektronen werden mit Hilfe von Gegenspannungsgittern zurückgehalten. Aus der Struktur der Beugungsreflexe erhält man Aussagen über die Oberflächenstruktur der Probe [PEN 74].

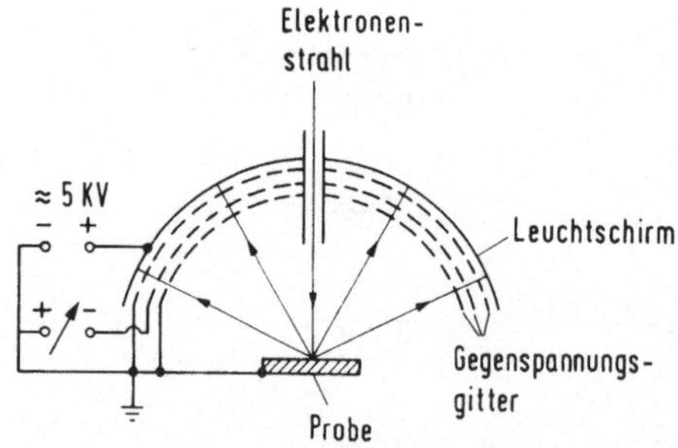

Bild 5.7 Schematische Anordnung zur Beugung langsamer Elektronen LEED

Für die in-situ Kontrolle des Aufwachsprozesses von Schichten gewinnt die Beugung schneller Elektronen (10 - 50 keV) zunehmend an Bedeutung (RHEED = Reflection High Energy Electron Diffraction). Charakteristisch für RHEED sind flache Einfallswinkel und geringe Winkelaufstreuung, so daß nur ein kleiner Raumwinkel in einer UHV-Apparatur belegt wird [BRU 80].

5.3.4 Rastertunnelmikroskopie

Rastertunnelmikroskopie (STM = Scanning Tunnel Microscopy) ist eine neue, höchstauflösende Methode zur Untersuchung der Oberflächentopographie [BIN 86]. Eine feine Metallspitze (z.B. aus Wolfram) wird im Abstand von einigen Ångström über die zu untersuchende, leitende oder halbleitende Probenoberfläche geführt (Bild 5.8). Bei Anlegen einer Spannung fließt zwischen Spitze und Probe ein Tunnelstrom zwischen ca. 0,1 und 100 nA, der exponentiell vom Abstand Spitze - Probenoberfläche abhängt. Mit Hilfe rückkopplungsgesteuerter piezoelektrischer Stellelemente wird die Spitze so über die Probenoberfläche bewegt, daß der Tunnelstrom konstant bleibt. Die Spannung an den Piezoelementen ist ein Maß für die exakte Position der Spitze, so daß sich ein dreidimensionales Bild der Oberflächenstruktur gewinnen läßt. Die mit dieser

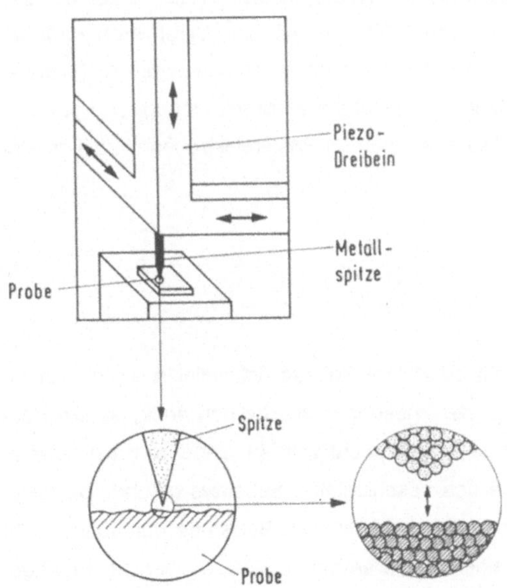

Bild 5.8 Prinzipieller Aufbau eines Rastertunnelmikroskops

Methode erreichbare vertikale Auflösung liegt im Sub-Ångström-Bereich, die laterale Auflösung bei ca. 0,2 nm. Die Rastertunnelmikroskopie erlaubt daher die Untersuchung der Struktur von Oberflächen bis hin zur Abbildung einzelner Atome. Dabei können Probenoberflächen bis in den μm^2-Bereich abgebildet werden.

5.4 Untersuchung mechanischer und physikalischer Eigenschaften von dünnen Schichten

Neben der Schichtdicke (Abschn. 5.1) sind häufig weitere mechanische Eigenschaften von dünnen Schichten für mikromechanische Anwendungen von Interesse.

5.4.1 Härte

Unter dem Begriff Härte versteht man den mechanischen Widerstand, den ein Körper beim Eindringen eines härteren Körpers diesem entgegensetzt. In der Mikromechanik werden Mikrohärteprüfer (Prüfgewichte von 0,02 - 10 N) und Ultramikrohärteprüfer (Prüfgewicht < 0,02 N) angewendet, bei denen mit einer Diamantpyramide (Vickers-Pyramide, Knoop-Pyramide) in der dünnen Schicht ein Eindruck erzeugt und vermessen wird. Geeignete Ultramikrohärte-Tester können im Rasterelektronenmikroskop eingesetzt werden [BAN 82].

5.4.2 Haftfestigkeit

Die Haftfestigkeit einer dünnen Schicht auf einem Substrat ist definiert als die Arbeit, die zu einer vollständigen Trennung an der Phasengrenzfläche notwendig ist. Die Haftfestigkeit kann z.B. mit einem Ritztestgerät untersucht werden. Dabei wird ein belasteter Diamantkegel über die Oberfläche des beschichteten Substrats geführt. Die Belastung wird schrittweise erhöht, bis sich bei der kritischen Belastung die Dünnschicht ablöst. Der Ablöseprozeß kann mit einem Schallemissionsdetektor, der die Bruchgeräusche erfaßt, nachgewiesen werden [LAE 82].

5.4.3 Mechanische Spannungen

Mechanische Spannungen beeinflussen die physikalischen und mechanischen Eigenschaften von dünnen Schichten entscheidend und können unter Umständen zur Ablösung der Schichten vom Substrat führen. Die Spannungen setzen sich aus zwei Anteilen zusammen:

- Thermische Spannungen, die auftreten, wenn die Ausdehnungskoeffizienten von Substrat- und Schichtmaterial unterschiedlich sind. Erfolgt der Beschichtungsvorgang bei einer anderen Temperatur als der Einsatztemperatur des Bauelements, so entsteht eine thermische Spannung σ_T, die sich gemäß

$$\sigma_T = E_S \cdot (\alpha_S - \alpha_{Sub}) \cdot (T_B - T_E) \tag{5.8}$$

berechnet. E_S ist der E-Modul der Schicht, α_S und α_{Sub} sind die Ausdehnungskoeffizienten von Schicht- und Substratmaterial, T_B und T_E sind Beschichtungs- und Einsatztemperatur.
- Innere Spannungen, die von den Herstellbedingungen und von der Dotierung abhängen.

Spannungen in dünnen Schichten werden im allgemeinen gemessen, indem man die durch die Spannung der Schicht bedingte Durchbiegung eines relativ dünnen Substrats mißt.

Von Interesse sind häufig auch mechanische Spannungen in freistehenden mikromechanischen Strukturen, z.B. in hochbordotierten Siliziummembranen, die als Maskensubstrate in der Röntgen- und Elektronenstrahllithographie benutzt werden. Eine wichtige Methode zur Bestimmung der inneren Spannungen in solchen Membranen ist die Messung der statischen Ausbeulung bei Aufbringen einer Kraft, z.B. auf elektrostatischem Wege [BUE 90b].

Zur Untersuchung von physikalischen Eigenschaften dünner Schichten, z.B. von thermischen, elektrischen, magnetischen, optischen Eigenschaften, werden Verfahren der physikalischen Meßtechnik angewendet. Diese sind ausführlich z.B. in [KOH 85] zusammengestellt.

6 Anwendungen der Mikromechanik

Die in Abschn. 4 vorgestellten Technologien ermöglichen die Herstellung komplexer mikromechanischer Strukturen. Eine systematische Darstellung ihrer Anwendungsmöglichkeiten würde den Rahmen einer Einführung sprengen. Stattdessen sollen im folgenden an Hand ausgewählter Beispiele Anwendungsbreite und Kombinationsmöglichkeiten der Mikromechanik mit anderen Mikrotechniken aufgezeigt werden.

6.1 Sensoren

Moderne Meß- und Regelsysteme sind infolge der raschen Entwicklung der Mikroelektronik in zunehmendem Maße digitale Systeme. Für solche Systeme benötigt man Sensoren, die hinsichtlich ihrer Leistungsfähigkeit und ihrer geometrischen Abmessungen der Mikroelektronik angepaßt sind und mit dieser räumlich zu einer Funktionseinheit integriert werden können. Zu ihrer Herstellung bietet sich die Miniaturisierungstechnologie Mikromechanik an.

Sensoren, deren Ausgangssignal ein analoges elektrisches Signal ist, z.B. eine Spannung oder ein Strom, sind nicht unmittelbar für den Einsatz in digitalen Systemen geeignet, sondern ihr analoges Ausgangssignal muß zunächst in ein digitales Signal umgewandelt werden. Neben Sensoren mit Analog-Digital-Wandler spielen Sensoren mit Frequenzausgang [LAN 85] eine wichtige Rolle. Die Umwandlung eines analogen elektrischen Sensorsignals in ein Frequenzsignal kann z.B. dadurch erfolgen, daß das Sensorelement frequenzbestimmendes Schaltelement eines elektrischen Oszillators ist. Eine andere Möglichkeit zur Erzeugung eines frequenzanalogen Sensorsignals bieten mechanische schwingungsfähige Strukturen, deren Resonanzfrequenz von der zu messenden Größe abhängt. Besonders einfach lassen sich mikromechanische Resonatoren über den piezoelektrischen Effekt anregen; Anregung und Abtastung der Schwingungen können jedoch auch elektrostatisch, magnetisch oder optisch erfolgen.

6.1.1 Drucksensoren mit piezoresistiver oder kapazitiver Signalwandlung

Das Prinzip mikromechanischer Drucksensoren besteht darin, daß der zu messende Druck durch einen Federkörper, im allgemeinen eine allseitig eingespannte Membran, in eine elastische Deformation umgewandelt wird. Diese Deformation wird in einem zweiten Schritt durch piezoresistive oder kapazitive Signalwandlung in eine elektrische Größe transformiert. Der Arbeitsbereich liegt je nach Dimensionierung der Membran zwischen 10 Pa und einigen 100 bar.

Beim **piezoresistiven Drucksensor** werden in den gedehnten und gestauchten Zonen der Membran Widerstände integriert, die ihren Wert bei Dehnung oder Stauchung ändern. Der piezoresistive Effekt wird durch die Beziehung

$$\Delta R/R = K \cdot \epsilon \tag{6.1}$$

beschrieben. Darin ist $\Delta R/R$ die relative Widerstandsänderung und ϵ die Dehnung. Der K-Faktor wird bei Metallen durch die Geometrieänderung des gedehnten oder gestauchten Widerstandes bestimmt und liegt in der Größenordnung von $K = 2$. Bei Halbleitern kann im allgemeinen der geometrisch bedingte Effekt gegenüber einem materialbedingten Effekt vernachlässigt werden. Die mechanische Deformation des Kristalls führt zu einer Umbesetzung der Energiebänder, die eine Änderung der mittleren Beweglichkeit der Ladungsträger und damit auch eine Änderung des elektrischen Widerstandes zur Folge hat. Der K-Faktor erreicht für Silizium Werte bis zu $K = 200$. Er hängt vom Leitungstyp, von der Dotierung und von der Kristallrichtung ab [KAN 82].

Bei monolithischen Silizium-Drucksensoren werden in die mittels anisotroper Ätztechnik hergestellte Membran meist vier Widerstände durch Diffusion oder Ionenimplantation eingebaut. Mit Hilfe einer Wheatstoneschen Brückenschaltung werden die relativ kleinen Widerstandsänderungen in leichter meßbare Brückensignale umgewandelt. Die relative Widerstandsänderung kann unter Vernachlässigung der geometrisch bedingten Effekte durch

$$\Delta R/R = \pi_l \sigma_l + \pi_t \sigma_t \tag{6.2}$$

beschrieben werden. σ_l und σ_t sind die mechanischen Spannungen parallel und senk-

164

recht zur Richtung des elektrischen Stromes, π_l und π_t sind die zugehörigen piezoresistiven Koeffizienten [KAN 82]. Bild 6.1 zeigt eine günstige Widerstandsanordnung für quadratische Membranen mit (100)-Oberfläche.

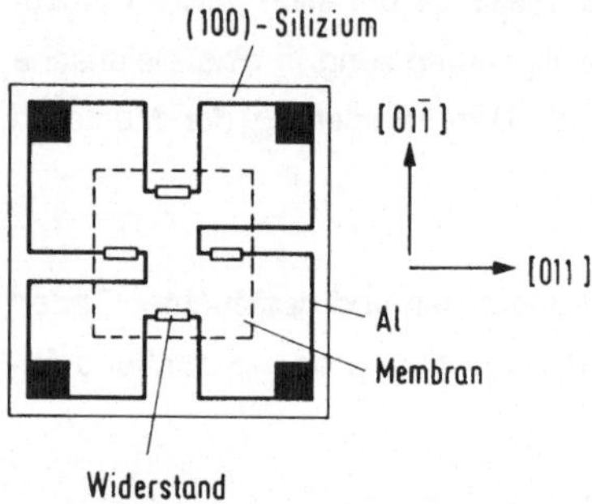

Bild 6.1 Typische Anordnung von piezoresistiven Silizium-Widerständen auf einer quadratischen Membran

Eine Möglichkeit der weiteren Miniaturisierung von Drucksensoren bietet das Verfahren des Silicon Direct Bonding (SDB, Abschn. 4.7.2). Bild 6.2a veranschaulicht den Herstellungsprozeß eines SDB-Sensors [BRY 88]. Bild 6.2b zeigt zum Vergleich einen "konventionellen" Sensor mit gleicher Membrangröße.

Neuere Entwicklungen [GRA 87] ersetzen die in die Membran eindiffundierten Widerstände durch Dünnschicht-Widerstände aus polykristallinem Silizium, die durch eine dielektrische Schicht (z.B. SiO_2) isoliert auf der Membran liegen (Bild 6.3). Dadurch ergeben sich folgende Vorteile:

- Temperatureinflüsse können durch geeignete Dotierung kompensiert werden.
- Die Dünnschichtwiderstände können mittels Laser getrimmt werden.
- Die maximal zulässige Betriebstemperatur erhöht sich auf bis zu 260 $^{\circ}$C.
- Es können auch andere, z.B. metallische Federkörper eingesetzt werden. Die Technik zur Herstellung von polykristallinen Silizium-Widerständen auf metallischen Federkörpern wird allerdings noch nicht vollständig beherrscht.

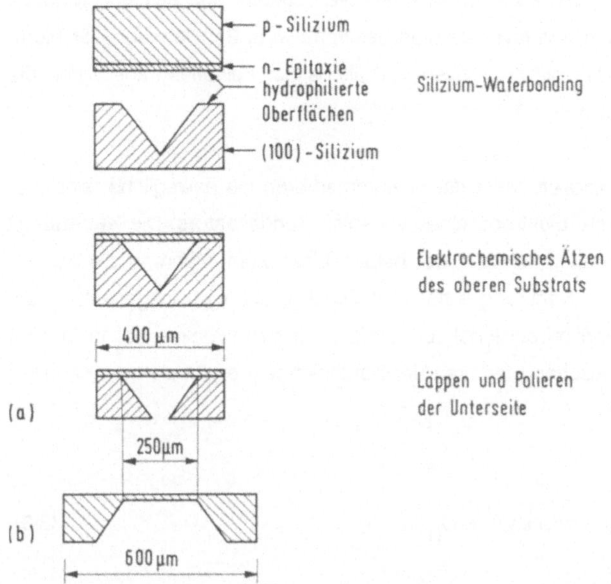

Bild 6.2 (a) Prozeßschritte zur Herstellung eines SDB-Drucksensors. (b) Konventioneller Sensor mit gleicher Membrangröße [BRY 88]

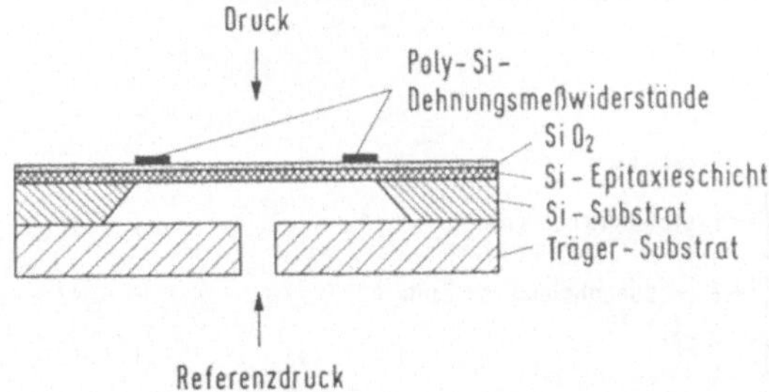

Bild 6.3 Schematischer Aufbau eines piezoresistiven Drucksensors mit Dünnschicht-Widerständen aus polykristallinem Silizium [OBE 85]

Auch aktive Bauelemente, z.B. MOS-Feldeffekttransistoren, zeigen piezoresistives Verhalten. Dies kann zur Realisierung von Drucksensoren mit Frequenzausgang genutzt werden [SCH 85]. Dazu wird in die druckempfindliche Membran ein Ringoszillator integriert, der aus einer ungeraden Zahl von Inverterstufen besteht und dessen Frequenz von der Verzögerungszeit in den Inverterstufen bestimmt wird. Bei Dehnung der Membran ändert sich infolge des piezoresistiven Verhaltens der Feldeffekttransistoren die Frequenz des Ringoszillators.

Bei **kapazitiven Drucksensoren** bildet die Siliziummembran die bewegliche, eine metallisierte Glasplatte die feste Elektrode eines variablen Kondensators. Die Kapazität C ist umgekehrt proportional zum Abstand der beiden Elektroden, während die Auslenkung der Membran in guter Näherung linear vom Druck p abhängt. Insgesamt ist daher die Kapazität umgekehrt proportional zum Druck. Für den Drucksensor in Bild 6.4 [SAN 80] mit einer quadratischen Membran der Kantenlänge a ergibt sich die Kennlinie aus der Beziehung

$$C(p) = \int_0^a \int_0^a \epsilon_0 dx dy / [d - w(p,x,y)] + C_0. \tag{6.3}$$

Darin ist $w(p,x,y)$ die Auslenkung der Membran, C_0 die Kapazität der Verarmungszone zwischen der p^+-Zone und der Membran aus n-dotiertem Silizium. Eine analytische Lösung für $w(p,x,y)$ ist bei bestimmten Randbedingungen möglich [BIN 87].

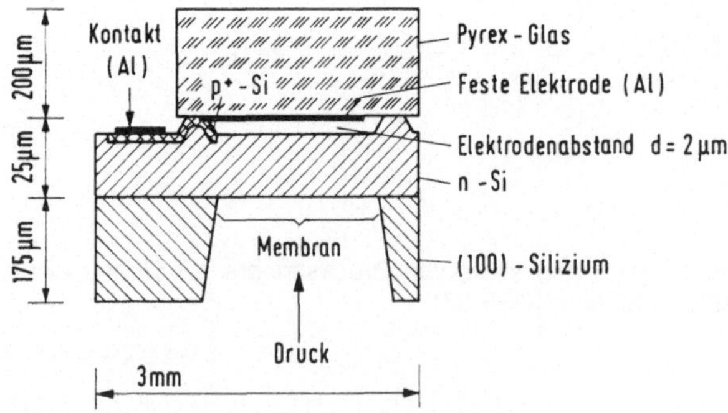

Bild 6.4 Kapazitiver Drucksensor [SAN 80]

Im Vergleich zu piezoresistiven Drucksensoren sind Sensoren mit kapazitiver Signal-wandlung weniger störempfindlich gegenüber mechanischen Spannungen, die durch Montage und Gehäusung des Sensors induziert werden. Auch Temperatureffekte, die durch Temperaturausdehnung und Abhängigkeit der Elastizitätskonstanten von der Temperatur verursacht werden, sind sehr viel kleiner als bei piezoresistiven Sensoren. Andererseits müssen bei kapazitiven Drucksensoren zwei unabhängig voneinander prozessierte Substrate im Vakuum zusammengefügt werden, d.h. die Verbindungs-technik ist aufwendiger als bei piezoresistiven Sensoren.

Typische Kapazitäten liegen im pF-Bereich, so daß eine Signalvorverarbeitung direkt auf dem Sensorchip wünschenswert ist, um Störungen durch Streukapazitäten auszu-schalten [SAN 80].

Zur Erfassung von Schalldruck werden sehr viel dünnere Membranen benötigt als für konventionelle Drucksensoren. Bild 6.5 zeigt den prinzipiellen Aufbau eines miniaturi-sierten **Mikrophons** [HOH 86], das aus zwei Teilen zusammengesetzt ist. Die druck-empfindliche quadratische Membran (800 μm x 800 μm) besteht aus einer metallisier-ten 150 nm dicken Siliziumnitrid-Schicht. Membran und Gegenelektrode sind durch einen Luftspalt von 2 μm getrennt. Die Gesamtabmessungen des Mikrophons betragen 1,7 mm x 2,0 mm x 0,6 mm.

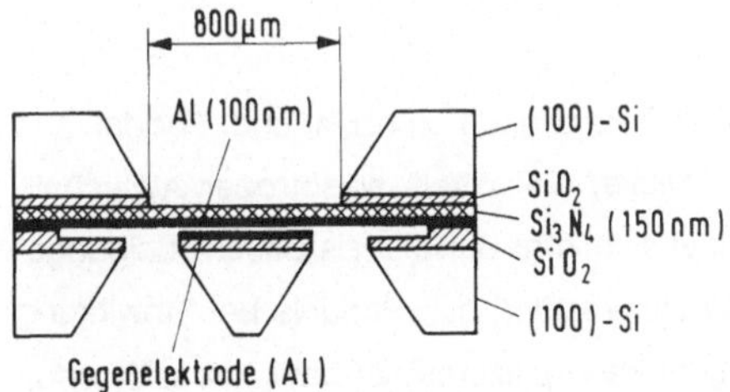

Bild 6.5 Prinzipieller Aufbau eines Miniaturmikrophons [HOH 86]

Ein besonderer Vorteil der Miniaturisierung von Sensoren liegt in der Möglichkeit, Sen-sorarrays hoher Komplexität zur Detektion flächenhafter Größen zu realisieren. Bild 6.6 zeigt einen **taktilen Sensor** mit einer Gesamtfläche von 2,2 cm x 2,2 cm, der aus einer

Anordnung von 8 x 8 Kondensatorelementen besteht [CHU 85]. Dünngeätzte Silizium-membranen formen einwirkende Kräfte in Kapazitätsänderungen um und ermöglichen damit das Erkennen eines Körpers. Die nachfolgende Signalverarbeitung (Kapazitäts-messung, Reihen- und Spaltenselektion, Ausgangsverstärker) kann monolithisch inte-griert werden.

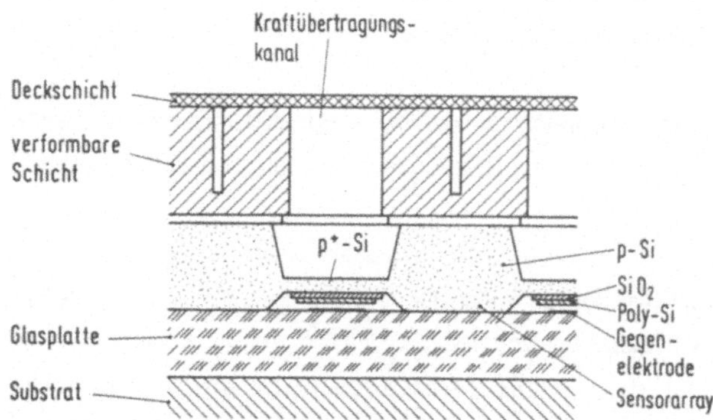

Bild 6.6 Taktiler Sensor aus Silizium [CHU 85]

6.1.2 Beschleunigungssensoren mit piezoresisitiver oder kapazitiver Signalwand-lung

Vielseitig verwendbare Sensorstrukturen sind freistehende Zungen und Paddel aus Silizium oder Siliziumdioxid von einigen μm Dicke, die mittels anisotroper Ätztechnik erzeugt werden. Eine solche Anordnung eignet sich zum Beispiel als Beschleunigungs-sensor. Die Umwandlung der mechanischen Deformation des Paddels bei Einwirkung einer Beschleunigung in ein elektrisches Signal kann piezoresistiv oder kapazitiv erfol-gen. Beim piezoresistiven Sensor sind Piezowiderstände im Paddel integriert. Beim kapazitiven Sensor bildet das Paddel die bewegliche Elektrode eines Kondensators. Der Meßbereich variiert zwischen ca. 0,01 g und 100 g je nach Dimensionierung des Paddels.

Bild 6.7 zeigt einen **piezoresistiven Beschleunigungssensor** mit einer Glas-Silizium-Glas-Sandwichstruktur [ROY 79]. Eine dünne Silizium-Zunge ist an einem Ende mit einem 200 μm dicken Rahmen verbunden, am anderen, freien Ende ist sie zu einem rechteckigen Paddel erweitert, auf dem zur Erhöhung der Empfindlichkeit eine zusätzliche Masse aufgebracht ist. Zur Umwandlung in ein elektrisches Signal dient eine Halbbrückenschaltung aus zwei eindiffundierten Widerständen, einer auf der Oberfläche der Zunge, der andere an einer Stelle des Rahmens, die von der Biegung der Zunge nicht beeinflußt wird. Als Kontakte dienen hochdotierte Zonen auf dem Rahmen. Die Glasscheiben, in die eine Vertiefung geätzt wird, damit das Paddel sich frei bewegen kann, werden hermetisch dicht und äußerst haftfest mit dem Silizium-Rahmen durch Anodisches Bonden (Abschn. 4.7.2) verbunden. Die Herstellung des Sensors erfolgt in mehreren photolithographischen Ätzschritten, wobei die Dicke der Zunge durch die Ätzzeit bestimmt wird.

Zur Charakterisierung eines solchen Sensors dienen Eigenfrequenz und Empfindlichkeit. Infolge ihrer kleinen geometrischen Abmessungen besitzen mikromechanische Beschleunigungssensoren eine höhere Eigenfrequenz und damit eine größere Bandbreite als konventionelle Sensoren. Eigenfrequenz und Empfindlichkeit können jedoch nicht unabhängig voneinander optimiert werden, da eine Erhöhung der Eigenfrequenz mit einer Erniedrigung der Empfindlichkeit verbunden ist und umgekehrt. Für eine fest vorgegebene Eigenfrequenz oder Empfindlichkeit läßt sich jedoch der jeweils andere Parameter durch geeignete Wahl der Geometrie des Sensors optimieren. Ein Verfahren dazu wird z.B. in [SEI 84] angegeben.

Im allgemeinen werden Beschleunigungssensoren unterhalb ihrer Eigenfrequenz betrieben. Um Vibrationen bestimmter Frequenzen (ca. 100 Hz bis 100 kHz) selektiv zu erfassen, können die Resonanzen schwingungsempfindlicher Strukturen ausgenutzt werden; dadurch erzielt man eine Steigerung der Empfindlichkeit um einige Größenordnungen. Mit Hilfe eines Sensors, der aus einer Vielzahl von Strukturen, z.B. Zungen, mit unterschiedlichen Resonanzfrequenzen besteht [BEN 85], können komplexe Schwingungsvorgänge in ihre Grundschwingungen zerlegt werden. **Vibrationssensoren** können z.B. als Klopfsensoren oder als Körperschallsensoren zur Überwachung von Maschinen eingesetzt werden.

In Bild 6.8 ist ein **kapazitiver Beschleunigungssensor** schematisch dargestellt [RUD 90]. Er besteht aus einer an zwei Biegebalken aufgehängten Platte als bewegliche Mittelelektrode und zwei auf beiden Seiten der Platte angebrachten festen Elektroden.

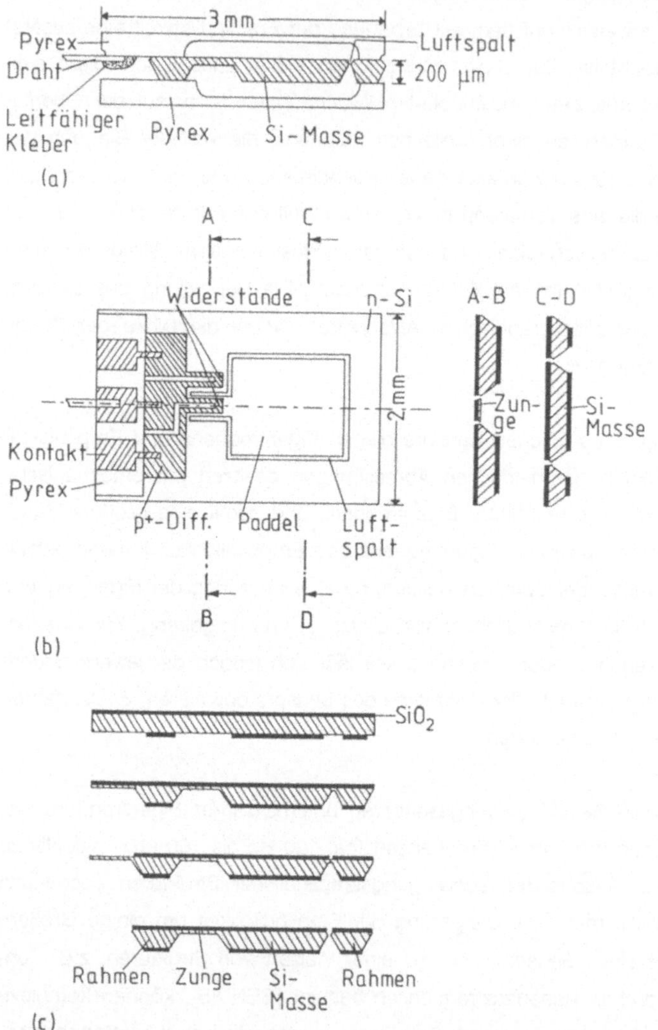

Bild 6.7 Piezoresistiver Beschleunigungssensor [ROY 79]

Die drei separat hergestellten Siliziumscheiben werden bei kontrolliertem Druck durch Anodisches Bonden hermetisch verschlossen. Über den Druck kann die Dämpfung eingestellt werden. Eine Beschleunigung bewirkt eine Auslenkung der Mittelplatte, die eine Änderung der Kapazitäten der beiden von Mittelplatte und Gegenelektroden gebildeten Kondensatoren zur Folge hat. Die Messung erfolgt in einer hybrid integrierten Halbbrückenschaltung. Mit Hilfe elektrostatischer Kräfte ist die Erweiterung zu einem kraftkompensierten System möglich.

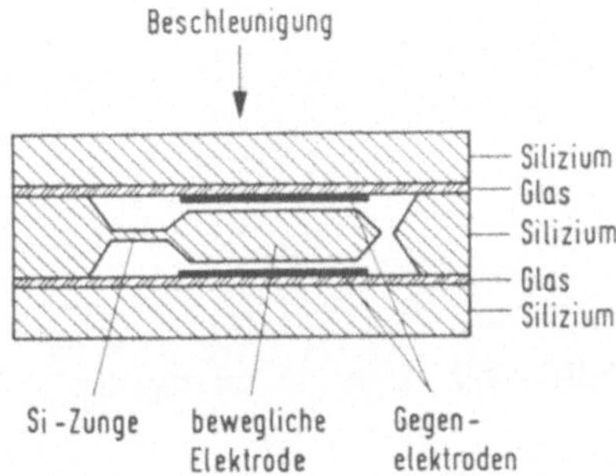

Bild 6.8 Kapazitiver Beschleunigungssensor [RUD 90]

6.1.3 Flußsensoren

Das bekannte Prinzip des Hitzdrahtanemometers läßt sich auch für miniaturisierte Fluß-sensoren nutzen. Bild 6.9 zeigt einen **Silizium-Gasflußsensor** mit integrierter Signal-verarbeitung [STE 88]. Die Heizung erfolgt über die Verlustwärme zweier Bipolartran-sistoren, die sich in einem Silizium-Chip (300 μm x 400 μm x 30 μm) am Ende einer Silizium-Zunge (1,6 mm x 400 μm x 30 μm) befinden, die ihrerseits mit der Grundplatte (2 mm x 1,4 mm x 380 μm) verbunden ist. Auf dem Chip befindet sich außerdem eine Diode zur Temperaturmessung. Silizium-Zunge und Sensor-Chip sind durch eine Poly-imidschicht thermisch voneinander isoliert. Eine weitere Diode auf der Silizium-Zunge dient der Messung und der Kompensation von Änderungen der Gastemperatur. Der Sensor-Chip wird abwechselnd geheizt und durch das strömende Gas gekühlt. Die Regelung erfolgt derart, daß die Chip-Temperatur zwischen zwei festen Werten oszil-liert. Eine Erhöhung der Strömungsgeschwindigkeit des Gases verstärkt den Kühlef-fekt, d.h. die Abkühlzeit wird verkürzt. Dagegen verlängert sich die Zeit, die notwendig ist, um den oberen Temperaturwert zu erreichen. Das Verhältnis von Aufheizzeit zu Abkühlzeit ist daher ein Maß für die Strömungsgeschwindigkeit.

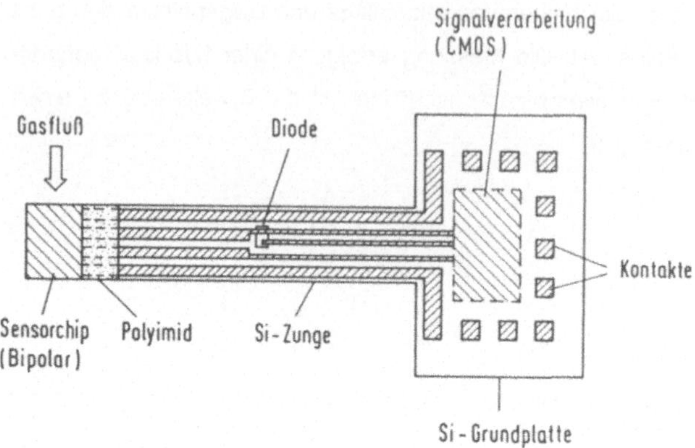

Bild 6.9 Schema eines Silizium-Gasflußsensors [STE 88]

Mit diesem Gasflußsensor wurde eine Empfindlichkeit von 3 % pro m/s im Bereich von 2 bis 30 m/s erreicht. Anwendungen ergeben sich in der chemischen Verfahrenstechnik, der Medizintechnik und in der Kraftfahrzeugtechnik.

Zur Erfassung kleiner Flüssigkeitsströme eignet sich das in Bild 6.10 schematisch dargestellte **Strömungssystem** [GUV 85]. Mit Hilfe der anisotropen Ätztechnik wird in einem Siliziumsubstrat mit (100)-Oberfläche ein Strömungskanal mit einer Breite w = 50 μm und einem Aspektverhältnis (Länge/Breite) l/w $\approx$ 5000 hergestellt. Der Kanal wird mit einer Glasplatte verschlossen, die durch Anodisches Bonden hermetisch dicht mit dem Siliziumsubstrat verbunden wird. Löcher in der Glasplatte bilden den Ein- und Auslaß des kapillaren Strömungssystems. Unter der Voraussetzung einer laminaren Strömung gilt für den Zusammenhang zwischen der Flußrate Q und der Druckdifferenz Δp zwischen Ein- und Auslaß:

$$Q = (k'/\mu) \cdot (w^4/l) \cdot \Delta p. \tag{6.4}$$

μ ist die Viskosität der Flüssigkeit und k' eine Konstante, die von der Form des Kanalquerschnitts abhängt. Mit Hilfe von Gl. (6.4) wird die Messung der Flußrate Q zurückgeführt auf die Messung der Druckdifferenz Δp. In dem beschriebenen Beispiel werden Konversionsfaktoren von 0,1 μl/h pro cm Wassersäule erreicht.

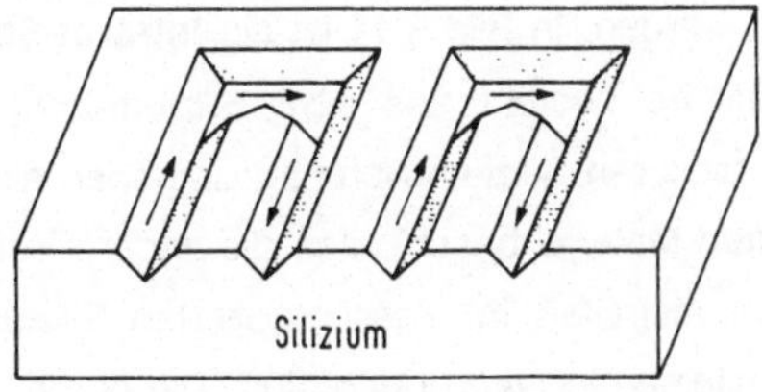

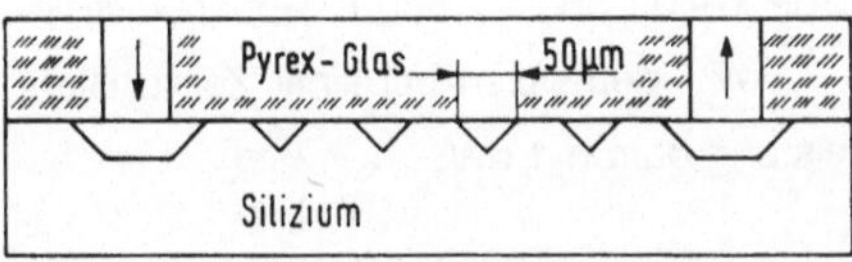

Bild 6.10   Kapillares Strömungssystem zur Messung kleiner Flüssigkeitsströme [GUV 85]

6.1.4 Strahlungssensoren

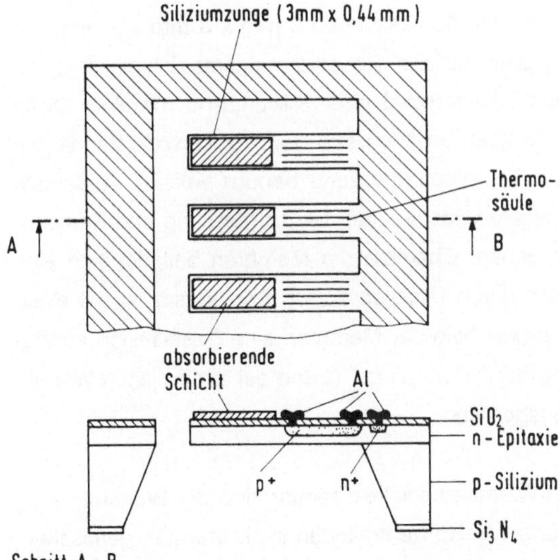

Bild 6.11   Ausschnitt aus einem Infrarot-Sensorarray [SAR 88]

Mikromechanische Strahlungssensoren detektieren Temperaturänderungen, die durch Absorption der Strahlungsenergie verursacht werden. In Bild 6.11 ist ein **Infrarot-Sensorarray** schematisch dargestellt [SAR 88]. Es besteht aus acht Silizium-Zungen (3 mm x 440 μm x 10 μm), die von einem dickeren Silizium-Rahmen umgeben sind. Eine Hälfte jeder Zunge ist mit absorbierendem Material beschichtet, die andere Hälfte enthält eine Thermosäule aus fünf p^+-Siliziumstreifen in einer n-dotierten Siliziumschicht, die durch Aluminium-Leiterbahnen miteinander verbunden sind. Die durch die absorbierte Strahlung erzeugte Wärme fließt durch die Zungen zum Rahmen, der als Wärmesenke wirkt. Die Ausgangsspannung der Themosäule ist proportional zur einfallenden Leistung. Mit dieser Anordnung wurde in Luft und für 500 K Hohlraumstrahlung eine Empfindlichkeit von $5 \cdot 10^7$ cm$\cdot$Hz$^{1/2} \cdot$W^{-1} gemessen bei einer Zeitkonstanten von 180 ms. Die minimal nachweisbare Leistung betrug 1 nW.

6.1.5 Gassensoren

Die Tatsache, daß die Wärmeleitfähigkeit eines Gases von der Art der einzelnen Gaskomponenten und deren Anteil am Gemisch abhängt, läßt sich zur Realisierung mikromechanischer Gassensoren nutzen. Bild 6.12 zeigt schematisch einen solchen **Wärmeleitfähigkeitssensor** [HAR 90] mit den Abmessungen 3 mm x 3 mm x 1 mm, der aus drei Einzelkomponenten aufgebaut ist. Die Hauptkomponente ist ein Siliziumscheibchen mit einer Membran aus Siliziumdioxid oder Siliziumnitrid mit einer Dicke von weniger als 1 μm. Auf dieser Membran befinden sich Dünnschichtwiderstände, die zur Heizung der Membran und zur Temperaturmessung benutzt werden. Außerhalb der Membran befinden sich zwei weitere Widerstände, die zur Messung und Kompensation der Umgebungstemperatur dienen. Oberhalb der Membran befindet sich eine Abdeckung, die einen Gasaustausch durch Diffusion zuläßt. Der Sensor ist auf einen Silizium-Träger aufgesetzt, der auch unterhalb der Membran eine Gasdiffusion ermöglicht. Gemessen wird die Abkühlung der Membran auf Grund der zusätzlichen Wärmeableitung durch das umgebende Gasgemisch.

Typische Anwendungen für diesen Wärmeleitfähigkeitssensor sind die Druckmessung im Grobvakuum und die Bestimmung von Konzentrationen in binären Gasgemischen. Eine Messung der Wärmeleitfähigkeit bei zwei verschiedenen Temperaturen ermöglicht eine Konzentrationsbestimmung auch in ternären Gasgemischen. Dabei wird die Abhängigkeit der Wärmeleitfähigkeit von der Temperatur ausgenutzt.

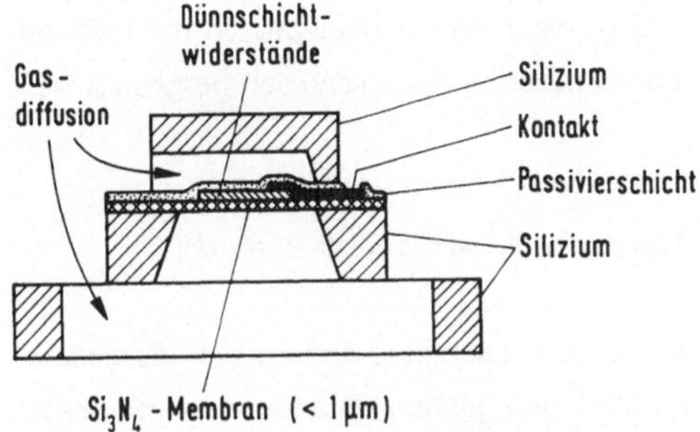

Bild 6.12 Mikromechanischer Wärmeleitfähigkeitssensor [HAR 90]

6.1.6 Miniaturisierte Quarzresonatoren als frequenzanaloge Sensoren

Einkristalliner Quarz spielt als Werkstoff für mikromechanische Resonatoren eine sehr wichtige Rolle, da er als nicht-zentrosymmetrischer Kristall piezoelektrisch ist. Die hochstabilen elastischen Eigenschaften von Quarz erlauben die Herstellung von Resonatoren hoher Güte ($Q = 10^4$ bis 10^7) und damit eine weitgehende Unabhängigkeit des mechanischen Resonators von den Eigenschaften des elektrischen Oszillators,

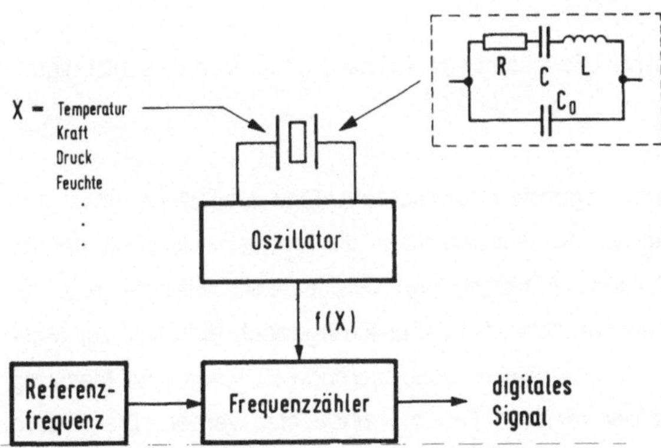

Bild 6.13 Blockschaltbild eines Quarzsensors

dessen frequenzbestimmendes Element der Quarzschwinger ist (Bild 6.13). Grundstrukturen für miniaturisierte Quarzsensoren sind Dickenscherschwinger in Form von schmalen Plättchen und Biegeschwinger in Form von Stimmgabeln und Doppelstimmgabeln (s. z.B. [BUE 88, EER 88, HAU 87]), die in einem Batchprozeß mit Hilfe der photolithographischen Ätztechnik aus dünnen polierten Quarzscheiben hergestellt werden können (Abschn 4.4.4).

Die Resonanzfrequenz miniaturisierter Quarzsensoren wird beeinflußt durch:

- **Temperaturänderung**. Infolge der thermische Ausdehnung ändern sich die geometrischen Abmessungen und die Dichte der schwingenden Struktur. Auch die elastischen Konstanten sind temperaturabhängig. Außer zur Temperaturmessung kann dieser Effekt über die Erwärmung bei Absorption von Strahlung zum Nachweis von Infrarotstrahlung oder über die Temperaturabsenkung infolge des Wärmeentzugs durch ein strömendes Medium zur Messung von Gasströmungsgeschwindigkeiten genutzt werden.

Aufgrund der Anisotropie des Quarzkristalls ist die Abhängigkeit der Resonanzfrequenz von der Temperatur eine Funktion der Orientierung der Quarzscheibe bezüglich der Kristallachsen. Durch geeignete Wahl des Kristallschnitts läßt sich daher einerseits die Kennlinie eines Temperatursensors optimieren, andererseits kann bei Sensoren für die Messung anderer Größen der Temperatureinfluß in einem bestimmten Temperaturbereich minimiert werden.

- **Einwirkung einer äußeren Kraft**. Es lassen sich Kräfte, Drücke und Beschleunigungen messen.

- **Massenbelegung bzw. mitschwingende Grenzschicht**. Eine zusätzliche mitschwingende Masse ändert das Trägheitsmoment und damit die Frequenz des Resonators. Dieser Effekt hat bereits etablierte Anwendungen bei der Mikrowägung und der Schichtdickenmessung gefunden (Abschn. 5.1.3), er kann jedoch ebenfalls zur Messung der Dichte von Gasen und über selektiv adsorbierende Schichten zur Messung von Gaskonzentrationen und der relativen Feuchte eingesetzt werden. Die relative Feuchte kann auch nach dem Taupunktverfahren bestimmt werden; dabei wird der Einfluß geringster Taumengen auf die Resonanzfrequenz nachgewiesen.

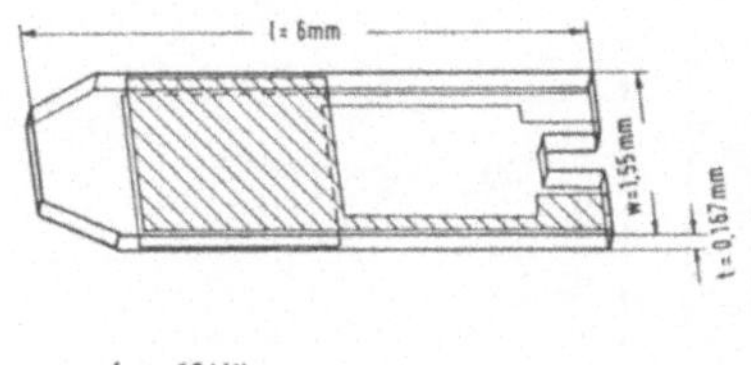

AT - Quarz   (Dickenscherschwingung)

$$\frac{\Delta f}{\Delta m} \approx -\,Konst \quad \frac{f_0^2}{A}$$

A   aktive Fläche
Δm Massenbelegung
typischer Wert : $\dfrac{\Delta f}{\Delta m} \approx -\,10\,Hz\,/\,ng$

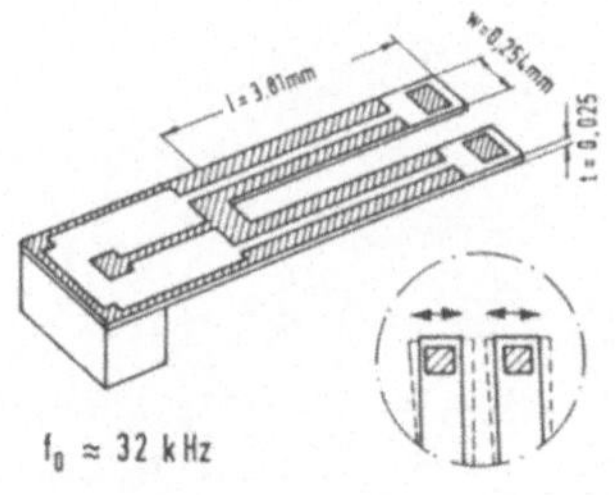

Stimmgabel   (Biegeschwingung)

$$\frac{\Delta f}{f_0} \approx -\frac{\pi}{4}\,\frac{g}{g_Q}\,\frac{t}{w}$$

g_Q Dichte von Quarz
g, p Gasdichte, Gasdruck

typischer Wert in Luft : $-\dfrac{\partial}{\partial p}\left(\dfrac{\Delta f}{f_0}\right) \approx 500\,ppm/bar$

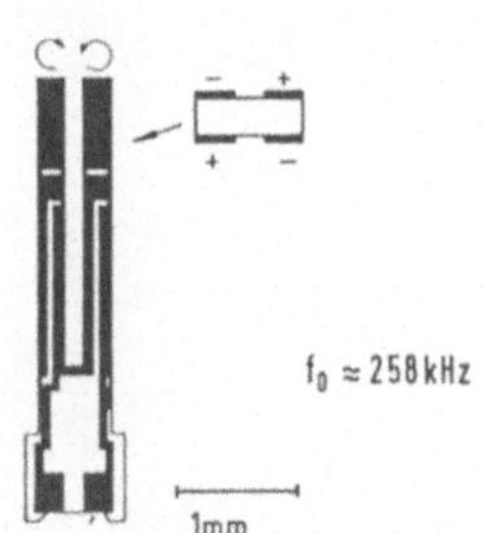

Stimmgabel   (Torsionsschwingung)

$$\frac{\Delta f}{f_0} \approx \alpha\,\Delta T + \beta\,\Delta T^2 + \cdots\cdots$$

ΔT Temperaturdifferenz

typische Werte : $\alpha \approx 35\,ppm\,/\,K$
$\beta \approx 2\cdot10^{-8}\,/\,K$

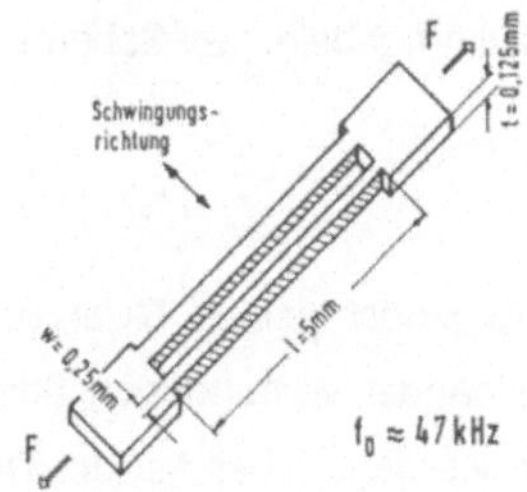

Doppelstimmgabel   (Biegeschwingung)

$$\frac{\Delta f}{f_0} \approx Konst \quad \frac{1}{E}\,\frac{l^2}{w^3 t}\,F$$

E   E - Modul

typischer Wert : $\dfrac{\partial}{\partial F}\left(\dfrac{\Delta f}{f_0}\right) \approx 1\,\permil\,/\,N$

Bild 6.14 Beispiele miniaturisierter Quarzsensoren [CHU 83, DIN 82, RAN 87, VOG 84]

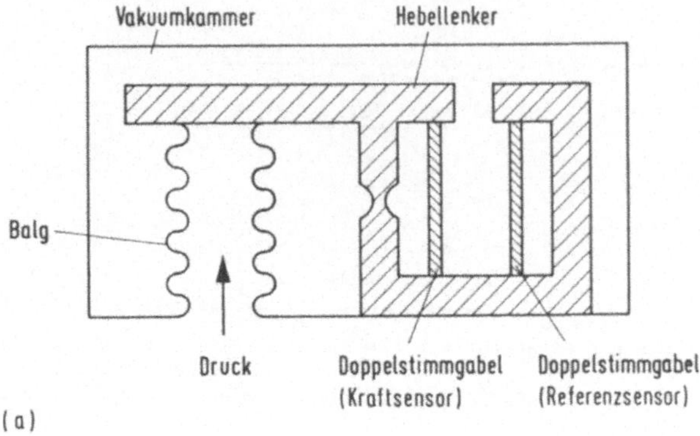

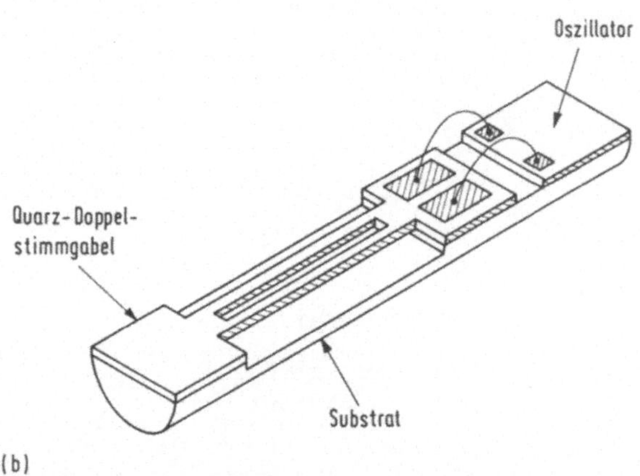

Bild 6.15 Sensoren auf der Basis von Quarz-Doppelstimmgabeln. (a) Schema eines Drucksensors. (b) Schema eines Temperatursensors

Beispiele für Quarzsensorstrukturen gibt Bild 6.14. Im folgenden soll die **Quarzdoppel-stimmgabel**, die man sich aus zwei in der Mitte miteinander verbundenen Stimmga-beln entstanden denken kann, detaillierter beschrieben werden. Jeder Ast der Doppel-stimmgabel kann als beidseitig eingespannter Biegebalken betrachtet werden, wobei sich die Biegemomente beider Äste kompensieren. Dadurch ist eine gute mechanische Isolierung des Resonators von seiner Halterung gewährleistet. Die Frequenz der Biegeschwingung erhöht sich unter mechanischem Zug und verringert sich bei Druckbelastung.

Diese Struktur kann zur Messung von Kräften und anderer physikalischer Größen, die sich in eine Kraft umwandeln lassen, dienen:

- Die Einleitung eines Druckes kann z.B. mit Hilfe eines Balges erfolgen (Bild 6.15a).
- Die hohe Empfindlichkeit bezüglich der Kraft kann zur Temperaturmessung ausgenutzt werden, indem man die Doppelstimmgabel auf ein Substrat mit unterschiedlichem thermischen Ausdehnungskoeffizient bondet (Bild 6.15b). So lassen sich Temperaturempfindlichkeiten von bis zu 1000 ppm/K realisieren, im Vergleich zu ca. 35 ppm/K bei der Torsionsstimmgabel (Bild 6.14).
- Mit Hilfe einer seismischen Masse kann die Doppelstimmgabel zur Messung von Beschleunigungen angewendet werden.

Zur Kompensation des Temperatureinflusses werden häufig zwei Resonatoren benutzt. Sie werden so angeordnet, daß der Temperatureinfluß gleich ist, während die Meßgröße mit umgekehrtem Vorzeichen auf die beiden Resonatoren wirkt. Die Differenzfrequenz ist dann in linearer Näherung temperaturunabhängig. Eine andere Möglichkeit ergibt sich, wenn die Meßgröße nur auf den einen der beiden Oszillatoren wirkt, während der zweite Resonator der Bestimmung der Temperatur dient (Bild 6.15a). Bei dieser Anordnung können auch unterschiedliche Resonatorformen in einem Sensor kombiniert werden, z.B. eine Doppelstimmgabel zur Druckmessung und eine Torsionsstimmgabel zur Korrektur des Temperatureinflusses.

6.1.7 Akustische Oberflächenwellenelemente als frequenzanaloge Sensoren

Akustische Oberflächenwellen (SAW = Surface Acoustic Waves) sind elektromechanische Wellen, die sich entlang der Oberfläche eines piezoelektrischen Substrats ausbreiten. Es gibt verschiedene Arten von Oberflächenwellen, die sich im wesentlichen durch die Richtung der Verschiebung der Gitterpunkte und die Ausbreitungsgeschwindigkeit unterscheiden. Von besonderer Bedeutung sind Rayleigh-Wellen, die eine longitudinale Komponente und eine vertikale Scherkomponente besitzen. Die Überlagerung dieser beiden Komponenten führt zu einer elliptischen Bahn der Gitterpunkte in einer Ebene senkrecht zur Substratoberfläche. Ein typischer Wert für die Amplitude ist 1 nm. Die Ausbreitungsgeschwindigkeit liegt in der Größenordnung von 3000 m/s, die Frequenz im Bereich von f = 30 MHz bis f = 3 GHz, d.h. die Wellenlänge liegt zwischen λ = 1 μm und λ = 100 μm. Die Eindringtiefe in das Substrat beträgt nur etwa eine bis zwei Wellenlängen, so daß eine starke Wechselwirkung mit der Umgebung der Substratoberfläche möglich ist.

Rayleigh-Wellen werden in piezoelektrischen Substraten durch Anlegen einer hochfrequenten Spannung an ineinander verzahnte kammförmige Elektroden (IDT's = Interdigital Transducer Electrodes) angeregt. Die Elektroden werden lithographisch in einer auf das Substrat aufgedampften Metallschicht erzeugt. Der Abstand zwischen benachbarten Fingerelektroden beträgt $\lambda/2$. Die Bandbreite eines solchen piezoelektrischen Wandlers ist umgekehrt proportional zur Anzahl der Paare von Fingerelektroden. Häufig verwendete Substrate sind STX-Quarzscheiben (ST-Schnitt, Ausbreitung der Welle in X-Richtung), bei dem der lineare Temperaturkoeffizient bei ca. 25 °C verschwindet, oder YZ-Lithiumniobat (Y-Schnitt, Ausbreitung in Z-Richtung) mit einem höheren piezoelektrischen Kopplungskoeffizienten, jedoch mit nicht verschwindender Temperaturabhängigkeit [VEN 86].

Ein grundlegendes Oberflächenwellenbauelement für Sensoranwendungen ist eine **Verzögerungsleitung** (Bild 6.16). Sie besteht aus zwei IDT's, die als Sender bzw.Empfänger dienen, und befindet sich in der Rückkoppelschleife eines Verstärkers [DIA 81]. Die Resonanzfrequenz dieses Oszillators wird durch die Laufzeit der Oberflächenwelle zwischen Sender und Empfänger bestimmt:

$$\omega = (2n\pi - \Phi_e) \cdot v_R/L. \tag{6.5}$$

n ist eine ganze Zahl, Φ_e ist die Phasenverschiebung durch den Verstärker und weitere elektronische Schaltelemente, L ist der Abstand zwischen Sender und Empfänger. Grundsätzlich sind also viele Resonanzfrequenzen möglich; wegen der begrenzten Bandbreite der IDT's ist n jedoch auf einen oder einige wenige Werte beschränkt.

Im allgemeinen ist Φ_e konstant, so daß eine Änderung der Resonanzfrequenz durch eine Änderung der Ausbreitungsgeschwindigkeit v_R und/oder durch eine Änderung des Abstandes L bewirkt wird. Darauf beruht eine Vielzahl von Sensoranwendungen.

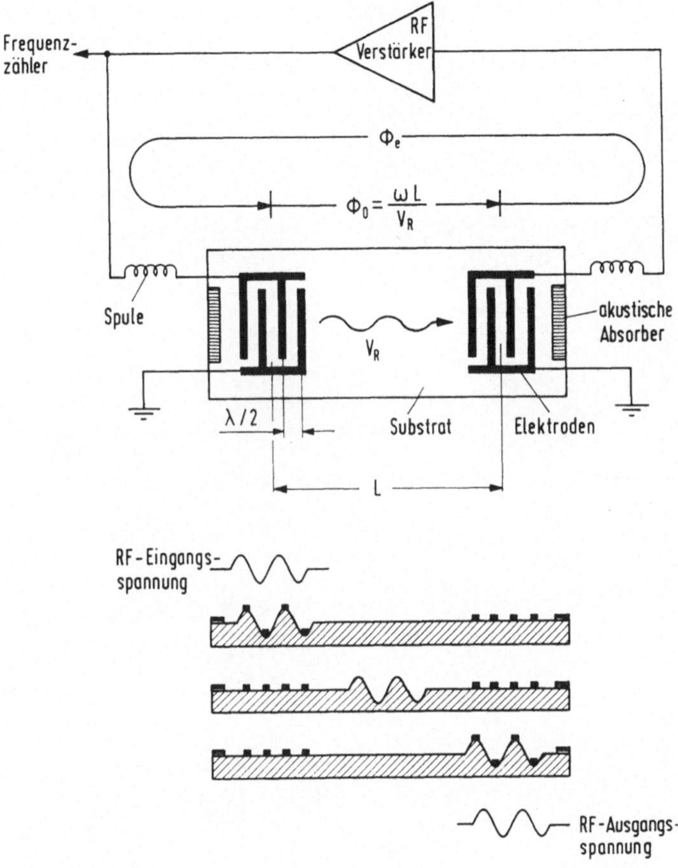

Bild 6.16 Schema eines Oszillators mit einer Oberflächenwellen-Verzögerungsleitung

Wie bei Quarzstimmgabeln besteht ein großer Vorteil der akustischen Oberflächenwellen-Sensoren darin, daß sie sehr klein sind - bei einer Frequenz von 300 MHz beträgt zum Beispiel die erforderliche Fläche für eine Verzögerungsleitung mit einer Laufstrecke von 300 Wellenlängen etwa 1 mm^2 - und sich in einem photolithographischen Batchprozeß preisgünstig herstellen lassen. Nachteilig sind die kleinen relativen Frequenzänderungen (typischerweise $< 10^{-3}$). Deshalb ist eine gute Temperaturkompensation sehr wichtig. Ein häufig angewendetes Konzept zur Temperaturkompensation ist der aus zwei SAW-Oszillatoren bestehende Differenzsensor, bei dem die zu mes-

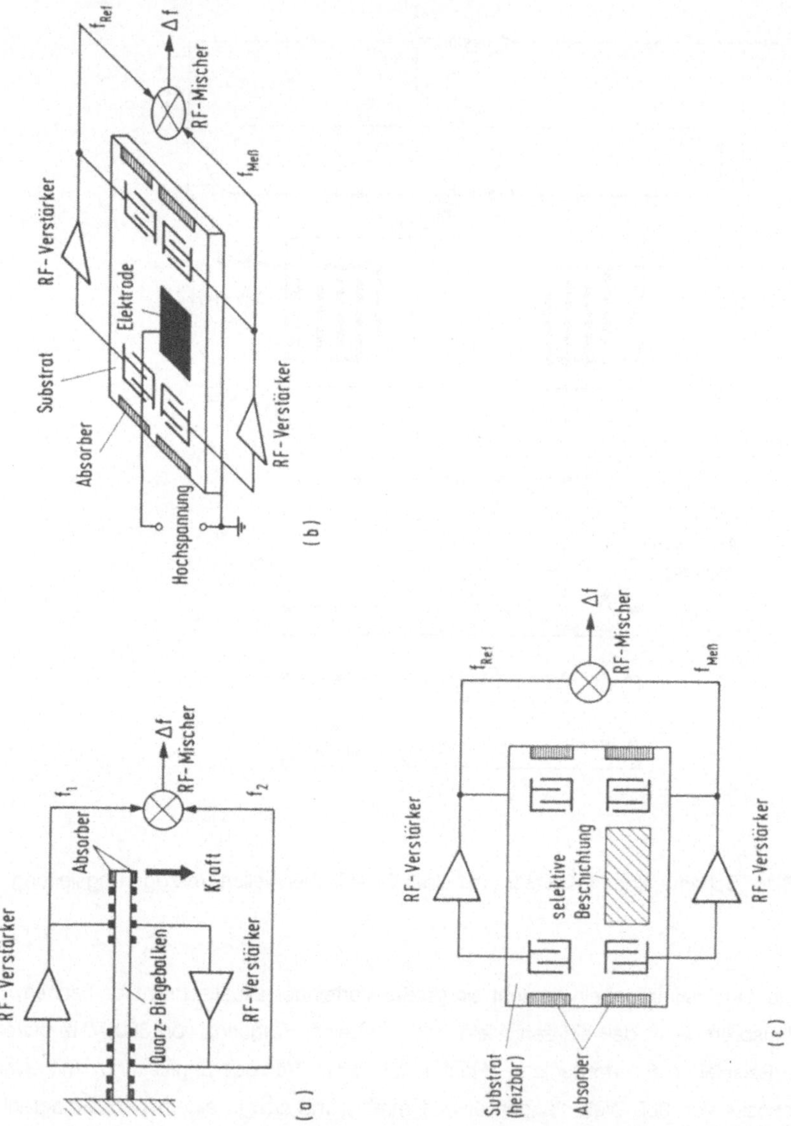

Bild 6.17 Beispiele für den Einsatz von akustischen Oberflächenwellen-Oszillatoren als Sensoren [JOS 83, WOH 87]. (a) Kraftsensor. (b) Hochspannungssensor. (c) Chemischer Sensors

sende Größe mit umgekehrtem Vorzeichen auf die beiden Oszillatoren wirkt. Die Differenzfrequenz ist in linearer Näherung temperaturunabhängig.

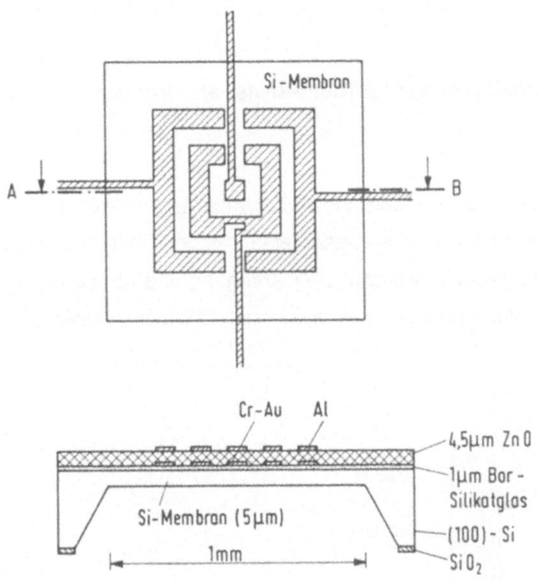

Bild 6.18 Prinzipieller Aufbau eines resonanten Silizium-Drucksensors [SMI 83]

Mechanische Größen (Bild 6.17a), elektrische Spannungen (Bild 6.17b) und - bei Beschichtung der Verzögerungsstrecke mit magnetoelastischen Materialien - Magnetfelder erzeugen im Ausbreitungsmedium der akustischen Wellen ein statisches elektromagnetisches Feld, das die Ausbreitungsgeschwindigkeit und damit die Resonanzfrequenz des Oszillators beeinflußt [SIN 82]. Hinzu kommt bei mechanischen Meßgrößen die mit einer Dehnung $\epsilon = \Delta L / L$ verbundene Längenänderung der Verzögerungsstrecke. Bei Gas- und chemischen SAW-Sensoren werden auf das Substrat dünne Schichten aufgebracht, die als chemisches Interface wirken und selektiv und reversibel mit der nachzuweisenden Substanz reagieren (Bild 6.17c). Die damit verbundene Änderung der physikalischen Eigenschaften (Massendichte, elastische Konstanten) beeinflußt die Ausbreitungsgeschwindigkeit der Oberflächenwellen. Einige der Schichtmaterialien wirken bereits bei Raumtemperatur chemisch selektiv, andere Schichtmaterialien haben diese Eigenschaft erst bei höheren Temperaturen. In diesen Fällen muß das Substrat mit Hilfe eines Dünn- oder Dickschichtwiderstands auf die erforderliche Temperatur aufgeheizt werden.

6.1.8 Mikromechanische Resonatoren auf Silizium-Basis als frequenzanaloge Sensoren

Im Gegensatz zu Quarz ist Silizium nicht piezoelektrisch. Zur Anregung mikromechanischer Resonatoren aus Silizium muß daher entweder eine piezoelektrische Schicht (z.B. Zinkoxid) auf das Silizium aufgebracht werden, oder Anregung und Abtastung der Schwingung müssen auf andere Weise erfolgen, z.B. elektrostatisch oder magnetisch.

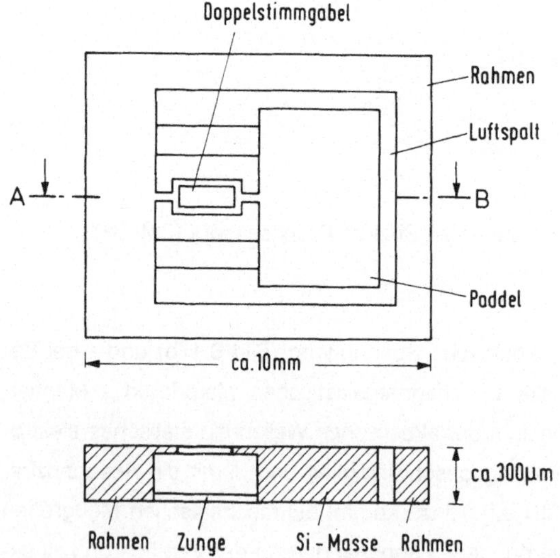

Bild 6.19 Schema eines resonanten Silizium-Beschleunigungssensors mit Silizium-Doppelstimmgabel [TUD 88]

Ein Drucksensor in Form einer resonanten Silizium-Membran, die in der Rückkoppelschleife eines Oszillators liegt, ist in Bild 6.18 dargestellt [SMI 83]. Die relative Ände-

185

rung der Oszillatorfrequenz ist proportional zum Quadrat des Druckes. Die Membran mit einer Fläche von 1 mm^2 wird durch anisotropes Ätzen hergestellt. Die piezoelektrische Anregung (äußere und innere Elektroden) und die Abtastung (mittlere Elektrode) erfolgen mittels einer aufgesputterten Zinkoxidschicht, deren aktive Zonen durch die Elektroden-Strukturen definiert werden.

Die anisotrope Ätztechnik erlaubt auch in Siliziumsubstraten - ähnlich wie in Quarz - die Herstellung von Strukturen mit steilen Flanken (z.B. Doppelstimmgabeln, die elektromagnetisch angeregt werden [BUS 89]). Bild 6.19 zeigt einen Vorschlag [TUD 88], eine solche Doppelstimmgabel in einen Beschleunigungssensor zu integrieren.

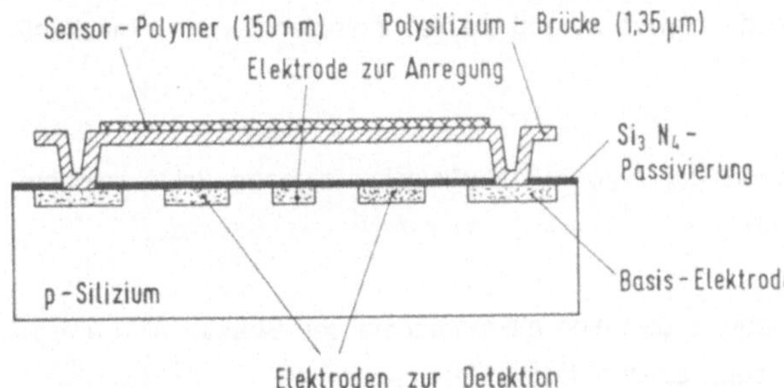

Bild 6.20 Freistehende Polysilsiziumbrücke als Gassensor [HOW 86]

Mit Hilfe der anisotropen, selektiven Ätztechnik werden **in** einer Siliziumscheibe dreidimensionale Strukturen hergestellt. Der Wunsch, freistehende und bewegliche mikromechanische Strukturen herzustellen, hat zu einem neuen technologischen Ansatz geführt, der sogenannten **Oberflächen-Mikromechanik**. Basis sind Sandwichstrukturen, z.B. aus Siliziumdioxid und Polysilizium, mit Schichtdicken im μm-Bereich, die **auf** die Silizium-Scheibe aufgebracht werden. Nach der Strukturierung wird das Siliziumdioxid (Sacrificial Layer) herausgeätzt, so daß freistehende Polysiliziumstrukturen entstehen.

Eine mit Hilfe der Oberflächen-Mikromechanik hergestellte freistehende Polysiliziumbrücke (153 μm lang, 1,35 μm dick) eignet sich z.B. als Gassensor (Bild 6.20). Die Brücke, auf der eine dünne gassensitive Polymerschicht aufgebracht ist, wird elektrostatisch zu Schwingungen angeregt; die Änderung der Resonanzfrequenz infolge einer

Änderung der Massenbelegung der Brücke durch Gasadsorption in der Polymer-schicht wird kapazitiv detektiert [HOW 86].

6.2 Aktoren

Unter dem Begriff Aktoren sollen hier Bauelemente verstanden werden, die eine elek-trische Energie in eine mechanische Energie umsetzen. Wie bei den Sensoren sind mikroelektronik-kompatible Aktoren, d.h. Aktoren, bei denen die Werte der elektrischen Steuergrößen den in der Mikroelektronik üblichen Werten entsprechen, von großer Bedeutung für moderne Meß- und Regelsysteme. In vielen Fällen ist auch eine Mini-aturisierung sinnvoll und wünschenswert, so daß die Technologien der Mikromechanik genutzt werden können.

Bisher wurden in mikromechanischen Aktoren vorzugsweise folgende elektromechani-sche Wandlereffekte angewendet:

- **Elektrostatische Kräfte**. Dabei ändert eine mikromechanische Struktur als bewegli-che Elektrode ihre Position relativ zu einer festen Gegenelektrode.

- **Piezoelektrische Kräfte**. Bei Anlegen eines elektrischen Feldes an piezoelektrisches Material wird eine mechanische Auslenkung, z.B. eine Dickenänderung, erzielt. Nach-teilig wirken sich bei piezoelektrischen Aktoren die hohen elektrischen Steuerspan-nungen aus.

- **Thermomechanische Kräfte**. Sie ergeben sich in Sandwichstrukturen durch Zufüh-rung thermischer Energie, wenn die Materialien unterschiedliche thermische Ausdeh-nungskoeffizienten besitzen.

- **Shape-Memory Alloys (SMA's)**. Legierungen mit "Formgedächtnis" nehmen ober-halb einer bestimmten Temperatur wieder ihre ursprüngliche Form an und lassen sich z.B. in Schalterstrukturen nutzen.

6.2.1 Mikromechanische Schalter

Freistehende Zungen aus Siliziumdioxid eignen sich zur Herstellung von kleinen, schnellen und integrierbaren elektromechanischen Schaltern [PET 79]. In der einfachsten Ausführungsform solcher **Mikroschalter** stellt die metallisierte Zunge die bewegliche Elektrode des Schalters dar. Durch Anlegen einer Spannung zwischen dem Boden der Ätzgrube (p^+-Ätzstoppschicht) und der metallisierten Zunge wird diese abgelenkt und der Kontakt geschlossen. Bei dieser Niederstromausführung (Bild 6.21d) fließt der geschaltete Strom über die sehr dünne, leitfähige Zungenoberfläche; daher sind nur Ströme im μA-Bereich zulässig.

Bei einer anderen Ausführungsform, der sogenannten Hochstromausführung, ist dagegen ein separater Kontaktbügel vorhanden, der im geschlossenen Zustand zwei feststehende Kontaktelektroden überbrückt (Bild 6.21e). Da der Kontaktbügel für den zu erwartenden Stromfluß ausgelegt werden kann, ist dieser Schalter zum Schalten erheblich größerer Strome ($I_{max} \approx 1$ A) geeignet.

Mikromechanische Schalter zeichnen sich durch ein großes Widerstandsverhältnis zwischen Aus- und Ein-Zustand, kurze Schaltzeiten (10 - 100 μs) und die geringe zur Betätigung erforderliche Leistung aus. Das kleine Bauvolumen ermöglicht die Integration von Schalterarrays mit der zugehörigen Steuerelektronik auf einem Substrat.

Die Betätigungsspannung U des Schalters ist gegeben durch:

$$U = (d \cdot t / l^2) \cdot [4/3 \cdot (h \cdot E_Z \cdot t) / \epsilon_0]^{1/2}. \tag{6.6}$$

Darin ist d der Abstand zwischen der Zunge und dem Boden der Ätzgrube, l und t sind Länge und Dicke der Zunge, E_Z ist der Elastizitätsmodul des Zungenmaterials und h ist die zum Schließen des Kontaktes erforderliche Auslenkung der Zunge. Für typische Abmessungen eines Schalters (l = 100 μm, t = 350 nm, d = 5 μm, h = 5 μm) ergibt sich eine Betätigungsspannung von U = 22,9 V.

Ausgangsmaterial für die Herstellung der Schalter ist ein (100)-Siliziumsubstrat, auf dem eine hochbordotierte p^+-Schicht erzeugt wird. Diese Schicht dient einerseits als Ätzstoppschicht beim anisotropen Ätzen und stellt andererseits die eine Platte des

Kondensators dar, die zur Auslenkung der dünnen Siliziumddioxid-Zunge benutzt wird. In einem darauffolgenden Schritt wird eine niedrigdotierte epitaktische Schicht aufgebracht. Die Dicke dieser Schicht (einige μm) bestimmt den Abstand der Kondensatorplatten und somit die zur Betätigung des Schalters benötigte Spannung. Im Anschluß an diese Schicht wird durch thermische Oxidation eine ungefähr 350 nm dicke Silizium-

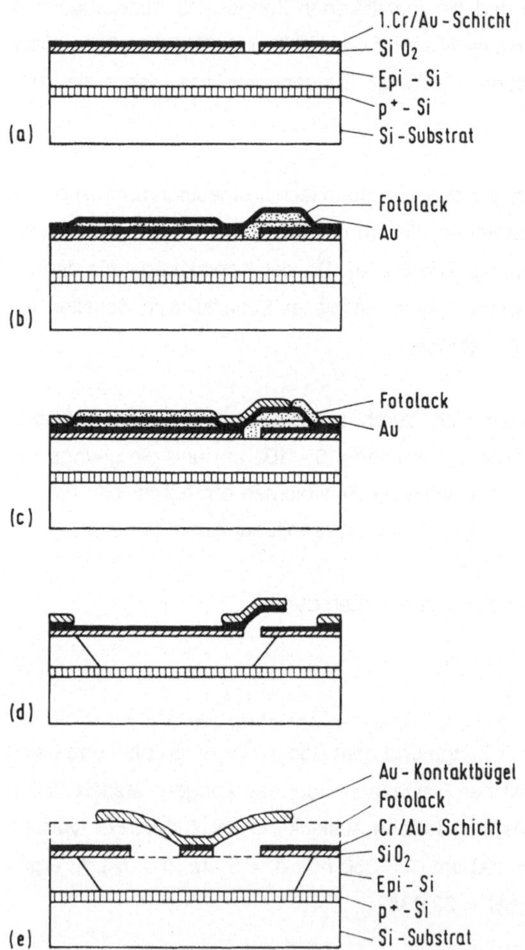

Bild 6.21 Mikromechanischer Schalter. (a)-(d) Prozeßschritte zur Herstellung der Niederstromausführung. (e) Design des Kontaktbügels in der Hochstromausführung [PET 79]

dioxid-Schicht hergestellt, auf die eine sehr dünne Chrom/Gold-Schicht abgeschieden wird.

Anschließend erfolgt zunächst die Strukturierung der Metallschicht, gefolgt vom Ätzen der Siliziumdioxidschicht (Bild 6.21a). Danach wird der eigentliche Kontakt durch gezieltes Aufbringen von Photolack geformt (Bild 6.21b). Eine erste Photolackschicht definiert einerseits durch ihre Fenster die Kontaktstellen der anschließend aufzubringenden zweiten Chrom/Gold-Schicht und andererseits durch ihre Dicke die Höhe des Überstandes des Kontaktbügels über das Niveau der Siliziumdioxid-Zunge und damit den Abstand zwischen den Schaltkontakten. Nach dem Aufbringen der zweiten Chrom/Gold-Schicht folgt eine weitere Photolackschicht, die Bereiche dort freiläßt, wo die zweite Chrom/Gold-Schicht galvanisch verdickt werden soll, um eine Kontaktbügelstärke von mindestens 2 μm zu erreichen (Bild 6.21c).

Nach dem Entfernen sämtlicher Photolackschichten sowie der daran haftenden Chrom/Gold-Schichten (Lift-off) wird die epitaktische Schicht anisotrop geätzt (Bild 6.21d). Es entsteht eine Grube, deren Begrenzungen durch die p^+-Ätzstoppschicht und durch die ätzbegrenzenden {111}-Ebenen im Silizium definiert ist. Die Zungenstruktur wird vollständig unterätzt.

6.2.2 Lichtmodulatoren und Anzeigelemente

Mikromechanische Elemente, z.B. elektrostatisch ansteuerbare Mikroblenden [BIS 89], können sowohl zur kontrollierten Modulation von Licht wie auch als Anzeigeeinheiten eingesetzt werden. Bild 6.22a zeigt eine Gruppe von fünf asymmetrisch aufgehängten **Mikroblenden**, die einen Punkt des Rasters eines Anzeigeelementes bilden. Sie sind auf einem Metallgitter über einer Öffnung plaziert und können elektrostatisch in eine vertikale Position gedreht werden (Bild 6.22b).

Auf das Metallgitter wird zunächst eine Kunststoffolie geklebt, auf die zwei Metall-Schichten aufgedampft werden. Aus der ersten, 2 μm dicken Aluminium-Schicht werden die E-förmigen Versteifungen der Blenden, aus der zweiten, 50 nm dicken Schicht die Mikroblenden mittels photolithographischer Ätztechnik hergestellt. Nach Freilegung der Blenden durch Wegätzung der Kunststoffolie in einem Plasmaprozeß wird die Anzeigeeinheit zwischen einer Frontplatte aus Glas, welche die Gegenelektroden aus einer transparenten leitfähigen Legierung trägt, und einer lichtabsorbierenden Rückwand verkapselt. Blenden in Ruheposition reflektieren einfallendes Licht und erscheinen weiß, während der Beobachter bei Blenden, die in vertikale Position gedreht sind, den dunklen Hintergrund sieht.

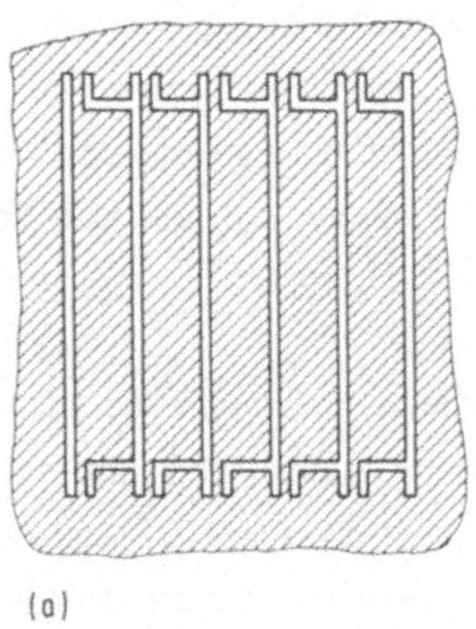

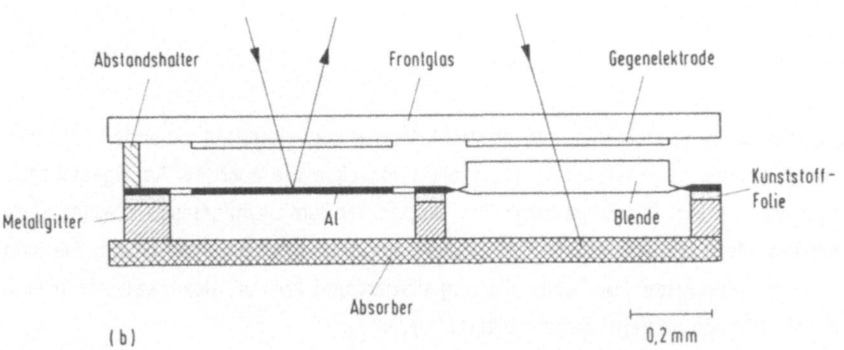

Bild 6.22 Mikromechanisches Anzeigeelement auf der Basis elektrostatisch ansteuerbarer Mikroblenden [BIS 89]

Hervorragende Eigenschaften dieser Anzeigeeinheit sind der äußerst geringe Energieverbrauch (1 nJ/cm^2 und Zyklus), die lange Lebensdauer der Stege (>10^9 Schaltzyklen), die kurzen Ansprechzeiten (≈ 2 ms), der große Arbeitstemperaturbereich (-150 bis +150 $^\circ$C), die relativ niedrige Steuerspannung von 10 V sowie ein großes Kontrastverhältnis (>20).

Eine weitere Anwendung nutzt eine lineare Anordnung aus vielen solcher Mikroblenden, um einen Lichtstrahl, der eine Linie auf ein photoempfindliches Material schreibt, zu modulieren. Bei 70 μm breiten Blenden erhält man eine Auflösung von 120 Punkten pro cm [BIS 89].

Eine andere Möglichkeit zur Intensitätsmodulation von Licht in miniaturisierten optischen Systemen bieten leistungsgesteuerte, **thermomechanische Aktoren** [BEN 89] in Form von Zungen (Bild 6.23). Thermische Energie wird durch einen mäanderförmigen Heizwiderstand aus polykristallinem Silizium eingebracht, der sich zwischen einer Silizium- und einer Goldschicht befindet. Da die thermischen Ausdehnungskoeffizienten von Silizium und Gold stark unterschiedlich sind, ergibt sich ein ausgeprägter Bimetalleffekt mit einer Zungenauslenkung von ca. 100 μm bei 250 mW Steuerleistung.

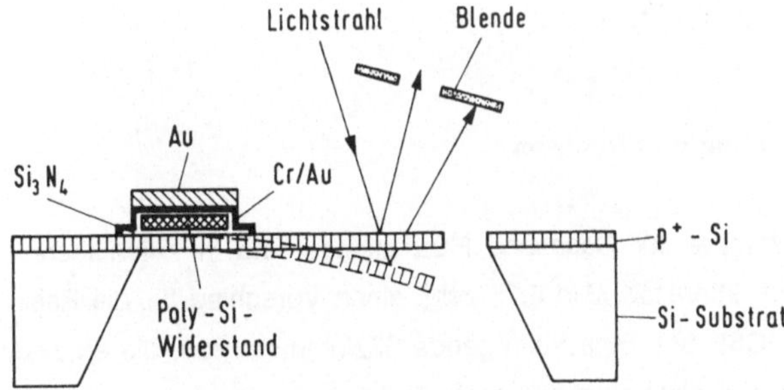

Bild 6.23 Mikromechanischer Lichtmodulator nach dem Bimetalleffekt [BEN 89]

Zum Ablenken und Positionieren von Lichtstrahlen dient der in Bild 6.24 dargestellte **Silizium-Drehspiegel**, der symmetrisch an zwei anisotrop geätzten Torsionsbalken aufgehängt ist [PET 80]. Die Verstellung des Spiegels erfolgt durch Anlegen einer elektrischen Spannung zwischen dem Spiegel und den darunter auf einem Glassubstrat liegenden Elektroden. Bei einer Resonanzfrequenz von 15 kHz sind maximale Winkelauslenkungen von $\pm 1^{\circ}$ bei Spannungen von ca. 400 V erreichbar. Beim Betrieb des Torsionsspiegels unterhalb der Resonanzfrequenz beträgt die Auslenkung nur einige Prozent des maximalen Wertes.

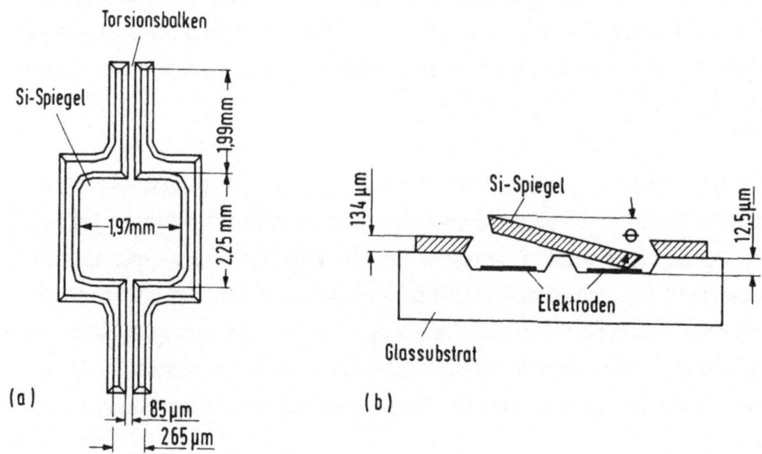

Bild 6.24 Silizium-Drehspiegel [PET 80]

6.2.3 Mikromechanische Ventile und Pumpen

Miniaturisierte Ventile und Pumpen für Gase und Flüssigkeiten sind in vielen technischen Bereichen von großem Interesse. Bild 6.25 zeigt einen Vorschlag für die Realisierung eines **Mikroventils** [CSE 84]. Eine freitragende Siliziummembran, die an zwei Spiralarmen aufgehängt ist und elektrostatisch ausgelenkt werden kann, verschließt eine Öffnung in der darunter befindlichen Ätzgrube.

In Bild 6.26 ist schematisch ein in ein Fließsystem integriertes passives Ventil dargestellt [BRY 88]. Die Silizium-Zunge läßt das Medium in der einen Richtung ungehindert durch das Ventil fließen, während der Fluß in die andere Richtung dadurch gehemmt wird, daß die Zunge gegen die Austrittsöffnung gepreßt wird.

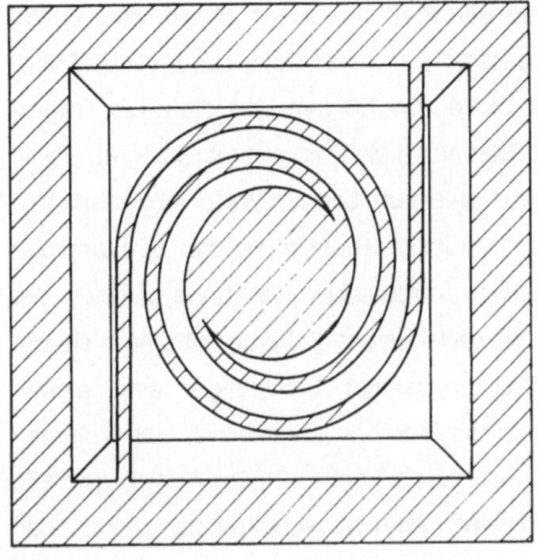

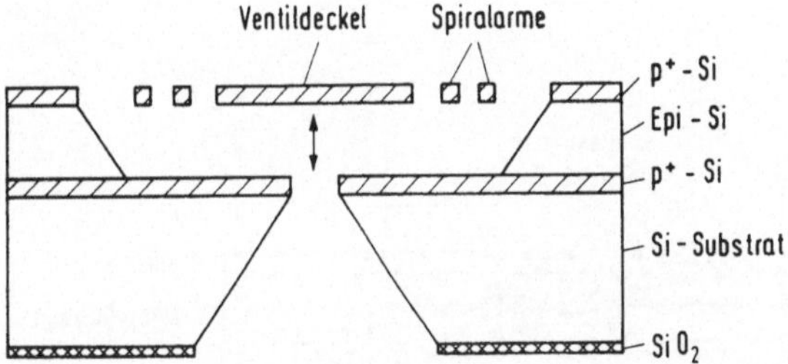

Bild 6.25 Vorschlag für die Realisierung eines Mikroventils [CSE 84]

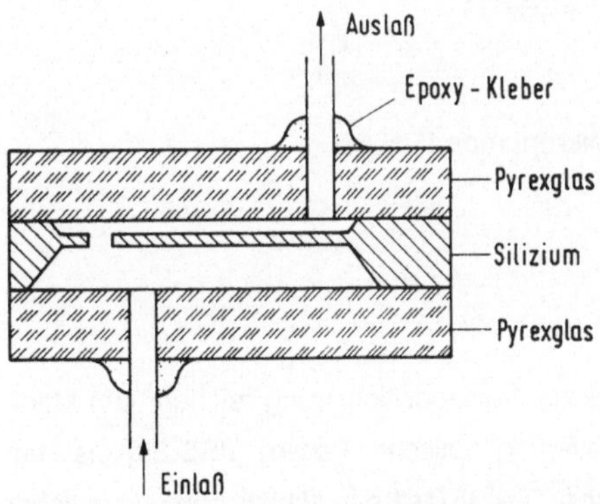

Bild 6.26 Passives Mikroventil [BRY 88]

Zwei passive Silizium-Ventile dienen in der in Bild 6.27 skizzierten **Mikropumpe** [LIN 88] als Ein- bzw. Auslaßventil. Die Pumpe besteht aus einer Glas-Silizium-Glas-Sandwichstruktur. Die untere Glasplatte hat eine Dicke von 1,6 mm und dient als Trägersubstrat, während die obere, 0,19 mm dicke Glasplatte als Pumpmembran wirkt. Ventile, Pumpkammer sowie Ein- und Auslaß sind in einem Silizium-Wafer von zwei Zoll Durchmesser mittels anisotroper Ätztechnik hergestellt. Glasplatten und Siliziumwafer werden durch Anodisches Bonden hermetisch miteinander verbunden. Über der Pumpkammer ist auf die Glasmembran eine piezoelektrische Scheibe mit einem Durchmesser von 10 mm und einer Dicke von 200 μm geklebt. Bei Anlegen einer elektrischen Spannung an die Scheibe verformt sich die Membran derart, daß das Volumen der Pumpkammer abnimmt. Die Flüssigkeit wird durch Ventil V2 zum Auslaß gepreßt, während Ventil V1 einen Rückfluß verhindert. Nach dem Ausschalten der elektrischen Spannung nimmt die Membran wieder ihre ursprüngliche Form an. Flüssigkeit wird durch Ventil V1 angesaugt, während Ventil V2 den Auslaß verschließt. Die Pumprate beträgt einige μl/min.

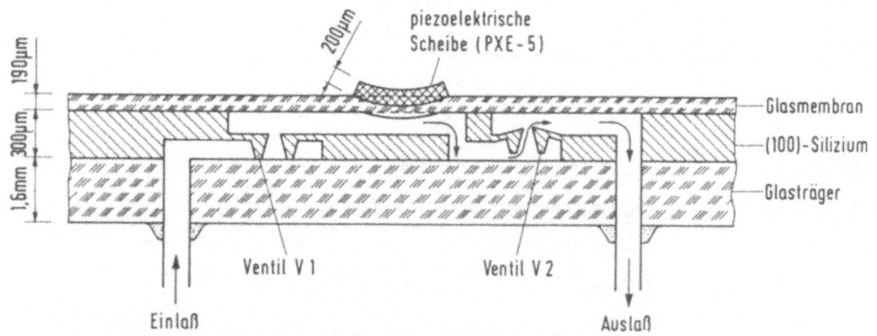

Bild 6.27 Schematische Darstellung einer Mikropumpe [LIN 88]

6.2.4 Elemente zur Mikropositionierung

Die Anwendungen miniaturisierter Elemente zur Mikropositionierung reichen vom Manipulator für eine optimale mechanische Justierung optischer Fasern [JEB 89] bis zum Piezo-Dreibein beim Raster-Tunnelmikroskop. Der Vorteil der Miniaturisierung solcher

Elemente liegt in ihrer wesentlich geringeren Empfindlichkeit gegenüber Vibrationen und thermischen Einflüssen.

Bild 6.28 zeigt schematisch ein mikromechanisch hergestelltes zungenförmiges **Scanelement** für die Raster-Tunnelmikroskopie mit den Abmessungen 8 μm x 200 μm x 1000 μm, das an einem Ende mit einem Siliziumsubstrat verbunden ist. Auf diesem läßt sich die Signalverarbeitungselektronik integrieren [AKA 90]. Die Miniaturisierung erlaubt auch die Herstellung von Arrays solcher Scanelemente, die zukünftig zum Schreiben und Lesen von Nanostrukturen eingesetzt werden können [ABR 86, RIN 85].

Das zungenförmige Scanelement besteht aus einer Folge von piezoelektrischen Schichten (3 μm Zinkoxid), metallischen Schichten (0,5 μm Aluminium) und dielektrischen Schichten (0,2 μm Siliziumnitrid). Die Metallschichten werden so strukturiert, daß jeweils zwei unabhängige Elektroden entstehen; dies erlaubt eine Bewegung der Zunge in allen drei Raumrichtungen. In vertikaler Richtung beträgt die Empfindlichkeit der Zunge 250 nm/V. Die maximale Steuerspannung beträgt 30 V, so daß sich eine Auslenkung der Zunge in vertikaler Richtung um 15 μm realisieren läßt.

Die Metallspitze des Tunnelmikroskops wird z.B. durch Aufbringen eines leitfähigen Klebers auf die Spitze des mittleren Segments der oberen Elektroden und anschließendes Aufstäuben eines Metallpulvers hergestellt. Eine Methode, Metallspitzen mit Hilfe eines Aufdampfprozesses direkt auf einem Substrat zu erzeugen, wird in Abschn. 6.3.4 beschrieben.

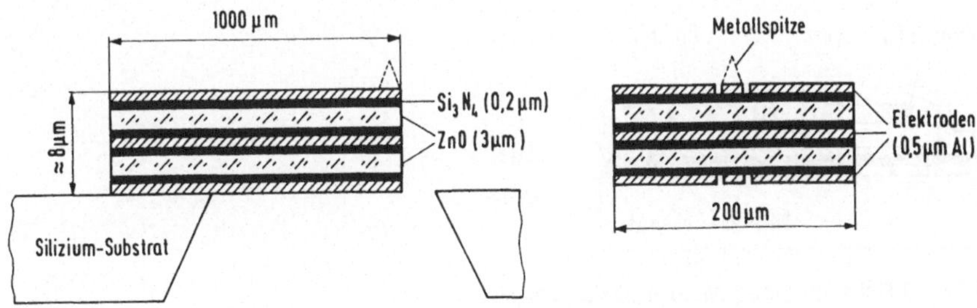

Bild 6.28 Freistehendes zungenförmiges Scanelement [AKA 90]

6.2.5 Mikromotoren

Mikrostrukturen mit Elementen, die Rotations- und Translationsbewegungen ausführen können, bilden die Basis für eine Mikroroboter-Technologie. Zum Antrieb der miniaturisierten frei beweglichen Elemente werden üblicherweise elektrostatische Kräfte genutzt, die bei kleiner werdenden geometrischen Abmessungen weniger stark abnehmen als magnetische Kräfte [TRI 89].

Bild 6.29 zeigt ein typisches Design eines elektrostatischen **Mikromotors** mit einem Rotordurchmesser von 120 μm und einem Luftspalt von 2 μm zwischen Rotor und Stator [TAI 89]. Die Herstellung erfolgt mit den Methoden der Oberflächen-Mikromechanik (Abschn. 6.1.8). Die wichtigsten Prozeßschritte sind in Bild 6.30 dargestellt.

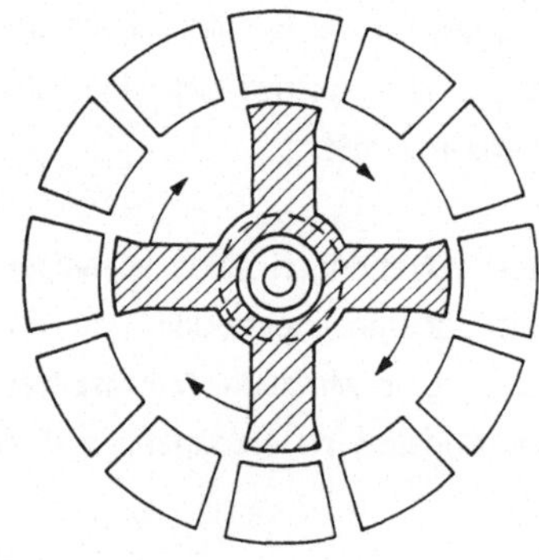

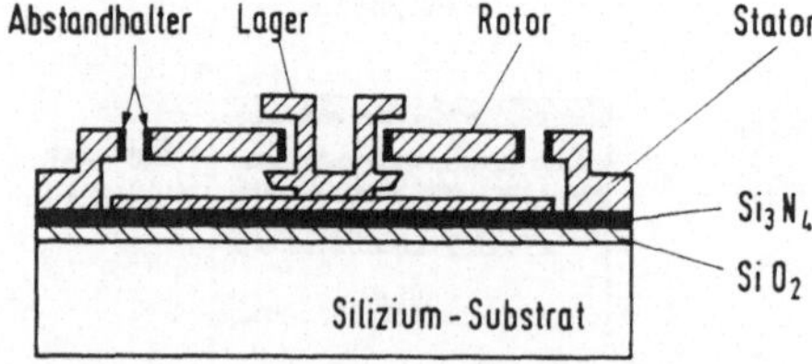

Bild 6.29 Schema eines Mikromotors [TAI 89]

Auf eine Doppelschicht aus 300 nm Siliziumdioxid und 1 μm Siliziumnitrid, die der elektrischen Isolierung zwischen Motor und Silizium-Substrat dient, wird eine 300 nm dicke Schicht aus polykristallinem Silizium und eine 2,2 μm dicke Schicht aus Phosphorsilikatglas (PSG) abgeschieden. Nach dem Öffnen der Fenster für den mit der Siliziumnitridschicht verbundenen Teil der Statorpole folgt eine weitere Doppelschicht aus 1,5 μm polkykristallinem Silizium und 100 nm thermischem Siliziumdioxid (Bild 6.30a). In dieser Doppelschicht werden Rotor und Stator mit einem Plasmaätzprozeß hergestellt. Die Struktur wird mit einer 340 nm dicken Siliziumnitridschicht bedeckt (Bild 6.30b). Mittels reaktivem Ionenätzen wird diese Schicht so strukturiert, daß Abstandshalter aus Siliziumnitrid entstehen (Bild 6.30c), die Reibungsverluste reduzieren. Bei diesem RIE-Prozeß dient die 100 nm dicke Siliziumdioxidschicht als Maskierung, d.h. die darunterliegende Schicht aus polykristallinem Silizium wird nicht angegriffen. Mit Hilfe des in Bild 6.31 skizzierten Prozesses [FAN 88] wird das Lager hergestellt. Danach folgt die Freiätzung der Polysilizium-Struktur durch Wegätzen der PSG-Schichten in einer HF-Ätzlösung.

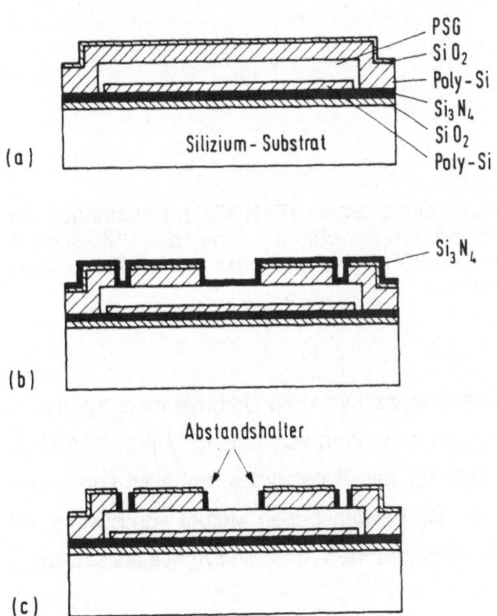

Bild 6.30 Prozeßschritte bei der Herstellung eines Mikromotors mit den Methoden der Oberflächen-Mikromechanik [TAI 89]

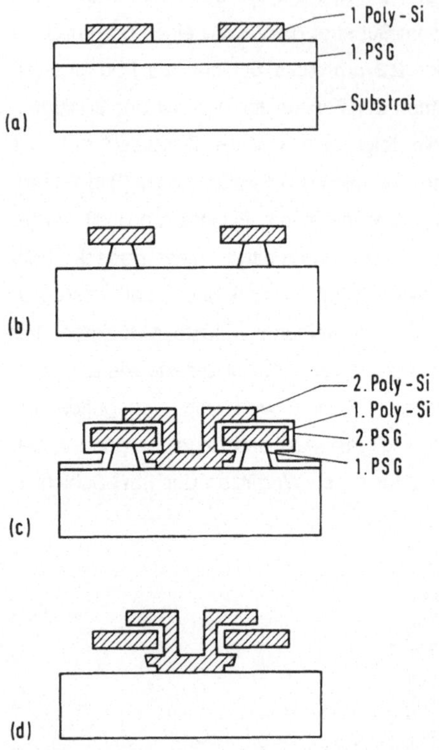

Bild 6.31 Prozeßschritte bei der Herstellung eines Lagers [FAN 88]. (a) Aufbringen der ersten PSG-Schicht und der ersten Polysilizium-Schicht. (b) Ätzen der PSG-Schicht. (c) Aufbringen und Strukturieren der zweiten PSG-Schicht und der zweiten Polysilizium-Schicht. (d) Freiätzen der Polysilizium-Struktur

Die bisher experimentell realisierte Umdrehungszahl von 150 Upm bei einer Spannung von 200 V ist sehr viel kleiner als der theoretische Wert von $134 \cdot 10^3$ Upm. Dies zeigt, daß Reibungseffekte eine sehr große Rolle für das dynamische Verhalten von Mikromotoren spielen. Die kurze Lebensdauer des beschriebenen Motors von etwa 1 min wird auf kleine Partikel zurückgeführt, die sich zwischen Rotor und Achse festsetzen.

6.3 Sonstige Anwendungen

6.3.1 Analysesysteme

Die Verfahren der Mikromechanik ermöglichen die Herstellung sehr kleiner Kanäle, Membranen, Ventile etc. auf einem Siliziumsubstrat. Ein wichtiges Anwendungsfeld für mikromechanische Strukturen und Systeme ist daher die chemische und biochemische Analytik. Mikromechanische Analysesysteme sind kleiner, leichter und besser zu transportieren als konventionelle Systeme. Entscheidend ist auch, daß das Probenvolumen drastisch reduziert wird.

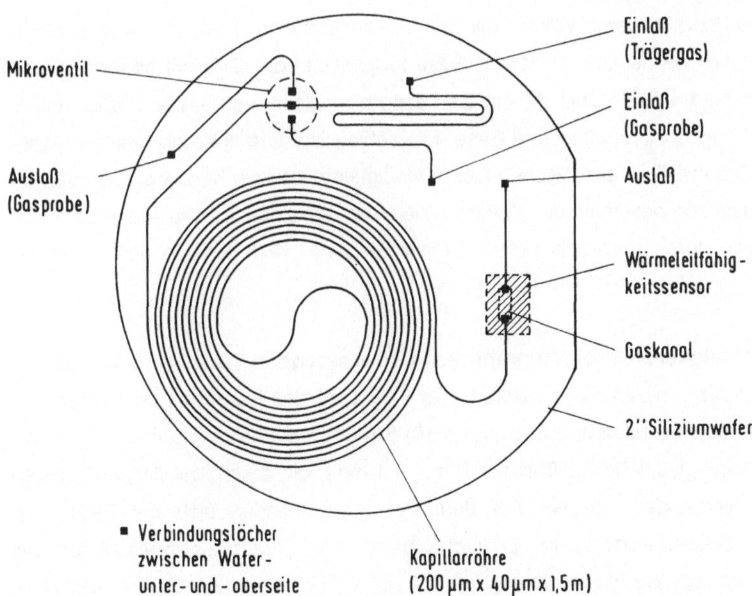

Bild 6.32 Layout eines miniaturisierten Gaschromatographen [ANG 83]

Das bekannteste Beispiel eines mikromechanischen Analysesystems ist der an der Stanford-Universität entwickelte **Gaschromatograph** [ANG 83]. Gaschromatographen dienen der Trennung und Identifikation von Gasen und der Bestimmung ihrer Konzentration in Gasgemischen. Die wesentlichen Komponenten des auf einem Siliziumsubstrat von 50 mm Durchmesser untergebrachten, miniaturisierten Gaschromatographen (Bild 6.32) sind die 1,5 m lange, spiralförmig gewundene Kapillarröhre von 200 μm Breite und 40 μm Tiefe, das Einlaßventil für das zu untersuchende Gasgemisch sowie der Wärmeleitfähigkeitssensor, der als separates Bauelement hergestellt und über dem Gaskanal befestigt wird. Zur Herstellung der Kapillarröhre wird eine Rinne in das Siliziumsubstrat geätzt (isotrop) und mit einer Glasplatte hermetisch verschlossen (Anodisches Bonden). Das Ventil und die Ein- und Auslaßöffnungen werden in mehreren isotropen bzw. anisotropen Ätzschritten hergestellt. Die magnetisch betätigte Ventilmembran besteht aus Metall und Teflon.

Mit dem inerten Trägergas wird die durch das Ventil eingelassene Gasprobe durch die Kapillarröhre gepreßt, deren Wände mit Silikonöl benetzt sind. Beim Durchgang durch die Kapillarröhre werden die einzelnen Gase fortgesetzt vom Silikonöl absorbiert und wieder desorbiert. Da die Zeit, die ein Gas absorbiert bleibt, von seiner Löslichkeit im Silikonöl abhängt und verschiedene Gase unterschiedliche Löslichkeiten besitzen, wandert jedes Gas mit einer spezifischen Geschwindigkeit durch die Kapillare. Der Wärmeleitfähigkeitssensor bestimmt die Konzentration der einzelnen, nacheinander ankommenden Gase durch Vergleich ihrer Wärmeleitfähigkeit mit derjenigen des Trägergases.

Auch ein **Flüssigkeits-Chromatograph** kann in wesentlichen Teilen mit mikromechanischen Verfahren miniaturisiert werden. Bild 6.33 zeigt das Layout eines solchen Systems [MAN 90]. Es besteht aus einem (110)-Siliziumchip (5 mm x 5 mm x 0,4 mm) und einem Pyrexglasplättchen (6 mm x 6 mm x 1 mm), die durch Anodisches Bonden miteinander verbunden werden. Auf dem Pyrexglas befinden sich die Elektroden (Ti/Pt) des Leitwertsensors. Im Silizium-Substrat wird durch isotropes Ätzen mit HF/HNO$_3$ das kapillare Fließsystem (6 μm x 2 μm x 15 cm) erzeugt. Die inneren Wände der Kapillarröhre werden ebenso wie die Region, in der sich die Detektorelektroden befinden, mit einer dünnen Siliziumdioxid-Schicht bedeckt. Durch die Mitte des Bauelements werden mit einem Ultraschallbohrer die Öffnungen für die Injektion der Probe angebracht. Das gesamte Volumen des Fließsystems beträgt 1,5 nl, das Volumen der Detektorzelle 1,2 pl. Theoretische Abschätzungen lassen sowohl eine höhere Effizienz als auch kleinere Zeitkonstanten als konventionelle Systeme erwarten [MAN 90].

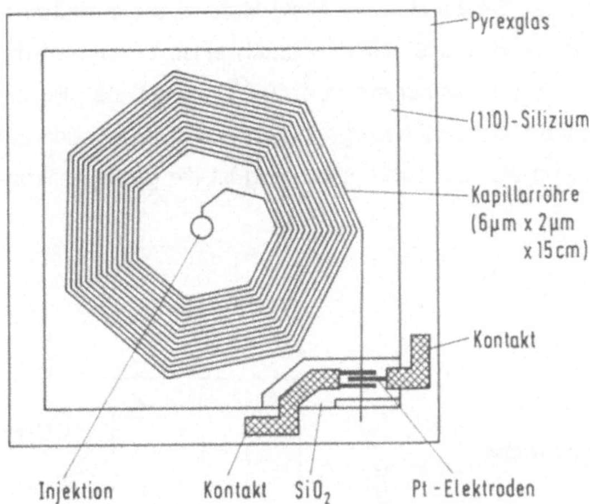

Bild 6.33 Layout eines miniaturisierten Flüssigkeits-Chromatographen [MAN 90]

Bild 6.34a zeigt das Schema der Mikrozelle eines **Blutgasanalysesystems** zur in vitro Bestimmung des pH-Wertes [SHO 88]. Die Zelle hat Abmessungen von 20 mm x 20 mm und besteht aus einem Pyrexglasplättchen (Bild 6.34b) und einem Siliziumchip (Bild 6.34c), die durch Anodisches Bonden miteinander verbunden werden. Die wesentlichen Komponenten der Mikrozelle sind vier Kanäle (Einlaßkanal für die Elektrytlösung (Ringer-Lösung), Einlaßkanal für die Kalibrier-Lösung, Einlaßkanal für die Blutprobe und ein Auslaßkanal), drei Ventile, die Sensorkammer und ein ionensensitiver Feldeffekttransistor. Das Volumen der Sensorkammer beträgt ca. 50 nl, das gesamte Probenvolumen ca. 10 μl.

Die Ein- und Auslaßkanäle sowie die Sensorkammer werden durch Ätzen mit Flußsäure im Pyrexglasplättchen erzeugt. Durch anisotropes Ätzen mit EDP werden im Silizium Kanäle sowie senkrechte Löcher zur Verbindung der Kanäle in der Glasplatte mit den Kanälen im Siliziumchip hergestellt. Der Siliziumchip enthält außerdem eine Grube, in die der ionensensitive Feldeffekttransistor eingesetzt wird.

Zum Schließen eines Ventils wird eine dünne Folie aus Silikonkautschuk mit einem Glaszylinder gegen den Siliziumchip gepreßt und damit das entsprechende Loch verschlossen (Bild 6.34d). Die Bewegung des Glaszylinders erfolgt mit Hilfe einer Spule

(3 mm Durchmessser) aus einem SMA (Shape Memory Alloy)-Material, die im Ruhezustand durch eine Feder komprimiert wird. Die Spule wird durch einen Strom von ca. 1 A geheizt und oberhalb der kritischen Temperatur von 50 $^{\circ}$C nimmt sie ihre ursprüngliche Form an, komprimiert die Feder und bewegt dadurch den Glaszylinder. Mit diesem Aktor erreicht man einen Hub von ca. 1 mm, nachteilig ist die große Zeitkonstante von einigen Sekunden.

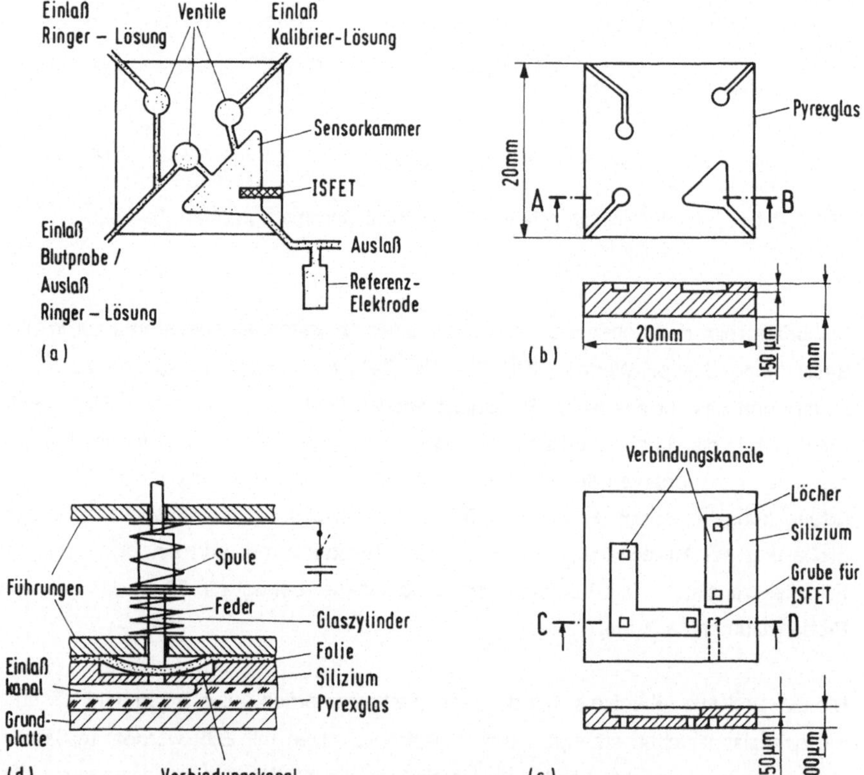

Bild 6.34 Mikrozelle eines Blutgasanalysators [SHO 88]. (a) Schema der Zelle. (b) Pyrexglasplatte. (c) Siliziumchip. (d) Schema des Mikroventils

In diese Mikrozelle können zusätzlich Sensoren für andere Gase (CO_2, O_2) integriert werden; dies erlaubt die Realisierung eines Vielkomponenten-Blutgasanalysators.

Ein weiteres Analysesystem ist in Bild 6.35 dargestellt. Eine **Leitwertmeßzelle** mit einer Einzelloch-Membran bietet die Möglichkeit, das Fließverhalten roter Blutkörperchen in den äußersten feinsten Körperkapillaren zu studieren [ROG 81]. Dort müssen sich die Blutkörperchen, deren Durchmesser ca. 8 μm beträgt, durch Kanäle von nur 5 μm Durchmesser hindurchzwängen. Dies ist nur möglich, wenn sie sich leicht verformen können. Bestimmte Kreislauferkrankungen beruhen auf einer mangelnden Verformbarkeit der Blutkörperchen. Ob eine solche Erkrankung vorliegt, läßt sich einfach und schnell mit der Leitwertmeßzelle feststellen. Die Einzellochmembran wird durch Bestrahlung einer Plastikfolie von 30 μm Dicke mit einem einzelnen schweren Ion und anschließendes Aufätzen der Ionenspur auf 5 μm Durchmesser hergestellt (Abschn. 4.4.6). Verdünnntes Blut wird durch die Meßzelle gepreßt und es wird die Zeit gemessen, die die einzelnen Blutkörperchen zum Durchlaufen der Zelle benötigen. Ungewöhnlich lange Durchlaufzeiten lassen auf eine Verhärtung der Blutkörperchen schließen.

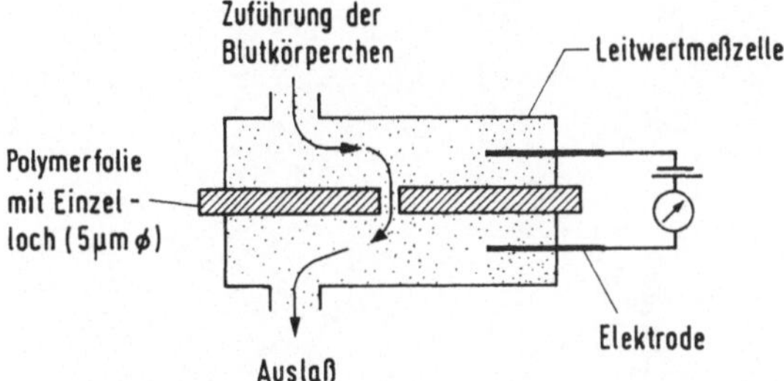

Bild 6.35 Schema einer Leitwertmeßzelle zur Untersuchung des Fließverhaltens roter Blutkörperchen [ROG 81]

6.3.2 Justierhilfen für mikrooptische Elemente

Optische Komponenten und Schaltungen für die Nachrichtentechnik und für die Sensorik werden zunehmend miniaturisiert. Dabei müssen häufig Justiertoleranzen im Mikrometerbereich eingehalten werden. Die Verfahren der Mikromechanik, vor allem die anisotrope Ätztechnik in Silizium, bieten die Möglichkeit zur Herstellung von Justierhilfen zur präzisen mechanischen Führung von mikrooptischen Elementen wie Glasfasern, Kugellinsen und optoelektronischen Bauelementen. Silizium bietet als Substratmaterial für mikrooptische Schaltungen darüber hinaus die Möglichkeit zur Herstellung integrierter Wellenleiter.

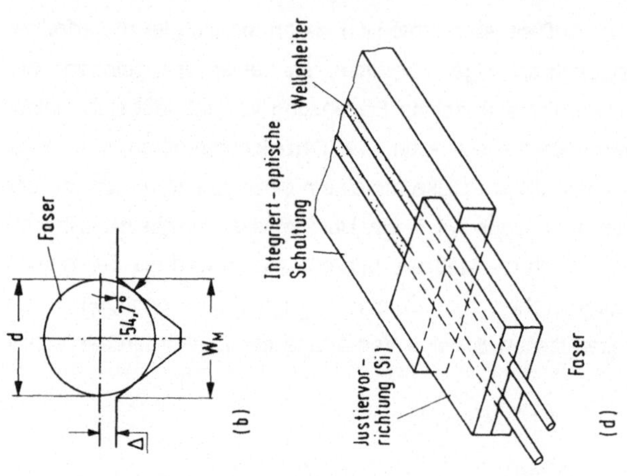

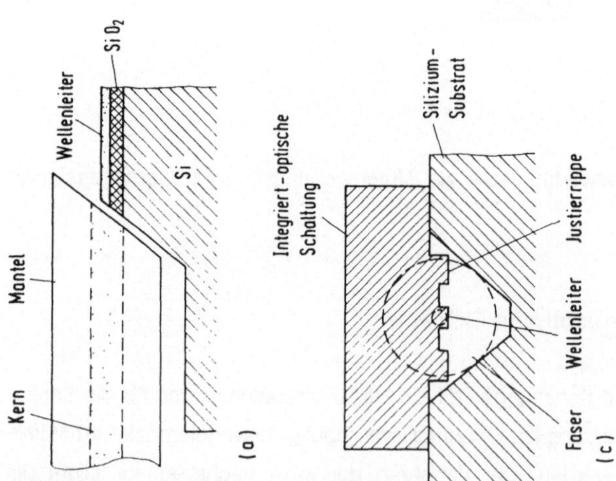

Bild 6.36 Prinzipien zur Kopplung von Glasfasern an integrierte Wellenleiter [BOY 78, KAU 86, MUR 86]

Verschiedene Anordnungen zur Kopplung von Glasfasern an integriert-optische Wellenleiter sind in Bild 6.36 dargestellt. Durch Führung der Faser in einer V-Nut (Bild 6.36a) wird eine präzise Justierung des Faserkerns an den Wellenleiter erreicht [BOY 78]. Die V-Nuten werden durch anisotropes Ätzen in einem (100)-Siliziumsubstrat hergestellt (Abschn. 4.4.3). Die Faser berührt die seitlichen Wände der V-Nut in zwei Punkten. Die Breite w_M der Nut berechnet sich aus der Gleichung (Bild 6.36b)

$$w_M + (2)^{1/2} \cdot \Delta = (3/2)^{1/2} \cdot d. \tag{6.7}$$

Darin ist Δ der Abstand zwischen dem Zentrum des Faserkerns und der Oberfläche des Siliziumsubstrats und d der Faserdurchmesser.

Mit diesem Prinzip der Nutenführung können auch Faserbündel an integriert-optische Schaltungen angekoppelt werden (Bild 6.36d).

Eine Möglichkeit der justagefreien Ankopplung einer integriert-optischen GaAs-Schaltung mit integrierten Wellenleitern an Glasfasern zeigt Bild 6.36c. Das GaAs-Substrat wird mit Justierrippen versehen, die in die V-Nut des Silizium-Substrats einrasten [KAU 86].

Ein weiteres Anwendungsbeispiel ist die direkte Ankopplung von Glasfasern an Photodioden in einer optischen Schaltung. Dazu werden die Fasern unter einem Winkel von typischerweise 45° poliert und verspiegelt (Bild 6.37a). Ein Silizium-Element mit V-Nuten dient auch bei dieser Ankoppeltechnik als Justierhilfe (Bild 6.37b).

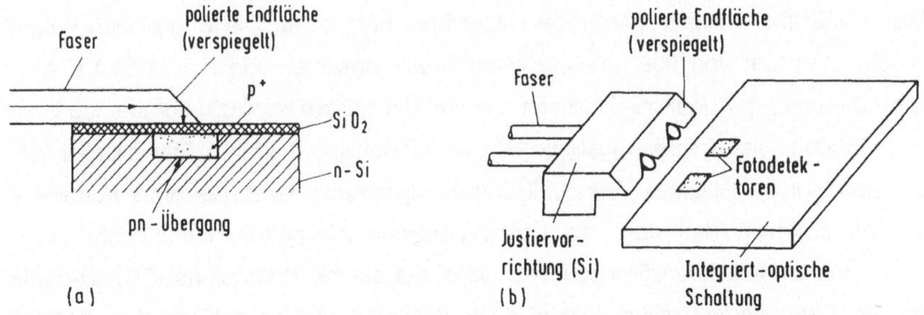

Bild 6.37 Prinzip zur Kopplung von Glasfasern an Photodioden [HAR 85, HAU 86]

Ein anderer Lösungsweg ist in Bild 6.38 dargestellt. Mit Hilfe eines laserinduzierten Prozesses wird ein zylindrisches Loch von 12 μm Durchmesser in ein Silizium-Substrat geätzt. In diesem Ätzloch wird durch Diffusion der pn-Übergang erzeugt. Der Faserkern (9 μm Durchmesser) wird in das Loch eingeführt und dort mit einem Kleber fixiert.

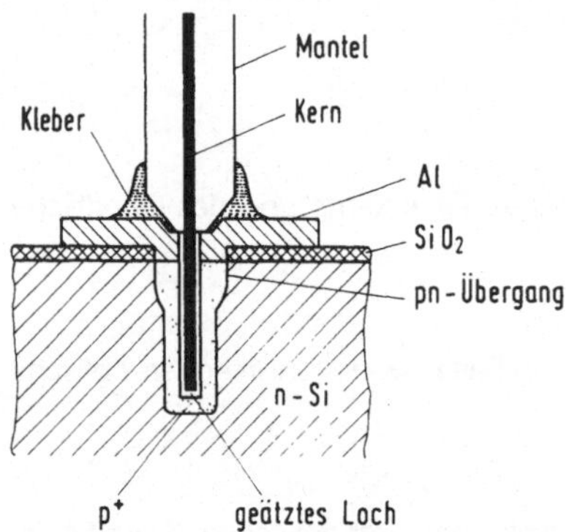

Bild 6.38 Führung von Glasfasern in Löchern, die mittels Laserätztechnik hergestellt werden [PRU 86]

Ein Anwendungsbeispiel aus der optischen Nachrichtentechnik ist die in Bild 6.39 dargestellte mikrooptische Bank für einen **Wellenlängen-Duplexer** [MUE 89c]. Glasfasern können für die gleichzeitige Übermittlung von Signalen in beiden Richtungen benutzt werden. Dazu verwendet man zwei unterschiedliche Wellenlängen, die mit Hilfe des Duplexers in die Glasfaser ein- bzw. ausgekoppelt werden. In einem Silizium-Substrat mit (100)-Oberfläche werden zur Führung der Glasfasern und zur Justierung der Kugellinsen V-Gräben mittels anisotroper Ätztechnik hergestellt. Die Kugellinsen haben einen Durchmesser von 900 μm und einen Brechungsindex von n = 1,59 bei λ = 1,3 μm. Die vordere Kugellinse kollimiert das von der Laserdiode (LD) kommende Licht (λ = 1,55 μm), die hintere Kugellinse das im Vielschicht-Interferenzfilter parallel versetzte Licht auf die Glasfaser, die zur Übertragungsstrecke führt. Die dritte Kugellinse schließlich kollimiert das über die Übertragungsstrecke ankommende Licht (λ = 1,3 μm), das am Interferenzfilter reflektiert wird, auf die zur Photodiode (PD) führende Glasfaser. Das Interferenzfilter wird in einer senkrechten Nut geführt, die ebenfalls durch anisotropes Ätzen erzeugt werden kann.

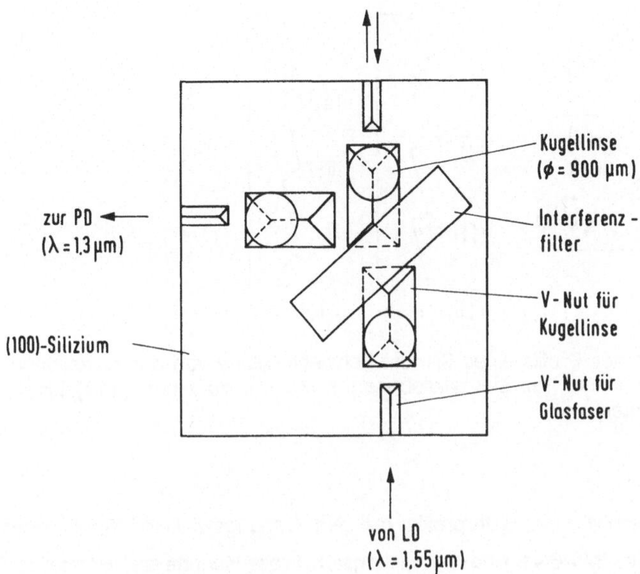

Bild 6.39 Schema eines hybrid aufgebauten Wellenlängen-Duplexers [MUE 89c]

6.3.3 Optische Gitter

Optische Echelette-Gitter sind unter anderem als Demultiplexer in der optischen Nachrichtentechnik von großem Interesse. Sie dienen in Wellenlängenmultiplexsystemen zur Separierung der Signale, die in einer Glasfaser gemeinsam übertragen werden.

Reflexions-Echelette-Gitter können mit hoher Präzision sowohl durch Trockenätzverfahren wie auch durch naßchemisches anisotropes Ätzen von Silizium hergestellt werden. Die Vorteile im Vergleich zu konventionell hergestellten Gittern sind höhere Effektivität, höherer Freiheitsgrad bezüglich der Gitterparameter (Blaze-Winkel, Gitterkonstante), höhere Stabilität gegenüber Temperatur- und Feuchtigkeitseinflüssen sowie die Möglichkeit zur Miniaturisierung und Massenproduktion.

Ausgangsmaterial für die Herstellung solcher Silizium-Gitter mittels anisotroper Ätztechnik sind Wafer, deren Oberfläche um einen Winkel θ gegenüber einer {111}-Ebene verkippt ist. Diese Oberflächen sind {hkk}-Ebenen (Bild 6.40a). Abhängig davon, ob

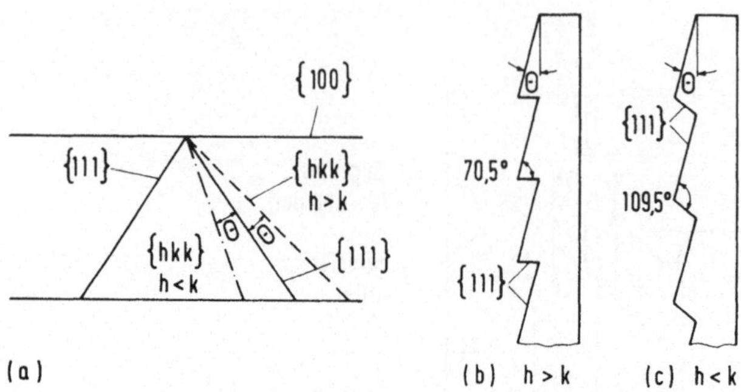

Bild 6.40 Abhängigkeit des Profils eines Silizium-Echelette-Gitters von der Kristallorientierung der Waferoberfläche. (a) Si-Kristallebenen senkrecht zu einer {110}-Ebene (Zeichenebene). (b) Gitterprofile

h>k oder h<k gilt, erhält man Gitterprofile mit den Öffnungswinkeln $70,53^{\circ}$ oder 109.47° (Bild 6.40b). In Bild 6.41 sind die wichtigsten Prozeßschritte zur Herstellung solcher Gitter schematisch dargestellt. Maximale Effektivität ergibt sich für die Blaze-Wellenlänge λ_B

$$\lambda_B = (2g/n) \cdot \sin \Theta. \tag{6.8}$$

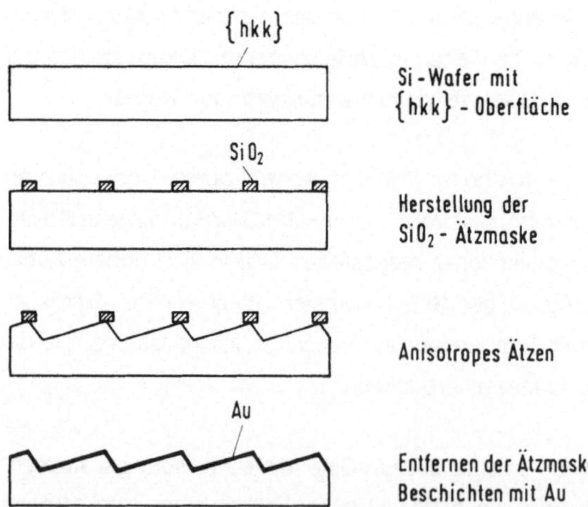

Bild 6.41 Prozeßschritte bei der Herstellung eines Silizium-Echelette-Gitters [FUJ 80]

g ist die Gitterkonstante, n die Beugungsordnung. Mit dieser Technik können Gitter hergestellt werden [FUJ 80], die im Wellenlängenbereich zwischen 0,82 und 0,88 μm eine Effektivität von ca. 90 % aufweisen (λ_B = 0,86 μm, Θ = 6,2^O, n = 1, g = 4 μm).

6.3.4 Vakuum-Mikroelektronik

In Anbetracht der großen Fortschritte der Halbleiterelektronik auf der Grundlage der Silizium-Planartechnologie wurden Elektronenröhren aus den meisten Anwendungsgebieten verdrängt. Die Mikromechanik eröffnet jedoch völlig neue Perspektiven für die Vakuumelektronik, da sie die Herstellung miniaturisierter Feldemissionskathoden und Kathoden-Arrays ermöglicht.

Die Feldemission, d.h. die Auslösung von Elektronen aus Metalloberflächen durch ein starkes elektrisches Feld wird beschrieben durch die Fowler-Nordheim-Gleichung [FOW 28]:

$$j = (e^3 \cdot E^2/8\pi \cdot h \cdot \Phi) \cdot \exp\{-8\pi \cdot (2m_e)^{1/2} \cdot \Phi^{3/2}/(3e \cdot h \cdot E)\}. \qquad (6.9)$$

Darin ist j die Stromdichte, E die elektrische Feldstärke und Φ die Austrittsarbeit der Elektronen aus der Oberfläche. Akzeptable Stromdichten werden erst bei elektrischen Feldstärken oberhalb von 10^9 V/m erreicht. Als Feldemissionskathoden eignen sich vor allem Metallspitzen mit sehr kleinen Krümmungsradien, an denen sich schon mit mäßigen Spannungen hohe Feldstärken erzielen lassen. Durch Miniaturisierung aller relevanten Geometrieparameter gelingt es, die erforderliche Spannung auf Werte unterhalb von 100 V zu reduzieren [ORV 89].

Ein typisches Verfahren zur Herstellung von **Feldemissionskathoden** ist in Bild 6.42 veranschaulicht [SPI 76]. Ausgangsmaterial sind Siliziumsubstrate mit einer 1,5 μm dicken Oxidschicht. Auf das Oxid wird eine 0,4 μm dicke Molybdänschicht abgeschieden, die mittels lithographischer Ätztechnik so strukturiert wird, daß kreisförmige Öffnungen von 2 μm Durchmesser entstehen. Danach wird das darunterliegende Siliziumdioxid geätzt, wobei die Molybdänschicht unterätzt wird (Bild 6.42a). Auf das so strukturierte Substrat wird nun eine Aluminium-Zwischenschicht aufgedampft. Durch Einstellung eines definierten Winkels zwischen der Aufdampfquelle und der Substratnormalen können die Öffnungen in der Molybdänschicht auf beliebige Durchmesser verkleinert werden (Bild 6.42b). Im nächsten Schritt wird Molybdän aufgedampft. Dabei wachsen die Öffnungen infolge der Kondensation von Molybdän langsam zu, so daß in den Ätzgruben pyramidenförmige Emitterstrukturen entstehen (Bild 6.42c). Sobald die Öffnungen ganz geschlossen sind, wird der Aufdampfprozeß beendet und das auf der Oberfläche abgeschiedene Molybdän durch Ätzen der Aluminiumzwischenschicht entfernt. Mit dieser Technik können Arrays mit Emitterdichten von $10^6/cm^2$ und Stromdichten von 100 A/cm^2 realisiert werden [SPI 84].

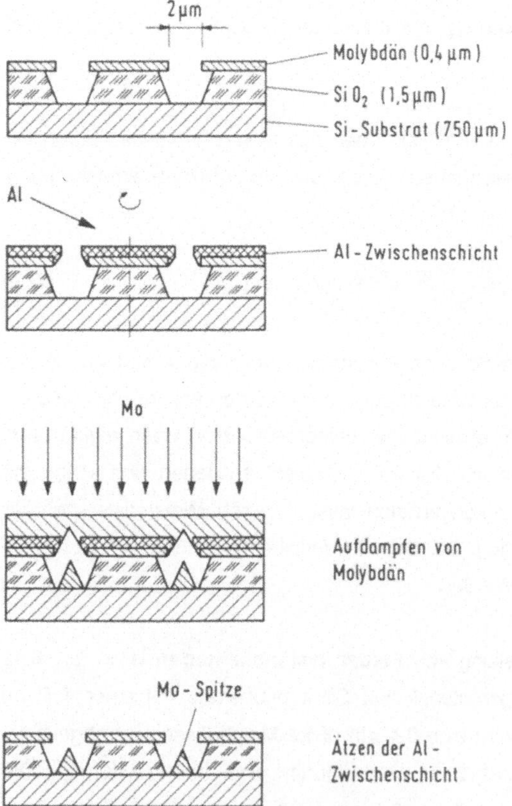

Bild 6.42 Prozeßschritte bei der Herstellung von metallischen Feldemissionskathoden [SPI 76]

Die Techniken zur Herstellung solcher Feldemissionskathoden ermöglichen die Herstellung miniaturisierter Elektronenröhren (Vakuum-Mikroelektronik). Gegenüber der Halbleiterelektronik ergeben sich folgende Vorteile, die aus der Tatsache resultieren, daß der Transport der Elektronen im Vakuum erfolgt:

- Keine prinzipiellen Einschränkungen des nutzbaren Temperaturbereichs,
- sehr gute Resistenz gegenüber elektromagnetischer Störstrahlung und gegenüber Teilchenstrahlung,
- kurze Transitzeiten zwischen Kathode und Anode unterhalb 1 ps [BRO 89].

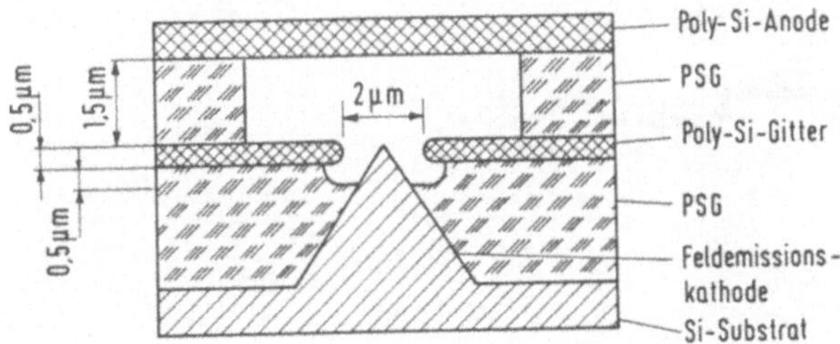

Bild 6.43 Schema einer miniaturisierten Triode [ORV 89]

Die Vakuum-Mikroelektronik ist ein sehr junges Arbeitsgebiet. Bevor zuverlässig funktionierende Bauelemente entwickelt werden können, sind noch zahlreiche technologische Probleme zu lösen. Die in Bild 6.43 schematisch dargestellte **Mikrotriode** [ORV 89] ist einer der ersten Versuche zur Entwicklung eines miniaturisierten vakuum-elektronischen Bauelements. Zu ihrer Herstellung werden zunächst in einem (100)-Siliziumsubstrat durch anisotropes Ätzen mit EDP pyramidenförmige Feldemissionskathoden hergestellt. Nach dem Entfernen der vollständig unterätzten quadratischen Siliziumnitrid-Masken wird die Struktur mit Phosphorsilikatglas (PSG) bedeckt. Auf die Glasoberfläche wird dotiertes polykristallines Silizium abgeschieden und so strukturiert, daß kreisförmige Öffnungen über den Kathodenspitzen entstehen. Diese Struktur bildet das Gitter der Triode. Es folgt die Abscheidung einer zweiten PSG-Schicht und einer zweiten Polysiliziumschicht (Anode). Zur Fertigstellung der Mikrotriode werden die Glasschichten unter Anode und Gitter teilweise weggeätzt.

6.3.5 Düsen für Tintenstrahldrucker

Im Bereich der nicht-mechanischen Drucker gewinnen Tintenstrahldrucker, insbesondere die nach dem Drop-on-Demand-Verfahren arbeitenden Varianten (Bild 6.44a) immer mehr an Bedeutung. Hierbei werden durch kleine Druckerzeuger in Form piezoelektrischer Biegeelemente in einem Flüssigkeitssystem Druckstöße erzeugt, die aus feinen Düsen Tintentröpfchen herausschleudern. Zur Erreichung hoher Druckge-

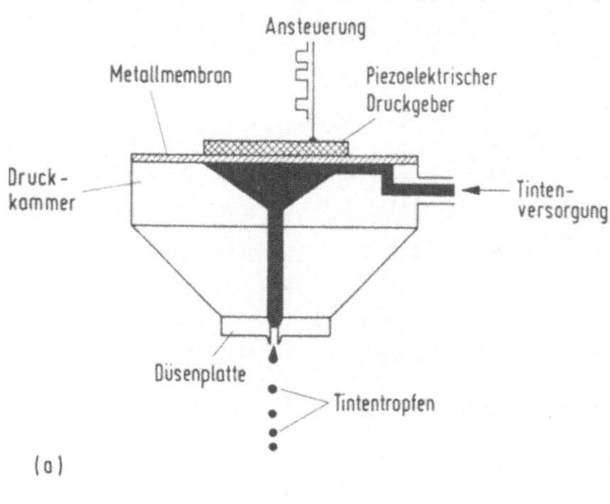

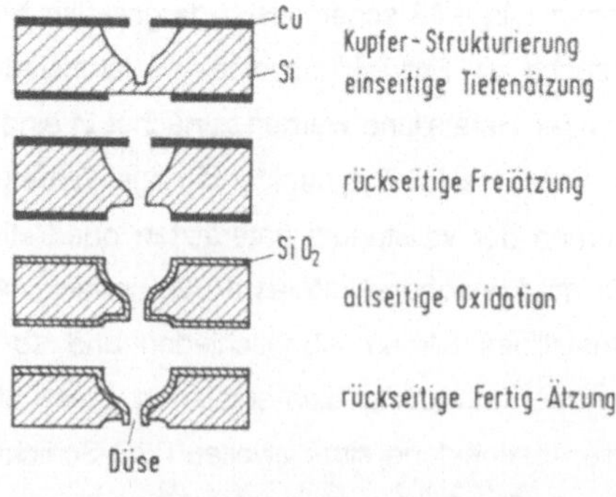

Bild 6.44   Drop-on-Demand-Tintenstrahldrucker [BEN 86]. (a) Tropfenerzeugung. (b) Herstellung der Silizium-Ring-Düsen

schwindigkeiten müssen die schwingenden Flüssigkeitsvolumina möglichst klein gehalten werden bei gleichzeitig hoher Fertigungspräzision für die Tintenkapillaren. Zur Erreichung einer hohen Druckqualität ist insbesondere die Qualität der Düsenaustrittsöffnung von entscheidender Bedeutung. Durch unsymmetrische Benetzung der Düsenoberflächen kann es sehr leicht zu Ablenkungen der Tropfen kommen, was sich schon bei Winkelabweichungen von 1^O im Schriftbild bemerkbar macht. Zur Lösung dieses Problems wurde eine spezielle Düsengeometrie entwickelt, bei der durch einen sehr dünnwandigen und scharfkantigen Tubus die Benetzung der Düsenumgebung verhindert wird [BEN 86]. Die Folge ist eine wesentlich stabilere Tropfenemission. Bild 6.44b zeigt die wichtigsten Prozeßschritte zur Herstellung einer solchen Düse, die mit Hilfe eines SF_6-Plasma-Ätzprozesses aus Silizium hergestellt wird. Der dünnwandige Tubus besteht dabei aus Siliziumdioxid.

6.3.6 Transmissionsmasken

Silizium-Membranen mit Löchern finden als Transmissionsmasken sowohl in der Elektronenstrahl-Proximitylithographie [BOH 84] wie auch bei direkt strukturierendem Beschichten von Substraten Anwendung. Bild 6.45 zeigt die Prozeßschritte zur Herstellung von Transmissionsmasken für die Elektronenstrahllithographie [BEH 85]. Das Silizium-Substrat wird zunächst beidseitig ca. 3 μm tief mit Bor dotiert. Anschließend wird auf die Rückseite Siliziumdioxid als Maskierschicht (ca. 1 μm dick) aufgesputtert (Bild 6.45a). Im Oxid wird ein Fenster (12 mm x 12 mm) geöffnet und durch reaktives Ionenätzen ca. 5 μm tief in das Substrat übertragen (Bild 6.45b). Durch dieses Fenster erfolgt später das Dünnätzen der Membran. Zur Erzeugung der Löcher in der Membran wird auf die Vorderseite des Substrates eine 0,7 μm dicke Siliziumdioxid-Schicht aufgesputtert. Anschließend wird diese Oxidschicht mit einem Trilevelprozeß (Abschn. 4.1.2) strukturiert. Danach erfolgt durch reaktives Ionenätzen in einer CCl_2F_2 + O_2-Atmosphäre die Übertragung des Musters ca. 5 μm tief in das Silizium (Bild 6.45c). Im nächsten Schritt wird das Substrat durch das rückseitige Fenster anisotrop geätzt, wobei die hochbordotierten Zonen als Ätzstopp dienen. Zum Schluß wird die Oxidschicht entfernt (Bild 6.45d). Die 3 μm dicke Membran enthält das Lochmuster, während der nicht dünngeätzte Bereich des Substrats als stützender Rahmen dient.

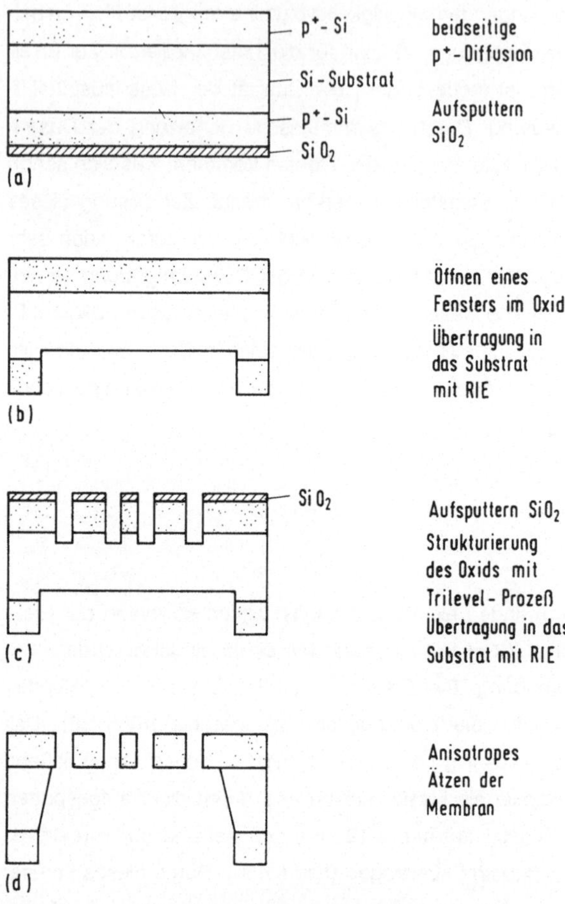

Bild 6.45 Prozeßschritte zur Herstellung von Transmissionsmasken für die Elektronen-strahl-Proximitylithographie [BEH 85]

Diese Silizium-Membranen stehen aufgrund der hohen Bordotierung unter inneren Zugspannungen, die einerseits zu einer gewünschten Straffung der Membran, andererseits jedoch zu Verzerrungen der Strukturen in der Membran führen. Es ist daher erforderlich, diese inneren Spannungen genau messen [BUE 90b] und sie durch technologische Maßnahmen auf einen bestimmten Wert einstellen zu können [SEI 88].

7 Mikrosystemtechnik

Die Mikrosystemtechnik befaßt sich mit der Entwicklung, Herstellung und Anwendung miniaturisierter Baugruppen, in denen mechanische, optische und elektronische Funktionen zielgerichtet integriert sind. Sie ist somit eine **konsequente Weiterentwicklung der Mikromechanik**, steht jedoch noch ganz am Anfang ihrer Entwicklung. Ihre Möglichkeiten und Perspektiven sollen im folgenden kurz aufgezeigt werden.

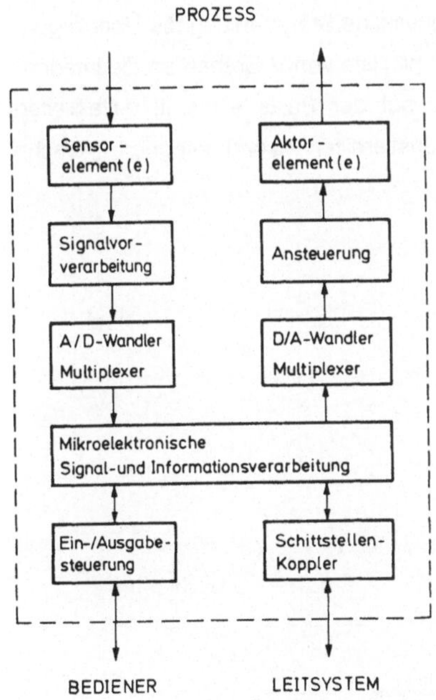

Bild 7.1 Blockdiagramm eines Mikrosystems für die Meß- und Regeltechnik. Die Komponenten innerhalb der gestrichelten Umrandung sind in einer Mikrostruktur integriert

Mikrosysteme eröffnen zukunftsträchtige Möglichkeiten zur Lösung von Problemen in vielen Bereichen der modernen Technik. So können z.B. unter Einsatz mikromechanischer Sensoren Meßgrößen erfaßt werden, die bisher bei Verwendung konventioneller

Methoden der Messung nicht zugänglich waren. Die Meßdaten werden mit Hilfe einer mikroelektronischen Signal- und Informationsverarbeitung "intelligent" aufbereitet und über geeignete Übertragungskanäle der Weiterverarbeitung zugeführt oder unmittelbar zur Steuerung der durchzuführenden Prozesse verwendet. Bild 7.1 zeigt ein Prinzipschaltbild eines solchen Mikrosystems.

In Bild 7.2 ist ein Mikrosystem zur Regelung eines Gasflusses schematisch dargestellt. Es besteht aus einem Silizium-Gasflußsensor (Abschn. 6.1.3), einem Mikroventil (Abschn. 6.2.3) und einer zentralen mikroelektronischen Informationsverarbeitung. Die Übertragung des Sensor und des Steuersignals erfolgt über Glasfasern [SCH 89]. Damit können große Distanzen überbrückt werden, mit den Vorteilen, daß weder chemisch agressive Umgebungen noch elektromagnetische Störstrahlung die Übertragung beeinträchtigen können. Die Glasfasern werden mit Hilfe von V-Gräben an die integrierten Wellenleiter angekoppelt. Die Laserdioden auf der Basis eines III/V-Halbleiters werden ebenfalls mittels mikromechanischer Justierhilfen hybrid integriert (Abschn. 6.3.2).

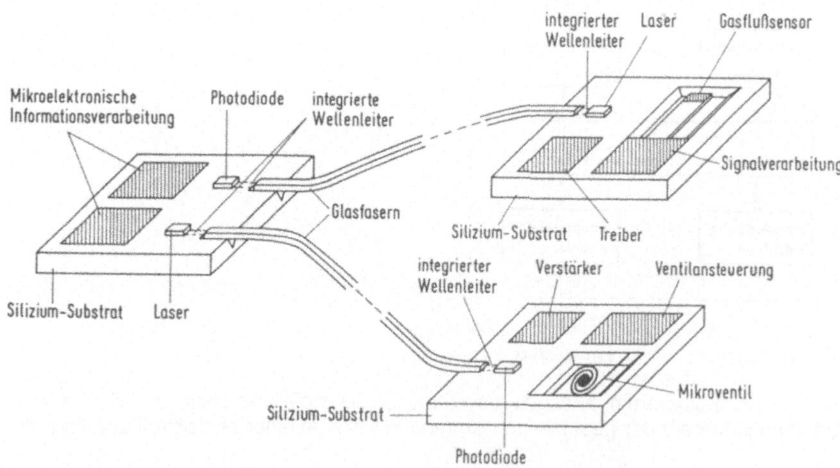

Bild 7.2 Schema eines Mikrosystems zur Regelung eines Gasflusses

Bild 7.3 zeigt ein weiteres Beispiel für ein zukünftiges Mikrosystem. Optische Fasern, optoelektronische Wandler und moderne IC-Techniken ermöglichen die verlustarme Übermittlung von Informationen in optischer Form. In Zukunft werden sowohl schmalbandige Signale (z.B. Telefon, Telex) wie auch breitbandige Signale (z.B. Bildtelefon, Fernsehen) über Kabel übertragen. Dazu ist an beiden Enden einer Monomode-Faser eine Schaltung erforderlich, die elektrische Signale in optische umwandelt und umgekehrt. Für einen Masseneinsatz sind jedoch die Kosten diskret aufgebauter Sende- und Empfangseinheiten zu hoch. Erst ein mikrosystemtechnischer Lösungsansatz, wie er schematisch in Bild 7.3 dargestellt ist, ermöglicht eine Kostensenkung und Minaturisierung des kompletten Systems aus Faseroptik, Mikromechanik (Faserjustierung), Integrierter Optik, Mikroelektronik und moderner Aufbau- und Verbindungstechnik [SCH 88].

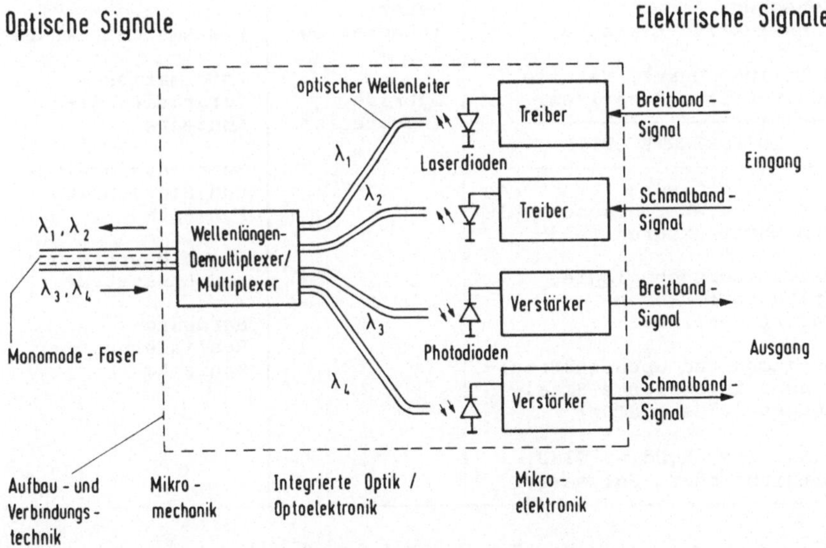

Bild 7.3   Konzept einer zukünftigen Sende- und Empfangseinheit für bidirektionale Übertragung auf einer Monomode-Faser. Die Komponenten innerhalb der gestrichelten Umrandung können in einer Mikrostruktur integriert werden

MIKROTECHNIKEN		SYSTEMTECHNIKEN
MIKROELEKTRONIK	AUFBAU- UND VERBINDUNGS-TECHNIK	ENTWICKLUNGS-WERKZEUGE
Planare Strukturen höchster Auflösung		Entwurf
Halbleitertechnologie, Siliziumtechnologie		Simulation
Integrierte Schaltkreise (ICs), Spezialbauelemete		Test
Silizium, GaAs, ...		**SIGNAL- UND INFORMATIONS-VERARBEITUNGS-VERFAHREN**
MIKROMECHANIK		
Dreidimensionale Strukturen	Mono-lithische Integration	digitale Signalverarbeitung
Halbleitertechnologie und spezielle Verfahren		Systemarchitekturen
Sensoren, Aktoren, konstruktive Elemente	Hetero-integration	Informations-verarbeitungs-konzepte
Silizium, Quarz, Metalle, Kunststoffe, Keramiken, ...	Hybride Integration	Zuverlässigkeits- und Sicherheits-konzepte
INTEGRIERTE OPTIK		Signalübertragung und Bussysteme
Planare optische Strukturen und optoelektronische Viel-schichtstrukturen		Hardware-Realisierungs-konzepte
Halbleitertechnologie, Epitaxieverfahren, Fasertechnologie		
optische und optoelektroni-nische integrierte Schal-tungen (OICs, OEICs)		
GaAs, InP, HgCdTe, Glas, Lithiumniobat, Polymere,...		
M I K R O S Y S T E M E		

Bild 7.4 Abgestimmter Einsatz von Mikrotechniken und Systemtechniken zur Realisierung von Mikrosystemen

Zur Realisierung von Mikrosystemen werden benötigt (Bild 7.4):

- **Mikrotechniken**, d.h. Technologien, die die Herstellung miniaturisierter mechanischer, optischer und elektronischer Komponenten und ihre Integration ermöglichen. Gemeinsame fertigungstechnische Basis der wichtigsten Mikrotechniken ist die Halbleitertechnologie. Für eine breite Nutzung von Mikrosystemlösungen ist es jedoch erforderlich, die unterschiedlichen Technologien zur Herstellung der Komponenten eines Mikrosystems zu einem einheitlichen Fertigungsprozeß zusammenzufassen, d.h. die Integrations- und Kombinationsfähigkeit der Technologien untereinander zu verbessern. Außerdem müssen sowohl die einzelnen wie auch die kombinierten Technologien simulationsfähig sein.

- **Entwicklungswerkzeuge** für Entwurf, Simulation und Test sowohl der Einzelkomponenten wie des Gesamtsystems. Für einen effizienten Mikrosystementwurf ist es notwendig, die einzelnen Werkzeuge in eine koordinierte Entwurfsumgebung einzubinden.

- **Signal- und Informationsverarbeitungsverfahren**, z.B. Algorithmen für digitale Signalverarbeitung, Verteilung der Datenauswertung auf verschiedene hierarchische Ebenen ("verteilte" Intelligenz), Redundanz bei besonderen Zuverlässigkeitsanforderungen, Gewährleistung eines Fail-Safe-Verhaltens bei erhöhten Sicherheitsanforderungen.

Für die Signal- und Informationsverarbeitung in Mikrosystemen bieten sich grundsätzlich die folgenden Realisierungsmöglichkeiten an:

- Softwarerealisierung auf einem PC oder einem Kleinrechner.
  Einsatzgebiet: Schnelle Realisierung, hohe Komplexität der Aufgabe (z.B. graphische Aufbereitung der Meßdaten), niedrige Anforderungen an die Verarbeitungsgeschwindigkeit.
- Realisierung mit Standard-Mikroprozessor oder digitalem Signalprozessor.
  Einsatzgebiet: Mittlere Komplexität, mittlere Anforderungen an die Verarbeitungsgeschwindigkeit.
- Realisierung mit anwendungsspezifischen, integrierten Schaltungen (ASICs).
  Einsatzgebiet: Hohe Anforderungen an die Verarbeitungsgeschwindigkeit, extrem nie-

drige Leistungsaufnahme, kleine Abmessungen, geringes Gewicht und hohe Zuverlässigkeit.

Die Integration elektronischer, mechanischer und optischer Funktionen in einer Mikrostruktur bietet folgende Vorteile:

- Die Zuverlässigkeit wird durch den Wegfall von Steckern und Kontakten zwischen Systemteilen, durch geringere Störeinstrahlung sowie durch gezielte Redundanz bei Teilfunktionen gesteigert.
- Die Kosten werden durch Batch-Prozesse und einheitliche Technologie und durch Materialersparnis (z.B. bei der Gehäusetechnik) gesenkt.
- Mikrosystemlösungen ermöglichen es, Produkte allein durch Softwarewechsel an unterschiedliche Aufgaben anzupassen. Daraus resultiert z.B. bei Sensoren eine Reduktion der Typenvielfalt und entsprechende Kostenersparnis.
- In der Meß- und Regeltechnik werden neue Bereiche erschlossen, in denen eine Miniaturisierung aus Volumen- und Gewichtsgründen unabdingbar ist.
- Der Datenfluß wird durch die Signal- und Informationsverarbeitung im Mikrosystem wesentlich reduziert. Die Ausgangssignale sind buskompatibel und dadurch störsicher zu übertragen.

Die Mikroelektronik ist durch eine stetige Steigerung der Leistungsfähigkeit bei gleichzeitiger Reduzierung der Kosten gekennzeichnet (Abschn. 1.) Dies wurde durch Integration einer zunehmenden Anzahl von Funktionen erreicht. Die Mikrosystemtechnik wird diese Entwicklung auf den Bereich der nicht-elektronischen Funktionen übertragen.

Literaturverzeichnis

[ABR 86]   Abraham, D.W.; Mamin, H.J.; Ganz, E.; Clarke, J.: Surface Modification with the Scanning Tunneling Microscope. IBM J. Res. Develop. 30 (1986) 492

[AKA 90]   Akamine, S.; Albrecht, T.R.; Zdeblick, M.J.; Quate, C.F.: A Planar Process for Microfabrication of STM. Sensors and Actuators A21 - A23 (1990) 964

[ALA 88]   Alavi, M.; Büttgenbach, S.: Löten von Feindrähten auf Cu-Anschlußflächen mit Laserstrahl. Laser und Optoelektronik Nr. 2/1988, S. 52

[ANG 83]   Angell, J.B.; Terry, S.C.; Barth, P.W.: Mikromechanik aus Silicium. Spektrum der Wissenschaft (Juni 1983) 38

[BAN 82]   Bangert, H.; Wagendristel, A.; Aschinger, H.: Ultramikrohärtemessung an dünnen Schichten, Fasern und feinstrukturierten Oberflächen. Vak. Tech. 31 (1982) 200

[BAR 85]   Barth, P.W.; Shlichta, P.J.; Angell, J.B.: Deep Narrow Vertical-Walled Shafts in <110> Silicon. Proc. 3rd Int. Conf. Solid-State Sensors and Actuators, Philadelphia 1985, p. 371

[BAS 78]   Bassous, E.: Fabrication of Novel Three-Dimensional Microstructures by the Anisotropic Etching of (100) and (110) Silicon. IEEE Trans. Electron Devices ED-25 (1978) 1178

[BÄU 86]   Bäuerle, D.: Chemical Processing with Lasers. Springer Series in Materials Science, Vol. 1. Berlin: Springer 1986

[BEA 78]   Bean, K.E.: Anisotropic Etching of Silicon. IEEE Trans. Electron Devices ED-25 (1978) 1185

[BEC 84]   Becker, E.W.; Ehrfeld, W.; Münchmeyer, D.: Untersuchungen zur Abbildungsgenauigkeit der Röntgentiefenlithographie mit Synchrotronstrahlung bei der Herstellung technischer Trenndüsenelemente. KfK-Bericht 3732, Kernforschungszentrum Karlsruhe 1984

[BEC 86]   Becker, E.W.; Ehrfeld, W.; Hagmann, P.; Maner, A.; Münchmeyer, D.: Fabrication of Microstructures with High Aspect Ratios and Great Structural Heights by Synchrotron Radiation Lithography, Galvanoforming, and Plastic Moulding (LIGA Process). Microelectronic Engineering 4 (1986) 35

[BEH 85]   Behringer, U.: Silizium-Transmissionsmasken für die Submicron-Elektronenstrahl-Lithographie. VDI-Berichte 584. Düsseldorf: VDI-Verlag 1985, S. 143

[BEN 85]   Benecke, W.; Csepregi, L.; Heuberger, A.; Kühl, K.; Seidel, H.: A Frequency-Selective Piezoresistive Silicon Vibration Sensor. Proc. 3rd Int. Conf. Solid-State Sensors and Actuators, Philadelphia 1985, p. 105

[BEN 86]   Bentin, H.; Döring, M.; Radtke, W.; Rothgordt, U.: Physical Properties of Micro-Planar Ink-Drop Generators. J. Imag. Tech. 12 (1986) 152

[BEN 89]   Benecke, W.: Mikromechanische Aktuatoren mit leistungsgesteuertem Antrieb. AMA-Seminar Mikromechanik, Heidelberg 1989, S. 165

[BER 89]   Bernt, H.: Mechanische und thermische Eigenschaften von Strukturen und Materialien für die Mikromechanik. In: A. Heuberger (Hrsg.): Mikromechanik. Berlin: Springer 1989

[BIN 86]   Binnig, G.; Rohrer, H.: Scanning Tunneling Microscopy. IBM J. Res. Develop. 30 (1986) 355

[BIN 87]   Bin, T.Y.; Huang, R.S.: CAPSS: A Thin Diaphragm Capacitive Pressure Sensor Simulator. Sensors and Actuators 11 (1987) 1

[BIS 89]   Bischof, R.; Vuilleumier, R.; Porret, F.: Mikroblenden als optisches Element. AMA-Seminar Mikromechanik, Heidelberg 1989, S. 179

[BOH 84]   Bohlen, H.; Behringer, U.; Keyser, J.; Nehmiz, P.; Zapka, W.; Kulcke, W.: High Throughput Submicron Lithography with Electron Beam Proximity Printing. Solid State Technol. (Sept. 1984) 210

[BOT 82]   Bottom, V.E.: Introduction to Quartz Crystal Unit Design. New York: Van Nostrand Reinhold 1982

[BOY 78]   Boyd, J.T.; Sriram, S.: Optical Coupling from Fibers to Channel Waveguides Formed on Silicon. Appl. Opt. 17 (1978) 895

[BOY 87]   Boyd, I.W.: Laser Processing of Thin Films and Microstructures. Springer Series in Materials Science, Vol. 3. Berlin: Springer 1987

[BRI 85]   Brice, J.C.: Crystals for Quartz Resonators. Rev. Mod. Phys. 57 (1985) 105

[BRO 82]   Brodie, I.; Muray, J.J.: The Physics of Microfabrication. New York: Plenum Press 1982

[BRO 89]   Brodie, I.: Physical Considerations in Vacuum Microelectronics Devices. IEEE Trans. Electron Devices ED-36 (1989) 2641

[BRU 80]   Brümmer, O.; Heydenreich, J.; Krebs, K.H.; Schneider, H.G. (Hrsg.): Handbuch der Festkörperanalyse mit Elektronen, Ionen und Röntgenstrahlen. Wiesbaden: Vieweg 1980

[BRY 77]   Bryant, W.A.: The Fundamentals of Chemical Vapor Deposition. J. Mat. Sci. 12 (1977) 1285

[BRY 88]   Bryzek, J.; Mallon, J.R.; Petersen, K.; Barth, P.: Silicon Sensors and Microstructures. Firmenschrift NovaSensor, Silicon Valley 1988

[BUE 88]   Büttgenbach, S.: Frequenzanaloge Quarzsensoren. Hard and Soft (Okt. 1988) Fachbeilage Mikroperipherik

[BUE 90a]   Büttgenbach, S.; Prillwitz, B.; Schmidt, B.: Technologieausstattung für die Herstellung mikromechanischer Bauelemente auf der Basis von Silizium und Quarz. Berlin: VDI/VDE-Technologiezentrum Informationstechnik 1990

[BUE 90b]   Büttgenbach, S.; Engelhardt, W.; Kulcke, W.: Measurement of Internal Stress in Thin Silicon Membranes. Proc. Micro Systems. In: H. Reichl (ed.): Micro System Technologies 90. Berlin: Springer 1990, p. 177

[BUS 89]   Buser, R.A.: Theoretical and Experimental Investigations on Silicon Single Crystal Resonant Structures. Ph.D. Thesis, Universität Neuchatel 1989

[CAD 46]   Cady, W.G.: Piezoelectricity. New York: McGraw Hill 1946

[CHU 83]   Chuang, S.S.: Force Sensor Using Double-Ended Tuning Fork Quartz Crystals. Proc. 37th Ann. Freq. Contr. Symp. 1983, p. 248

[CHU 85]   Chun, K.; Wise, K.D.: A High-Performance Silicon Tactile Imager Based on a Capacitive Cell. IEEE Trans. Electron Devices ED-32 (1985) 1196

[CLI 76a]   Cline, H.E.; Anthony, T.R.: Random Walk of Liquid Droplets Migration in Silicon. J. Appl. Phys. 47 (1976) 2316

[CLI 76b]   Cline, H.E.; Anthony, T.R.: High-Speed Droplet Migration in Silicon. J. Appl. Phys. 47 (1976) 2325

[CLI 76c]   Cline, H.E.; Anthony, T.R.: Thermomigration of Aluminium-Rich Liquid Wires Through Silicon. J. Appl. Phys. 47 (1976) 2332

[CSE 84]   Csepregi, L.; Kühl, K.; Nießl, R.; Seidel, H.: Technologie dünngeätzter Siliziumfolien im Hinblick auf monolithisch integrierbare Sensoren. BMFT-Forschungsbericht T84-209, 1984

[DEA 65]   Deal, B.E.; Grove, A.S.: General Relationship for the Thermal Oxidation of Silicon. J. Appl. Phys. 36 (1965) 3770

[DIA 81]   Dias, J.F.: Physical Sensors Using SAW Devices. Hewlett-Packard Journal (Dec. 1981) 18

[DIN 82]   Dinger, R.J.: The Torsional Tuning Fork as a Temperature Sensor. Proc. 36th Ann. Freq. Contr. Symp. 1982, p. 265

[EER 88]   Eernisse, E.P.; Ward, R.W.; Wiggins, R.B.: Survey of Quartz Bulk Resonator Sensor Technologies. IEEE Trans. Ultrasonics, Ferroelectrics, Frequency Control UFFC-35 (1988) 323

[EIN 85]   Einfeld, D.; Hagena, O.F.; Henkes, P.R.W.; Klingelhöfer, R.; Krevet, B.; Moser, H.O.; Saxon, G.; Stange, G.: Entwurf einer Synchrotronstrahlungsquelle mit supraleitenden Ablenkmagneten für die Mikrofertigung nach dem LIGA-Verfahren. KfK-Bericht 3976, Kernforschungszentrum Karlsruhe 1985

[FAN 88]   Fan, L.-S.; Tai, Y.-C.; Muller, R.S.: Integrated Movable Micromechanical Structures for Sensors and Actuators. IEEE Trans. Electron Devices ED-35 (1988) 724

[FED 88]   US Federal Standard 209d: Clean Room and Work Station Requirements, Controlled Environment, June 15, 1988

[FIS 88]   Fischer, B.E.; Spohr, R.: Teilchenspuren in der Mikrotechnik. Naturwissenschaften 75 (1988) 57 und 117

[FOW 28]   Fowler, R.H.; Nordheim, L.W.: Electron Emission in Intense Electric Fields. Proc. Royal Soc. London A119 (1928) 173

[FRE 87]   Frey, H.; Kienel, G. (Hrsg.): Dünnschichttechnologie. Düsseldorf: VDI-Verlag 1987

[FUJ 80]   Fujii, Y.; Aoyama, K.-I.; Minowa, J.-I.: Optical Demultiplexer Using a Silicon Echelette Grating. IEEE J. Quantum Electronics QE-16 (1980) 165

[GHI 82]   Ghica, V.; Glashauser, W.: Verfahren für die spannungsfreie Entwicklung von bestrahlten Polymethylmethacrylat-Schichten. Offenlegungsschrift DE 3039110 (1982)

[GIB 68]   Gibbons, J.F.: Ion Implantation in Semiconductors. Part I: Range Distribution Theory and Experiments. Proc. IEEE 56 (1968) 295

[GLA 74]   Glaser, G.: Handbuch der Chronometrie und Uhrentechnik, Band III. Ulm: Wilhelm Kempter 1974, Zf. 3.6

[GLA 84]   Glawischnig, H.; Noack, N.: Ion Implantation, Science and Technology. Orlando: Academic Press 1984

[GRA 86]   Grasserbauer, M.; Dudek, H.J.; Ebel, M.F.: Angewandte Oberflächenanalyse. Berlin: Springer 1986

[GRA 87]   Graeger, V.; Schäfer, H.: Trends bei Silizium-Drucksensoren. Hard and Soft (Mai 1987) Fachbeilage Mikroperipherik

[GUV 85]   Guvenc, M.G.: V-Groove Capillary for Low Flow Control and Measurement. In: C.D. Fung, P.W. Cheung, W.H. Ko, D.G. Fleming (eds.): Micromachining and Micropackaging of Transducers. Amsterdam: Elsevier 1985

[HAE 87]   Haefer, R.A.: Oberflächen- und Dünnschicht-Technologie. Teil I. Berlin: Springer 1987

[HAR 85]   Hartmann, D.H.; Grace, M.K.; Ryan, C.R.: A Monolithic Silicon Photode-
tector/Amplifier IC for Fiber and Integrated Optics Applications. J. Light-
wave Technology LT-3 (1985) 729

[HAR 86]   Harada, H.; Suzuki, Y.: SMIF System Performance at 0,22 μm Particle
Size. Solid State Technol. (Dec. 1986) 61

[HAR 90]   Wärmeleitfähigkeits-Sensor für Gase. Firmenschrift der Hartmann &
Braun AG, Heerstraße 136, 6000 Frankfurt 90, 1990

[HAU 86]   Haugen, P.R.; Rychnovsky, S.; Husain, A.; Hutcheson, L.D.: Optical
Interconnects for High Speed Computing. Optical Engineering 25 (1986)
1076

[HAU 87]   Hauden, D.: Miniaturized Bulk and Surface Acoustic Wave Quartz Oscil-
lators Used as Sensors. IEEE Trans. Ultrasonics, Ferroelectrics, Frequency Control UFFC-34 (1987) 253

[HEL 88]   Hellwege, K.-H.: Einführung in die Festkörperphysik. Berlin: Springer
1988

[HEU 86]   Heuberger, A.: X-Ray Lithography. Solid State Technol. (Feb. 1986) 93

[HEU 89]   Heuberger, A. (Hrsg.): Mikromechanik. Berlin: Springer 1989

[HOH 86]   Hohm, D.: Silizium-Sensor für Hörschall. NTG-Fachberichte Nr. 93
(1986) 165

[HON 62]   Honig, R.E.: Vapor Pressure Data for the Solid and Liquid Elements.
RCA Rev. 23 (1962) 567

[HOW 86]   Howe, R.T.; Muller, R.S.: Resonant-Microbridge Vapor Sensor. IEEE
Trans. Electron Devices ED-33 (1986) 499

[HUS 88]   Husmann, D.; Schwille, W.J.: ELSA - die neue Bonner Elektronen-
Stretcher-Anlage. Phys. Bl. 44 (1988) 40

[IEE 78]   IEEE Standard on Piezoelectricity (ANSI/IEEE Std. 176-1978). The Insti-
tute of Electrical and Electronics Engineers 1978

[JEB 89]   Jebens, R.; Trimmer, W.; Walker, J.: Microactuators for Aligning Optical
Fibres. Sensors and Actuators 20 (1989) 65

[JES 87]   Jessen, U.: Luftgetragene Partikelmessungen. VDI- Berichte 654. Düsseldorf: VDI-Verlag 1987, S. 129

[JOS 83]   Joshi, S.G.: Surface Acoustic Wave Device for Measuring High Vol-
tages. Rev. Sci. Instrum. 54 (1983) 1012

[KAH 87]   Kahlert, H.-J.: Modern Microlithography using Excimer Lasers. Lambda
Highlights No. 4. Göttingen: Lambda Physik GmbH 1987

[KAN 82]   Kanda, Y.: A Graphical Representation of the Piezoresistance Coefficients in Silicon. IEEE Trans. Electron Devices ED-29 (1982) 64

[KAU 86]   Kaufmann, H.; Buchmann, P.; Hirter, R.; Melchior, H.; Guekos, G.: Self-Adjusted Permanent Attachment of Fibres to GaAs Waveguide Components. Electron. Lett. 22 (1986) 642

[KEN 79]   Kendall, D.L.: Vertical Etching of Silicon at Very High Aspect Ratios. Ann. Rev. Mater. Sci. 9 (1979) 373

[KEN 82]   Kendall, D.L.; de Guel, G.R.; Torres-Jacome, A.: The Wagon Wheel Method Applied around the [01$\bar{1}$] Zone of Silicon. Electrochem. Soc. Ext. Abstracts No. 132 (1982) 209

[KER 78]   Kern, W.: Chemical Etching of Silicon, Germanium, Gallium Arsenide, and Gallium Phosphide. RCA Rev. 39 (1978) 278

[KLU 88]   Kluge, W.: Herstellung und Bereitstellung von ultrareinem Wasser. Productronic (März 1988) 72

[KO 89]   Ko, W.H.; Suminto, J.T.: Semiconductor Integrated Circuit Technology and Micromachining. In: W. Göpel, J. Hesse, J.N. Zemel (eds.): Sensors, Vol. 1. Weinheim: VCH 1989

[KOC 84]   Koch, E.E.: Mehr Licht! Phys. Bl. 40 (1984) 324

[KOH 85]   Kohlrausch, F.: Praktische Physik. Stuttgart: Teubner 1985

[KRA 85]   Kratel, R.: Grundlagen und Methoden der optischen Partikelzählung. CONCEPT-Symposion "Partikel-Kontrolle in der Reinraumtechnik", Bad Nauheim 1985, S. 57

[KUM 86]   Kumpf, U.: Dotierung von Halbleitern mit Ionenimplantation. Productronic (Okt. 1986) 75

[LAE 82]   Laeng, P.; Steinmann, P.A.; Hintermann, H.E.: Die Messung der Haftfestigkeit von dünnen, gut haftenden Schichten. Oberfläche-Surface 23 (1982) 108

[LAN 82]   Landolt-Börnstein: Zahlenwerte und Funktionen aus Naturwissenschaft und Technik. Gruppe III, Band 17a. Berlin: Springer 1982

[LAN 85]   Langdon, R.M.: Resonator Sensors - A Review. J. Phys. E18 (1985) 103

[LIE 87]   Liebel, G.: Ionenstrahlätzen. Feinwerktechnik & Meßtechnik 95 (1987) 436

[LIN 63]   Lindhard, J.; Scharff, M.; Schiott, H.: Range Concepts and Heavy Ion Ranges. Mat.-Fys. Med. Dan. Vid. Selsk 33 (1963) 1

[LIN   88]   Lintel, H.T.G.v.; van de Pol, F.C.M.; Bouwstra, S.: A Piezoelectric Micro-
pump Based on Micromachining of Silicon. Sensors and Actuators 15
(1988) 153

[LIN   89a]   Linden, Y.; Tenerz, L.; Tiren, J.; Hök, B.: Fabrication of Three-Dimensional Silicon Structures by Means of Doping-Selective Etching (DSE).
Sensors and Actuators 16 (1989) 67

[LIN   89b]   Lindner, R.: Silicon Direct Bonding - Methoden und Prozeßcharakterisie-
rung. AMA-Seminar Mikromechanik, Heidelberg 1989, S. 297

[MAN 90]   Manz, A.; Miyahara, Y.; Miura, J.; Watanabe, Y.; Miyagi, H.; Sato, K.:
Design of an Open-Tubular Column Liquid Chromatograph Using Silicon Chip Technology. Sensor and Actuators B1 (1990) 249

[MEE 71]   Meek, R.L.: Electrochemically Thinned N/N^+ Epitaxial Silicon - Method
and Applications. J. Electrochem. Soc. 118 (1971) 1240

[MEE 85]   Meeker, T.R.; Shreve, W.R.; Cross, P.S.: Theory and Properties of
Piezoelectric Resonators and Waves. In: E.A. Gerber; A. Ballato (eds.):
Precision Frequency Control, Vol. 1. Orlando: Academic Press 1985

[MOR 79]   Moran, J.M.; Maydan, D.: High Resolution, Steep Profile Resist Pat-
terns. J. Vac. Sci. Technol. 16 (1979) 1620

[MOV 69]   Movchan, B.A.; Demchishin, A.V.: Study of the Structure and Properties
of Thick Vacuum Condensates of Nickel, Titanium, Tungsten, Aluminium
Oxide and Zirconium Dioxide. Phys. Met. Metallogr. 28 (1969) 83

[MUE 88]   Müller, K.G.: Das VDI-Richtlinienwerk "Reinraumtechnik". Reinraumtechnik (März/April 1988) 16; (Mai 1988) 31

[MUE 89a]   Müller, K.G.: Bericht vom 9. Internationalen ICCCS-Symposium. Reinraumtechnik (April 1989) 44

[MUE 89b]   Müller, K.H.: Oberflächenanalytische Verfahren zur Charakterisierung
von Festkörperoberflächen und dünnen Schichten. Phys. Bl. 45 (1989)
A828

[MUE 89c]   Müller-Fiedler, R.; Schweikhardt, J.; Kuke, A.: Mikromechanische Komponenten für optoelektronische Systeme. Vortragsveranstaltung Mikrosystemtechnik, Stuttgart-Büsnau, VDE/VDI-Gesellschaft Mikroelektronik
1989

[MÜN 89]   Münch, W. von: Werkstoffe der Elektrotechnik. Stuttgart: Teubner 1989

[MUR 86]   Murphy, E.J.; Rice, T.C.: Self-Alignment Technique for Fiber Attache-
ment to Guided Wave Devices. IEEE J. Quantum Electron. QE-22
(1986) 928

[NAK 87]   Nakamura, M.; Murakami, K.; Nojiri, H.; Tominaga, T.: Novel Electro-chemical Micro-Machining and Its Application for Semiconductor Acceleration Sensor IC. Proc. 4th Int. Conf. Solid-State Sensors and Actuators, Tokio 1987, p. 112

[OBE 85]   Obermeier, E.: Polysilicon Layers Lead to a New Generation of Pressure Sensors. Proc. 3rd Int. Conf. Solid-State Sensors and Actuators, Philadelphia 1985, p. 430

[OBE 88]   Obermeier, E.: Halbleitertechnologie für die Sensorik. Berlin: VDI/VDE-Technologiezentrum Informationstechnik 1988

[OEC 85]   Oechsner, H.: Verfahren zur Untersuchung von Festkörperoberflächen. In: F. Kohlrausch: Praktische Physik, Band 2. Stuttgart: Teubner 1985

[ORV 89]   Orvis, W.J.; McConaghy, C.F.; Ciarlo, D.R.; Yee, J.H.; Hee, E.W.: Modeling and Fabricating Micro-Cavity Integrated Vaccum Tubes. IEEE Trans. Electron Devices ED-36 (1989) 2651

[PAD 86]   Paduschek, P.: Plasmaprozesse in der Halbleiterindustrie. Productronic (Okt. 1986) 82

[PEN 74]   Pendry, J.B.: Low Energy Electron Diffraction. London: Academic Press 1974

[PET 79]   Petersen, K.E.: Micromechanical Membrane Switches on Silicon. IBM J. Res. Develop. 23 (1979) 376

[PET 80]   Petersen, K.E.: Silicon Torsional Scanning Mirror. IBM J. Res. Develop. 24 (1980) 631

[PET 82]   Petersen, K.E.: Silicon as a Mechanical Material. Proc. IEEE 70 (1982) 420

[POL 87]   Pol, V.: High Resolution Optical Lithography: A Deep Ultraviolet Laser Based Wafer Stepper. Solid State Technol. (Jan. 1987) 71

[POL 89]   Pollak-Diener, G.: Verbindungsverfahren für Mikrosensoren und Mikroaktoren. AMA-Seminar Mikromechanik, Heidelberg 1989, S. 269

[PRI 80]   Price, J.E.: A New Look at Yield of Integrated Circuits. Proc. IEEE 58 (1980) 1290

[PRU 86]   Prucnal, P.R.; Fossum, E.R.; Osgood, R.M.: Integrated Fiber-Optic Coupler for Very Large Scale Integration Interconnects. Opt. Lett. 11 (1986) 109

[RAL 84]   Raley, N.F.; Sugiyama, Y.; van Duzer, T.: (100) Silicon Etch-Rate Dependence on Boron Concentration in Ethylenediamine-Pyrocatechol-Water Solutions. J. Electrochem. Soc. 131 (1984) 161

[RAN 87]   Randin, J.P.; Züllig, F.: Relative Humidity Measurements Using a Coated Piezoelectric Quartz Crystal Sensor. Sensors and Actuators 11 (1987) 319

[REI 86]   Reichl, H.: Hybridintegration. Heidelberg: Hüthig 1986

[REI 88]   Reichl, H.: Aufbau- und Verbindungstechnik für die Sensorik. Berlin: VDI/VDE-Technologiezentrum Informationstechnik 1988

[REI 89]   Reichl, H.: Mikromechanik und Chipverbindungstechnik. In: A. Heuberger (Hrsg.): Mikromechanik. Berlin: Springer 1989

[RIN 85]   Ringger, M.; Hidber, H.R.; Schlögl, R.; Oelhafen, P.; Güntherodt, H.-J.: Nanometer Lithography with the Scanning Tunneling Microscope. Appl. Phys. Lett. 46 (1985) 832

[ROG 81]   Roggenkamp, H.G.; Kiesewetter, H.; Spohr, R.; Dauer, U.; Busch, L.C.: Production of Single Pore Membranes for the Measurement of Red Blood Cell Deformability. Biomedizinische Technik 26 (1981) 167

[ROY 79]   Roylance, L.M.; Angell, J.B.: A Batch-Fabricated Silicon Accelerometer. IEEE Trans. Electron Devices ED-26 (1979) 1911

[RUD 90]   Rudolf, F.; Jornod, A.; Bergqvist, J.; Leuthold, H.: Precision Accelerometers with μg Resolution. Sensors and Actuators A21 - A23 (1990) 297

[RUG 84]   Ruge, I.: Halbleiter-Technologie. Berlin: Springer 1984

[RUN 65]   Runyan, W.R.: Silicon Semiconductor Technology. New York: McGraw-Hill 1965

[SAN 80]   Sander, C.S.; Knutti, J.W.; Meindl. J.D.: A Monolithic Capacitive Pressure Sensor with Pulse-Period Output. IEEE Trans. Electron Devices ED-27 (1980) 927

[SAR 88]   Sarro, P.M.; Yashiro, H.; Herwaarden, A.W.v.; Middelhoek, S.: An Integrated Thermal Infrared Sensing Array. Sensors and Actuators 14 (1988) 191

[SAU 59]   Sauerbrey, G.: Verwendung von Schwingquarzen zur Wägung dünner Schichten und zur Mikrowägung. Z. Phys. 155 (1959) 206

[SCH 85]   Schuster, G.: Drucksensoren auf der Basis von MOS-Feldeffekttransistoren mit integrierter Signalaufbereitung. Dissertation, Universität Stuttgart 1985

[SCH 86]   Schäfer, W.; Terlecki, G.: Halbleiterprüfung. Heidelberg: Hüthig 1986

[SCH 88]   Schlachetzki, A.: Integrierte Optik mit Halbleitern. Phys. Bl. 44 (1988) 91

[SCH 89]   Schlachetzki, A.: Mikro- und Optoelektronik. Prinzipien und Perspektiven. Mitteilungen der TU Braunschweig, Jahrg. XXIV, Heft II/1989, S. 49

[SEI 84]   Seidel, H.; Csepregi, L.: Design Optimization for Cantilever-Type Accelerometers. Sensors and Actuators 6 (1984) 81

[SEI 88]   Seidel, H.; Csepregi, L.: Advanced Methods for the Micromachining of Sensors. Techn. Digest 7th Sensor Symposium, Tokio 1988, p. 1

[SEI 90]   Seidel, H.; Csepregi, L.; Heuberger, A.; Baumgärtel, H.: Anisotropic Etching of Crystalline Silicon in Alkaline Solutions. J. Electrochem. Soc. (1990), in print

[SHO 88]   Shoji, S.; Esashi, M.; Matsuo, T.: Prototype Miniature Blood Gas Analyser Fabricated on a Silicon Wafer. Sensors and Actuators 14 (1988) 101

[SIN 82]   Sinha, B.K.: Elastic Waves in Crystals under a Bias. Ferroelectrics 41 (1982) 61

[SMI 83]   Smits, J.G.; Tilmans, H.A.C.; Hoen, K.; Mulder, H.; van Vuuren, J.; Boom, G.: Resonant Diaphragm Pressure Measurement System with ZnO on Si Excitation. Sensors and Actuators 4 (1983) 565

[SPI 76]   Spindt, C.A.; Brodie, I.; Humphrey, L.; Westerberg, E.R.: Physical Properties of Thin-Film Field Emission Cathodes with Molybdenum Cones. J. Appl. Phys. 47 (1976) 5248

[SPI 84]   Spindt, C.A.; Holland, C.E.; Stowell, R.D.: Recent Progress in Low-Voltage Field-Emission Cathode Development. J. Physique 45 (1984) C9-269

[SPO 90]   Spohr, R.: Ion Tracks and Microtechnology. Wiesbaden: Vieweg 1990

[STA 73]   Staudte, J.H.: Subminiature Quartz Tuning Fork Resonator. Proc. 27th Ann. Freq. Contr. Symp. 1973, p. 50

[STE 82]   Steppan, H.; Bahr, G.; Vollmann, H.: Resisttechnik - ein Beitrag der Chemie zur Elektronik. Angew. Chem. 94 (1982) 471

[STE 88]   Stemme, G.: A CMOS Integrated Silicon Gas-Flow Sensor with Pulse-Modulated Output. Sensors and Actuators 14 (1988) 293

[STI 87]   Stillwagon, L.E.: Planarization of Substrate Topography by Spin-Coated Films: A Review. Solid State Technol. (June 1987) 67

[SZE 83]   Sze, S.M. (ed.): VLSI Technology. New York: McGraw-Hill 1983

[TAI 89]   Tai, Y.-C.; Muller, R.S.: IC-Processed Electrostatic Synchronous Micromotors. Sensors and Actuators 20 (1989) 49

[TAK 75]   Takagi, T.; Yamada, J.; Sasaki, A.: Ionized-Cluster Beam Deposition.
J. Vac. Sci. Technol. 12 (1975) 1128

[TEC 90]   Filamentlose Mikrowellen-Ionenquelle G-140 ECR. Firmenprospekt der
Technics Plasma GmbH, Dieselstraße 22, D-8011 Kirchheim bei Mün-
chen, 1990

[THO 77]   Thornton, J.A.: High Rate Thick Film Growth. Ann. Rev. Mater. Sci. 7
(1977) 239

[TIC 80]   Tichy, J.; Gautschi, G.: Piezoelektrische Meßtechnik. Berlin: Springer
1980

[TRI 89]   Trimmer, W.S.N.: Microrobots and Micromechanical Systems. Sensor
and Actuators 19 (1989) 267

[TUD 88]   Tudor, M.J.; Andres, M.V.; Foulds, K.W.H.; Naden, J.M.: Silicon Resonator Sensors - Interrogation Techniques and Characteristics. IEEE
Proc. 135 (1988) 364

[UED 85]   Ueda, T.; Kohsaka, F.; Yamazaki, D.; Iino, T.: Quartz Crystal Micromechanical Devices. Proc. 3rd Int. Conf. Solid-State Sensors and Actuators, Philadelphia 1985, p. 113

[UED 87]   Ueda, T.; Kohsaka, F.; Iino, T.; Yamazaki, D.: Theory to Predict Etching
Shapes in Quartz Crystal and Its Application to Design Devices. Trans.
Soc. Inst. Control Eng. Vol. 23, No. 12 (1987) 1

[VDI 76]   VDI-Richtlinie 2083 Reinraumtechnik Blatt 1: Grundlagen, Definition und
Festlegung der Reinheitsklassen der Luft, 1976

[VEN 86]   Venema, A.; Nieuwkoop, E.; Vellekoop, M.J.; Nieuwenhuizen, M.S.;
Barendsz, A.W.: Design Aspects of SAW Gas Sensors. Sensors and
Actuators 10 (1986) 47

[VOG 84]   Vogel, R.F.: Dual Crystal Gas Density Sensor. Sensors and Actuators 5
(1984) 21

[WAG 70]   Waggener, H.A.: Electrochemically Controlled Thinning of Silicon. Bell
Syst. Techn. J. 50 (1970) 473

[WAL 69]   Wallis, G.; Pomerantz, D.I.: Field Assisted Glass-Metal Sealing. J. Appl.
Phys. 40 (1969) 3946

[WID 88]   Widmann, D.; Mader, H.; Friedrich, H.: Technologie   hochintegrierter
Schaltungen. Berlin: Springer 1988

[WOH 85]   Wohltjen, H.; Barger, W.R., Snow, A.W., Jarvis, N.L.: A Vapor-Sensitive
Chemiresistor Fabricated with Planar Microelectrodes and a Langmuir-
Blodgett Organic Semiconductor Film. IEEE Trans. Electron Devices
ED-32 (1985) 1170

[WOH 87]   Wohltjen, H.: Surface Acoustic Wave Microsensors. Proc. 4th Int. Conf. Solid-State Sensors and Actuators, Tokio 1987, p. 471

Sachverzeichnis